经济伦理研究论丛
SPECIAL ISSUES IN BUSINESS ETHICS STUDIES

主编　陆晓禾　　　客座编辑　[美] 乔治·恩德勒
EDITOR XIAOHE LU　　GUEST CO-EDITOR GEORGES ENDERLE

道 德 与 创 新
MORALITY AND CREATIVITY

上海社会科学院出版社
SHANGHAI ACADEMY OF SOCIAL SCIENCES PRESS

"道德与创新——经济伦理国际论坛第十一届研讨会"集体照,2013年10月24—26日,上海社会科学院分部。
"Morality and Creativity — The Eleventh International Forum on Business Ethics", Oct.24–26, SASS, Shanghai, China.

上海社会科学院党委书记潘世伟教授致辞
Professor Shiwei Pan delivered a speech at the Forum

国际企业、经济学和伦理学学会（ISBEE）主席齐佑拉教授致辞
Professor Joanne B. Ciulla, President of ISBEE, delivered a speech at the Forum

中国伦理学会副会长/秘书长孙春晨教授致辞
Professor Chunchen Sun, Vice President & Secretary-General of China Association of Ethics, delivered a speech at the Forum

余姚"道德银行"案例专题研究会
Meeting of Case Study on the Bank of Morality in Yuyao of Zhejiang Province, China

与会者参观了在余姚的河姆渡遗址（距今7000年的中国南方早期新石器时代遗址）博物馆
The participants visited the Hemudu Site (a 7,000-year-old site from the early neolithic period in southern China) in Yuyao of Zhejiang Province, China

与会者剪影 / Silhouette of some participants at the Forum

金黛如 / Daryl Koehn

徐大建 / Dajian Xu

孙春晨 / Chunchen Sun

乔治·恩德勒 / Georges Enderle

乔安妮·B. 齐佑拉 / Joanne B. Ciulla

赵卫忠 / Weizhong Zhao

海蒂·V.豪维克 / Heidi von Weltzien Hoivik

海伦娜·诺伯格-霍奇斯 / Helena Norberg-Hodge

王顺义 / Shunyi Wang

袁　立 / Li Yuan

马文·T.布朗 / Marvin T. Brown

陈泽环 / Zehuan Chen

陆晓禾 / Xiaohe Lu

余玉花 / Yuhua Yu

安唯复 / Weifu An

陈　潜 / Qian Chen

成素梅 / Sumei Cheng

王　珏 / Jue Wang

乔法容 / Farong Qiao

王正平 / Zhengping Wang

李兰芬 / Lanfen Li

杨介生 / Jiesheng Yang

王泽应 / Zeying Wang

段 钢 / Gang Duan   郝 云 / Yun Hao

梅俊杰 / Junjie Mei   金黛如

赵司空 / Sikong Zhao   赵 琦 / Qi Zhao

茶歇交流 / tea break

目 录

致谢 ………………………………………………………………… /1
序言 ………………………… ［美］乔治·恩德勒（Georges Enderle）/2
前言 ……………………………………………………… 陆晓禾 /5
导言 ……………………………………………………… 潘世伟 /9

一、道德与创新：概念与基础

1. 创造与道德：多维度探讨 ………… ［美］金戴如（Daryl Koehn）/3
2. 创新的伦理前提 …………………………………………… 徐大建 /21
3. 创新的道德评价 …………………………………………… 孙春晨 /25
4. 浅谈创新制度设计的道德基础 …………………………… 赵卫忠 /29

提问和讨论 …………………………………………………………… /34

二、企业伦理与企业创新

5. 财富创造中的道德与创新 …… ［美］乔治·恩德勒（Georges Enderle）/39
6. 企业创新与企业伦理 …………………………………… 袁　立 /59
7. 道德想象力与企业领导力
　　…………………… ［美］乔安妮·B. 齐佑拉（Joanne B. Ciulla）/63
8. 道德与创造对企业社会责任（CSR）领导力的重要性？
　　…………… ［挪威］海蒂·V. 豪维克（Heidi von Weltzien Hoivik）/73
9. 朝向一种人和生态福祉的经济学
　　………………… ［瑞典］海伦娜·霍奇斯（Helena Norberg-Hodge）/85

提问和讨论 ………………………………………………………… /91

三、科技信息伦理与创新

10. 互联网发展背景下的道德与创新 ………………… 陈　潜 /97
11. 科技道德与技术创新中利益冲突的调控 ………… 王顺义 /102
12. 创新：或一种新型的垄断 ………………… 安唯复　吴　琼 /118
13. 关于专家的道德问题 ……………………………… 成素梅 /128

提问和讨论 ………………………………………………………… /138

四、道德创新与创新道德

14. 价值观念分歧、公民对话和创造性
　　　…………………………… 马文·T.布朗（Marvin T. Brown）/143
15. "互联网+"时代的公民道德建设 ………………… 李兰芬 /153
16. 论变革世界的道德创新——兼论道德评价的新纬度 …… 乔法容 /163
17. 中国的阴阳学说与道德思维和创新 ……………… 陆晓禾 /171
18. 道德诚信：财富创造的伦理基石 ………… 赵丽涛　余玉花 /181
19. 儒学创新与核心价值——关于中国道德史的一点思考
　　　……………………………………………………… 陈泽环 /192

提问和讨论 ………………………………………………………… /203

附录

1. "道德与创新"——经济伦理国际论坛第十一次研讨会报道
　　　……………………………………………………… 赵司空 /209
2. 余姚"道德银行"——入选经济伦理国际论坛第十一次研讨会
　　 专题研讨案例 ………………………………………… 宋　臻 /212

3. "作为新兴领域的领导伦理学"——"伦理学研究前沿"论坛
综述 ………………………………………… 赵　琦 /216
4. 英文提要 ………………………………………………… /218
5. 人名索引 ………………………………………………… /234

CONTENTS

Acknowledgement ·· /1
Foreword ·· *George Enderle* /2
Preface ·· *Xiaohe Lu* /5
Introduction ··· *Shiwei Pan* /9

PART ONE MORALITY AND CREATIVITY: CONCEPTS AND FOUNDATION

1. Creativity and Morality: A Multi-Dimensional Exploration
   ·· *Daryl Koehn* /3
2. Ethical Premises of Innovations ···················· *Dajian Xu* /21
3. Moral Evaluation of Innovation ·················· *Chunchen Sun* /25
4. On the Ethical Foundation of Innovation System
   Design ·· *Weizhong Zhao* /29

Questions & Discussions ·· /34

PART TWO MORALITY AND CREATIVITY IN BUSINESS AND ECONOMICS

5. Morality and Creativity in Wealth Creation ·········· *Georges Enderle* /39
6. Innovation and Ethics in Business ························ *Li Yuan* /59
7. Moral Imagination in Business Leadership ············ *Joanne B. Ciulla* /63
8. Importance of Morality and Creativity for Leadership of Corporate Social
   Responsibility (CSR)? ···················· *Heidi von Weltzien Hoivik* /73

9. Towards an Economics of Personal and Ecological Well-being
   .... *Helena Norberg-Hodge* /85

Questions & Discussions .... /91

PART THREE   ETHICAL ISSUES IN CREATING INFORMATION TECHNOLOGY

10. Moral Governance on the Internet .... *Qian Chen* /97
11. Ethics of Science and the Regulation of Conflicts of Interest in
    Technological Innovation .... *Shunyi Wang* /102
12. Innovation or a New Kind of Hegemony ...... *Weifu An & Qiong Wu* /118
13. On Moral Problems of Experts .... *Sumei Cheng* /128

Questions & Discussions .... /138

PART FOUR   CREATIVITY IN MORAL DISAGREEMENTS AND MORAL DEVELOPMENT

14. Value Disagreements, Civic Dialogues and Creativity
    .... *Marvin T. Brown* /143
15. The Buildup of Citizen Morality in the "Internet+" Era
    .... *Lanfen Li* /153
16. On Moral Innovation of a Changing World and a
    New Dimension of Moral Evaluation .... *Farong Qiao* /163
17. China's Yin-Yang Theory for Moral Imagination and Creativity
    .... *Xiaohe Lu* /171
18. Moral Integrity: as the Ethical Foundation of Wealth Creation
    .... *Litao Zhao & Yuhua Yu* /181
19. The Innovation of Confucianism and the Core Socialist Values
    — Reflections on the History of Chinese Ethics ...... *Zehuan Chen* /192

Questions & Discussions .... /203

APPENDIX

1. Review of 11th International Forum on Business Ethics
   ·· *Sikong Zhao* /209
2. A Summary of the Case Study on Bank of Morality in Yuyao of Zhejiang Province ·· *Zhen Song* /212
3. A Summary of Lecture on Leadership Ethics as an Emerging Field ·· *Qi Zhao* /216
4. Abstracts ·· /218
5. Name Index ·· /234

致　谢
ACKNOWLEDGEMENT

非常感谢下列单位与上海社会科学院经济伦理研究中心合作举行了"道德与创新"——经济伦理国际论坛第十一届研讨会：

　　上海市伦理学会
　　上海市经济法研究会
　　上海市自然辩证法研究会
　　《上海师范大学学报》杂志社
　　宁波大学马克思主义学院

We are grateful to the following organizations for holding the 11th International Forum on Business Ethics "Morality and Creativity" in cooperation with the Center for Business Ethics Studies, Shanghai Academy of Social Sciences:

　　Shanghai Association of Ethics, China
　　Shanghai Association of Economic Law Studies, China
　　Shanghai Association of Dialectics of Nature Studies, china
　　Journal of Shanghai Normal University, China
　　School of Marxism, Ningbo University, Zejiang Province, China

非常感谢《上海师范大学学报》杂志社对论坛举办的赞助
Many thanks to the Journal of Shanghai Normal University for sponsoring the forum

特别感谢乔治·恩德勒(Georges Enderle)教授个人对本书出版的资助
Special thanks to professor Georges Enderle for his personal sponsorship of the publication of this book

序　言

《道德与创新》的出版恰逢其时。显然,在当今支离破碎、多极化的世界,道德和创新比以往任何时候都更需要。对环境造成破坏的经济增长,巨大的经济和社会的不平等,国际贸易冲突,信息技术和人工智能技术的快速发展,普遍不愿和不能克服根深蒂固的分歧,等等,所有这些(以及更多的)挑战,都在呼吁对道德和创新进行深刻的再审视和有效的实施。

早在7年前的2013年,上海社会科学院经济伦理研究中心就高瞻远瞩地邀请了中国和其他国家的学者以及企业领导参加"道德与创新"——第十一届国际经济伦理论坛。这次论坛是在有关"创新"的讨论开始超越专家圈子、影响更广泛公众之时举行的。经济合作与发展组织(OECD)发表了《创新促进发展》(2012年)和《创新与包容性发展》(2013年)两份报告。世界银行和中华人民共和国国务院发展研究中心举行了"加快创新步伐,创造一个开放的创新体系"专场会议(2012年),并于2013年出版了《中国2030:建设一个现代、和谐和创新的社会》一书(WB 2013)。哈佛商学院出版社对中国面临的创新挑战进行了富有启发性的案例研究:不仅要实现科学发现,而且要将这些发现应用于可以商业化的工业领域(Shih et al.,2012)。

2013年论坛以当时讨论的"创新"为主要议题,增加了"道德"和"创造"的视角,在此结合中,开创了经济伦理研究的新领域。在随后的几年里,伦理与创新成为国际会议的核心议题。2014年在美国圣母大学举行的跨大西洋经济伦理研讨会(TABEC)聚焦于"企业和经济中的伦理创新"(Enderle and Murphy 2015)。2016年在上海举行的"国际企业、经济学和伦理学学会"(ISBEE)世界大会将其主题确定为"企业和经济活动中的伦理、创新和福祉"(见2016年国际企业、经济学和伦理学世界大会中文版论文集,上海社会科学院出版社2020年)。在美国罗格斯商学院举行的2018年跨大西洋经济伦理会议(TABEC)探讨了"困难时期的企业伦理领导力"

(Ciulla and Scharding 2019)的创新视角。2020年将在西班牙毕尔巴鄂举行的第七届ISBEE大会呼吁"重塑全球化：社区、美德和目标的力量"(https://www.ehu.eus/en/web/isbee2020)。

鉴于这一惊人的历史记录，上海社会科学院经济伦理研究中心很幸运，也完全有理由出版2013年发表的这一开创性的国际经济伦理论坛的论文集。来自中国、欧洲和美国的著名专家学者们从各种理论和实践视角对"道德与创新"进行了研究，并提出了许多富有启发性的观点和具体举措。这本书与其说是回顾，不如说是为面对当今支离破碎和多极化的世界打开了新的视野，而且恰逢《创新中国——新增长动力》(WB 2020)刚出版之时问世。我希望这本书能够受到中国和世界各地广大读者的欢迎，并有助于促进企业和经济中的"道德与创新"。

参考文献

Enderle, G., and Murphy, P. E. (eds). 2015. *Ethical Innovation in Business and the Economy.* [企业和经济中的伦理创新] Cheltenham, UK: Edward Elgar.

Ciulla, J. B., and Scharding, T. (eds). 2019. *Ethical Business Leadership in Troubling Times.* [困难时期的伦理企业领导力] Cheltenham, UK: Edward Elgar.

Organization for Economic Co-Operation and Development (OECD). 2012. *Innovation for development.* A discussion of the issues and an overview of work of the OECD Directorate for Science, Technology and Industry. [创新和发展。相关问题讨论和经合发展组织科学、技术和工业理事会的工作概观] May. Paris: OECD.

Organization for Economic Co-Operation and Development (OECD). 2013. *Innovation and inclusive development.* Conference discussion report. [创新与包容性发展。研讨会报告] Cape Town, South Africa, 21 November 2012. February 2013 Revision. Paris: OECD.

Shih, W., Chai, S. Bliznashik, K., Hyland, C. 2012. Office of Technology Transfer—Shanghai Institutes for Biological Sciences. [技术转移办公室—上海生物科学研究所] Harvard Business School case 9-611-057. Boston: Harvard Business School Press.

The World Bank and the Development Research Center of the State Council, the People's Republic of China (WB). 2013. *China 2030. Building a Modern, Harmonious, and Creative Society.* [中国2030年：建设一个现代、和谐和创新的社会] Washington, D.C.: World Bank. (Conference Edition 2012).

The World Bank and the Development Research Center of the State Council, the People's

Republic of China(WB). 2020. Innovative China. New Drivers for Growth. [创新中国。新增长动力] Washington, D. C. : World Bank.

乔治·恩德勒(Georges Enderle)

国际经济伦理学 John T. Ryan Jr. 荣休教授

美国圣母大学门多萨商学院

2020 年 1 月 31 日

(陆晓禾译)

前　言

　　上海社会科学院经济伦理研究中心于 2013 年 10 月 24—26 日举行了"道德与创新"国际论坛。这一论坛由上海社会科学院经济伦理研究中心主办,上海市伦理学会、上海市法制研究会、上海市自然辩证法研究会、《上海师范大学学报》杂志社和宁波大学协办,与会者有来自美国、挪威和瑞典的国际著名教授及社会运动领导人,来自北京、河南、湖南、江苏和上海的知名学者,有著名企业家上海富大集团董事长袁立先生、温州锦丽斯集团董事长杨介生先生,还有时任上海市信息委办主任陈潜先生。

　　论坛以"道德与创新"为主题,就什么是创新,创造、创新与道德的关系,道德在创新中的地位,民主、公众和法治对创新活动的作用和影响等问题展开研讨,旨在从伦理道德方面为我国"创新驱动、转型发展"的战略需求作出贡献,促进我国经济增长方式转变和创新体系建设。会议为期 3 天:24 日全天研讨会;25 日"道德与创新"案例研究,赴浙江宁波大学研讨余姚"道德银行";26 日举行道德与创新专题报告会,美国旧金山大学马文·布朗(Marvin Brown)教授作了将其倡导的"善策法"(moral process)用于创新对话的报告,国际"幸福经济运动"(the movement of happy economy)倡导者和领导人海伦娜·H. 霍奇斯(Helena Norberg-Hodge)女士作了"幸福经济学——对我们多种社会和生态问题的系统解决方案"的报告,与会者对他们的报告展开了研讨。论坛期间,与会嘉宾还拜访了刚在中国上海兴起的"创客运动"(the Makers)创始人李大维及其创客车间。

　　这次论坛是在三届"上海经济伦理国际研讨会"(2002 年、2006 年和 2010 年)和十届"经济伦理国际论坛"(2005—2009 年)成功举办的基础上举行的,这些研讨会和论坛的成果已载入《发展中国经济伦理》(2002 年)、《经济伦理、公司治理与和谐社会》(2005 年)、《中国经济发展中的自由与责任:政府、企业与公民社会》(2007 年)、《危机中的资本、信用和责任:未来财富创造需要什么样的概念、制度和伦理》(2012 年),以及 3 卷"经济伦理研究论丛"（2010年、2011年和2012年）。之所以组织这次论坛，主要是基于如下考虑：

1. 中国与世界一样比任何时候都更面临创新的需要

由美国次贷危机引发的全球金融危机，又进而演变为目前仍在扩大的主权信用危机，进一步促使世界特别是发达国家的人们，反思全球金融体系及其背后的新自由主义经济制度。人们愈益认为，这是一种系统性原因造成的危机，是一种需要系统性改革、创新甚至革命才能改善的危机。2010年10月也是在上海社会科学院举行的"危机中的资本、信用和责任"上海经济伦理国际研讨会表达了这种看法，此后特别在美国发生的占领华尔街运动、在"新经济"名称下发生的种种运动，包括正在兴起的"幸福经济运动""创客运动"等，从不同层面、由不同群体表达了这样的一种趋向，即世界经济包括经济组织、经济方式以及相应的社会、政治和文化都处在一个需要重新思考、探索和创新的转折点上。

中国在经历了20世纪70年代末以来的改革开放后，社会的各个方面尤其在经济方面取得了令人瞩目的成就，但同时也面临着不仅是从传统社会向现代社会转型，而且是由改革开放本身带来的新的经济、社会、政治和文化方面的挑战，甚至是社会冲突。有人说，邓小平原来说的"摸着石头过河"，现在已经没有石头可以摸了。例如，"创新驱动、转型发展"战略、顶层设计、上海的先行先试、新创立的自贸区等，特别是正在和还将进行的在政府层面上的一系列制度改革，都表明了，中国在经济发展和社会管理等各个方面需要进一步改革创新，使得中国人和中国社会能够得到和谐和全面的发展。

2. 存在着把创新作为一种绝对的价值和目的来追求的倾向

但是，什么是创新？是否所有新的都是创新？创新与道德有否关系？例如，导致美国金融危机、致使世界经济遭到重创的次贷衍生品，就是所谓的金融创新；导致三鹿奶粉公司垮台的三聚氰胺，据说最初还获得科技创新奖，然后被滥用了。这就涉及什么是创新、创新与道德的关系是怎样的问题。类似冠以创新而实际造成严重后果的例子，并不鲜见。在中国，改革开放和市场经济带来了中国各层次、群体和个人的更大程度的自由权利和空间。当然，市场主体和决策主体，在应对各种包括生产问题或社会经济难题时，需要有自主性和创造性。但是，由于存在着一种把创新作为绝对的价值、为创新而创新、将创新本身作为目的来追求的倾向，结果是公共安全、伦理道德的维度被忽略了,如上面所提到的这两个事例。因此,我们就有必要系统考虑道德与创新的关系,对道德在创新中的地位和作用以及创新活动对公众的影响等问题展开研讨,特别是展开跨学科、跨领域、跨国以及理论界与企业界和政府部门之间的对话,深入创新的各个环节和各种因素之间的关系,从伦理方面总结和借鉴彼此的经验教训,以有助于中国以及世界的创新发展,从而能真正造福于中国和世界。

这次研讨会从道德与创新的概念与基础、企业伦理与企业创新、科技信息伦理与创新以及道德创新与创新道德四个方面展开了比较深入的研讨,获得了与会者的高度评价并产生了重要的国际影响。正如国际学会 ISBEE 创始人之一和前任主席乔治·恩德勒教授所评价的,这次会议将创新与道德结合起来研究,"开创了经济伦理研究的新领域",并在随后的几年里,使之成为"国际会议的核心议题"(参见恩德勒教授为本书撰写的序言)。笔者认为,特别值得指出和肯定的是,正是以这次会议的主题为基础,并在这次会议期间,中心与 ISBEE 国际学会确定了第六届 ISBEE 世界大会的主题。还在这次论坛之前的 2013 年 5 月,经国际学会 ISBEE 执行委员会的无记名投票,上海社会科学院经济伦理研究中心高票获得了 2016 年第六届 ISBEE 世界大会的举办权,但世界大会的主题是什么,当时并未确定。2013 年 6 月,笔者提出了以"道德与创新"为主题举行中心第十一届经济伦理国际论坛,邀请了 ISBEE 主席乔安妮·齐佑拉(Joanne B. Ciulla)教授和乔治·恩德勒教授、ISBEE 执行委员金黛如(Daryl Koehn)教授、上海交通大学周祖城教授参加这次论坛。2013 年 10 月 22—23 日,齐佑拉主席一行与上海社会科学院和经济伦理研究中心领导举行了第六届世界大会筹备会议,在"道德与创新"国际论坛的主题基础上,确定了"企业和经济活动中的伦理、创新和福祉"作为第六届 ISBEE 世界大会的主题。

遗憾的是,这一在恩德勒教授看来今天仍正当其时的论坛成果,由于笔者在此后 5 年忙于世界大会的筹备、举办和会后报告以及将近两届 8 年的上海市伦理学会的会长工作等一系列事务,未能得闲再回到它的成果出版工作上来。但即便在今天,从历史记录和学术价值来说,笔者仍然认为值得保存和出版。

衷心感谢时任上海社会科学院党委书记和中心学术委员会主任潘世伟教授,院外事处长和中心副主任李轶海先生,上海社会科学院哲学研究所副所长何锡蓉研究员,上海市伦理学会名誉会长朱贻庭教授,《社会科学报》

总编和中心副主任段钢研究员和所有与会国内外专家学者企业家，以及会务组的同仁和学生，无论从你们对我、对中心的充分信任和大力支持，还是这届论坛本身的成果和历史影响来说，我都有责任和义务使之出版，从而留下这一难忘的历史瞬间。

与"经济伦理研究论丛"的前3卷相同，论坛要求与会论文作者在会议讨论的基础上，会后对论文进行修改，然后在获得作者授权的前提下编辑出版。所不同的是，本卷的这个时间跨度长达7年。衷心感谢我们的作者，值此出版之际，重新审读了自己的论文，检视了自己的观点和数据，有的保存了原貌，有的与时俱进作了修改，也有的重新撰写了论文，我在论文集中都做了必要的注明，供读者参考。也感谢恩德勒教授应我邀请作为客座合作编辑对论文集的英文提要从英语方面作了修订。

理论研究的生命力，在于它能历久弥新，仍能给人以启示。尤其是，思想、观念同历史一样，并非直线进步。读者如能从本书中获得对于今日世界思考的即便点滴的价值，编者就感到极大欣慰了。此外，论坛的主题"道德与创新"中的"创新"，英文采用的是"creativity"而非"innovation"，因为"creativity"在英语中比"innovation"含义更广泛，而"innovation"更多的是技术内涵。我们会说工程师在 innovating，但通常不会说他们在 creating，因为 innovation 往往是为了解决某些特定的问题，所以可理解为"革新"。而 creativity 是指将某物从非存在中带入存在或者至少将某物从可能性带入现实性，可以理解为从无到有的创造。因此可以认为，creativity 包含但不限于 innovation，也因此，本论文集的讨论更宽泛和基本。我们在考虑2016年的世界大会主题时，选择了"innovation"这个英文术语，主要考虑到"innovation"比"creativity"更贴近通行的包括技术革新在内的对创新的理解。

陆晓禾
上海社会科学院经济伦理研究中心执行主任
上海社会科学院哲学研究所研究员
2020年1月28日

导　言

　　"道德与创新"是一个非常好的主题,这个主题在某种意义上说,也具有创新的意义。
　　什么才是真正的创新?创新与道德之间究竟有什么样的关系?这是我们非常困惑的问题。在今天的国际社会中,包括中国在内,以创新名义,但实际上带来很多消极后果以及道德后果的例子并不少。所以,从经济伦理的角度来探讨创新,开展跨学科、跨国家的对话,是非常有意义的事情。
　　改革开放以来,中国社会在各个领域,尤其是经济领域取得了巨大的成就。但是大家也注意到,我们这个国家面临的从传统社会向现代社会的转型以及改革开放所带来的经济的、政治的、社会的、文化的各方面新的情况。这些新的情况中也包含很多社会矛盾甚至一些潜在的冲突。因此,对当代中国来说,最大的挑战,也是我们需要思考的最大的一个问题,就是怎样在变革的过程中,保持道德的稳定和社会的和谐。
　　从当今世界来看,在全球金融危机以后,实际上人们也在反思,这种金融体系以及它背后所依托的新自由主义经济制度,这些人们习以为常的东西,需不需要进行系统性的改革和创新?这也是今天面临的一个挑战。
　　很多人希望,对这场系统性危机所带来的影响要做深刻的分析,也需要在制度上以及在其他方面进行一些新的创新,只有这样世界才能走上健康发展的道路。所以如此看来,中国需要创新,今天的世界也需要创新。当然,上海社会科学院作为一个学术单位,也在不断地创新,请允许我简单介绍一下正在创新中的上海最大的一个社会科学研究机构。
　　上海社会科学院成立于1958年。我们这个机构是上海现在唯一的一个人文社会科学综合性研究机构,在中国也是地方社会科学院中最大的一个研究机构。在过去的55年里,我们这个院也在不断地发展,今天已经拥有17个研究所,在职研究人员500多名,硕士和博士将近800名,我们研究的范围几乎覆盖了人文社会科学各个领域。同时,我们这个机构不仅是学术研究机构，它也承担着为上海经济社会的发展进行决策咨询服务的一个功能，实际上也是上海最有影响力的智库。

上海正在建设国际经济、金融、航运、贸易中心，最近上海也成立了整个国家唯一的一个自由贸易试验区。这些都是中国将要进行的一系列新的制度创新的探索。所以我们想，在今天的中国也好，在今天的上海也好，还是在我们社会科学院也好，创新是这些年来一个非常重要的主题。

在创新过程中，我们非常期待各国学者和我们的交流，共同开展一些研究。我们也非常期待其他各国的学者对于中国的变革进行更多的研究，例如，对这种变革过程中所蕴含的创新，这种创新所带来道德的风险和成本，以及怎样重建道德这种预期等问题，交流看法。

上海社会科学院经济伦理研究中心非常活跃，具有国际视野，建立了广泛的学术联系，是一个非常重要的研究中心。它在这一领域的国际学术交流方面做出了很多卓越的努力，即将在2016年召开国际性世界大会，所以我们欢迎各位的到来，也期待在2016年，在上海进行更广泛和更深入的学术交流。

潘世伟
上海社会科学院党委书记、教授
上海社会科学院经济伦理研究中心专家委员会主任
2013年10月24日

一

道德与创新:概念与基础

创造与道德：多维度探讨

［美］金戴如（Daryl Koehn）*①

【提要】 为了考虑虚构对理解组织及其伦理的贡献，我们需要考察创造与道德之间的关系。本文基于诗人、剧作家和哲学家的工作（创作），探讨了六种可能的关系。笔者认为，虚构、创造与道德之间的关系是多维度的，未来应当据此来看待今后有关经济伦理与组织研究的探讨。特别是，我们无权简单地认为，虚构的创造会支持现存的规范或产生美德。相反，虚构有时揭示的正是它如何难以应用规范或证明有道德的行动方案是正当的，如果我们经常并不确切地明白组织中或经营环境中正在发生什么，那么就更不用说令人信服地确定这行为是否对或好的了。

在有关伦理或道德的讨论中，有越来越多的文章提到了创造与审美的关系（Koehn and Elm, 2013; Dobso, 2007）。然而，虽然谈到了创造，作者们对于创造究竟指什么并没有作出具体说明，也不清楚创造性是否伦理辨别力的一个必要因素，或者创造性是否以某种方式代替了伦理原则。

本文的目的并非回答所有这些问题，而是要证明创造与道德之间有着多重关系。因此，我们如何思考上述这些问题，关键取决于我们明确地或含蓄地认同的是其中哪一种关系。笔者在另一篇文章中区别了这两者之间存在着我称之为"正面的"关系与"负面的"关系（Koehn, 2011）。这篇早些时候发表的文章聚焦的是表现在艺术作品中的创造性。现在我想更深入地探讨创造与道德之间的多重关系，考察行为以及作品。我将概述有关这种关系的六种观点，当然实际上在这张单子上可能列出的关系还会很多，尤其是如果加上非西方学者有关创造与伦理的讨论的话。本文在这里最多只能对这六种关系作点概述。但

---

* © Daryl Koehn.
① 中译文曾发表于《上海师范大学学报（哲学社会科学版）》2014年第4期，第5—15页。编者在收入本书时，对译文重新作了校对和修订。——编者注

是，考虑到在应用伦理学和理论伦理学文献中对后四种关系论及甚少，我将更多地阐述后四种关系。本文并不想要支持哪一种观点，而是想使得我们能更深入和清楚地思考创造的道德或伦理与道德的或伦理的创造诸多方面。

第一种关系：创造在道德上是中立的并需要接受道德的制约吗？

自古以来，思想家们就认为，艺术或技艺具有创造性。比如，制罐产生了陶艺，而医术这样的技艺更好地促进了健康或者说促进了病人的康复。没有人会怀疑罐具有盛水和盛食物的用处，或者会怀疑医术对于身体健康的益处（如亚里士多德所说的，没有人会问："你为什么想要健康？"）（Aristotle，2005），但我们肯定会质疑原子弹、大水坝及其他一些源于创造性的科学活动的产品具有的好处。例如，对人类基因的控制敲响了警钟。就这种情况而言，许多人可能会争辩说，仅仅因为我们能够做某件事，并不能由此得出我们应当这么做。从德性伦理学的观点来看，在采取某些创造性行动之前，我们应当三思而后行。当然，慎重考虑应该是以美好的生活为目的或目标，因此就要考虑计划要造的原子弹或大水坝是否获得美好生活的手段。一个公正而有节制的人会权衡利弊，仔细考虑是否可能有其他的办法来阻止敌人或者产生能量和控制洪水。即使治疗的目的无可指责，治疗行为仍需要受美德的规范。医生必须用恰当的治疗手段在恰当的时间使用恰当的手术器械等。

康德主义者会问，中子弹的研制究竟是把人当作目的来尊重，还是把人当作手段来对待？那些承诺关爱和专业精神的人还会提出其他一些规范问题。总的观点很明确：就这第一种关于创造与道德关系的观点来看，任何创造行动都要受到道德的约束，不管这种道德约束来自目的论（为了美好的生活）、人的理性本身（绝对命令）、角色义务（儒家学说、专业精神），还是源于我们作为上帝的创造物这种身份（犹太教、基督教）等。

这一观点有许多可取之处。然而，其局限性在于，它未能考虑艺术和技术的发展可能改变道德本身，我在下面还会回到这一观点上来。

第二种关系：道德想象力是审慎考虑过程的关键部分

关于创造与道德关系的第二种观点是，把想象解释为创造，因而把想象力作为道德辨别力和审慎的一种核心的,可能是必需的来源。帕特里夏·沃哈恩(Patricia Werhane)对于道德想象力作了广泛的论述:

> 道德想象力是指,在特定环境下发现与评价可能性的能力,这种能力并非仅仅由环境所决定,受作用着的思维模式所局限,或者受一个或一套规则(治理问题)所制约。在管理决策中,道德想象力蕴含着认知规范、社会角色以及在任何境遇中都有的错综交织的关系。发展道德想象力涉及提高对境遇道德困境及其思维模式的觉察能力,即设想和评价产生新可能性的新的心理模式的能力,以及用新颖的经济上可行和道德上可证明为正当的重构困境和创造新解决方案的能力(Werhane,1999:93)。

在沃哈恩看来,道德想象力涉及对事物采取一种拓宽的和系统的观点(Werhane,2002)。莫伯格(Moberg)和西布莱特(Seabright)把沃哈恩的工作扩展到组织环境中。他们认为道德想象的特征是"一种可被认为抵御有损伦理判断的组织因子的推理过程"(Moberg and Seabright,2000:845)。

正如应用伦理学家们使用这一术语所表明的,"道德想象力"按照定义通常似乎是道德上善的。用上述沃哈恩的话来说,任何创造性的解决方案必定"在道德上是可证明为正当的"。按这种观点来看,具有想象力的创应该总是受到造成有益的而非有害的结果这种方式的约束(Werhane,2013;Moberg and Seabright,2000)。但不完全清楚的是,在这种约束范围内,哪些是假定可以做的?是否具有想象力的个人必须是有德性的(有同情心的和正义的),以便保证他的或她的想象物和再构物不会造成残酷无情的结果?倘若是这样,那么想象力在最初的美德培育中究竟发挥怎样的作用?我们是否认为,我们处在一种亚里士多德式的美德循环论中?也就是说,在审慎考虑时,通过重构和产生可能性,我们是否获得了一种更为宽广的和敏锐的观点,这种观点反过来使得我们此后更为公正和具有更好的能力来考虑其他人的观点呢?

无论如何,这里很清楚地涉及发展问题。此外,关于道德想象的研究也倾向于假定有一套可行的和恰当的规范。如果创造会改变道德本身的性质,那么会发生什么情况?这问题把我带到了道德与创造之间第三种可能的关系上来。

第三种解释：创造改变道德本身的性质

哲学家汉斯·约纳斯（Hans Jonas）认为："20世纪见证了威胁地球上所有生物的技术的出现。"约纳斯的批判集中在核技术上，但也可以将他的批判延伸到制造工艺的发展上来，这种发展可能无可弥补地污染了我们不得不饮用的水源、造成海平面上升从而最终威胁到我们的家园（试想一下，例如马尔代夫的各海岛很可能在不久后因为海平面上升而被淹没）。约纳斯认为，人类的创造不仅通常是有害的，而且还引出了新的道德律令。

在叙述新的规范或律令之前，我需要提供约纳斯作出其判断的某种境遇。约纳斯强调，所有动物都有痛苦与快乐、欲望与恐惧的感觉。这些感觉反映了一种"生存忧虑"（Scodel, 2003: 354）。[①] 所有生物都为继续生存而"斗争"，而活着就意味着不断地逃离险境：

> 首先，所有生命的基本特征就是，形式高于质料——个体通过质料改变而获得本体论上的持续存在；其次，生命个体的有目的的行动是保存自己，对抗非存在威胁。归之于所有生命过程的目的也许是约纳斯的异端学说的核心论点。对约纳斯来说，至关重要的是，应当认为，现代哲学家和科学家向来仅仅应用于人类的范畴：目的、意图、兴趣与关爱在有机世界中自始至终都是在场的。活着，但不是作为人而活着，展现的是对继续存在的兴趣。约纳斯用生命通过代谢"对自己说是"这样的话阐述了这一观点（Rubinstein, 2009: 166）。[②]

世界上所有的生命体都通过新陈代谢来维系它们自己。就人类而言，对生存的关心意味着总是记着生命是岌岌可危的。因此，我们服从一条压倒一切的伦理律令："你需要这样行事，以使得你行动的结果有助于真正的人的生命的持久存在。"[③]这一格言，即"责任律令"，某种意义上是所有规范

---

① Harvey Scodel, "An Interview with Professor Hans Jonas,"［对汉斯·约纳斯教授的采访］Social Research 70 (2, summer 2003): pp. 339–368.

② Alan Rubenstein, "Hans Jonas: A Study in Biology and Ethics,"［汉斯·约纳斯：生物学与伦理学研究］Society 46(2), 2009, pp. 160–167.

③ Hans Jonas, The Imperative of Responsibility: In Search of an Ethics for the Technological Age［责任律令：探索科技时代的伦理］Chicago: University of Chicago, 1985, p.11.

的规范。因为除非我们活着,否则其他有关尊重、各种权利和大量美德的规范都将是无关紧要的。还要注意的是,就人类的生命依赖于动植物的生命而言,这一格言要求我们保护更大范围的生态系统。

尽管这一责任律令本身没有多少内容,但它恰恰意味着我们的注意力应当集中到地球上所有生命是如何高度相关的这一点上。这条律令要求我们养成习惯,留心和小心我们的行为对生态系统可能造成的影响。当我们养成了这些习惯,我们就会开始意识到,我们通常既没有理解也没有真正控制我们所发明的技术。秉持责任律令,会使得我们在急于接受新技术和采用大规模技术干预作为对问题的"解决方案"时,更为小心谨慎。责任律令也命令我们,在有疑问时,应当选择更为保守的方针。例如,也许全球变暖确实不会持续下去,或者不会对生命造成严重的威胁。但是:

> 既然能够表明,情况可能会严重恶化,那么,即便存在一丝好转的可能,如果还是有(情况会严重恶化这种)实质性的危险,那么我们就不能对这种危险掉以轻心。在私人生活中,我们对各种危险也掉以轻心。我们一直掉以轻心。但是,对有些危险,我们有责任根本不允许发生。这是我的"恐惧启发法"的要点。也就是说,就厄运预言而论,如果它是建立在健全的推理之上,那么厄运预言就具有比福佑预言更大的力量和更强烈的要求来影响行动。正如我所说的,你可以不与至善同生,但你不能与至恶共存。所以,就算(担心全球继续变暖的)一部分人不能充分证明情况确实如此,而且不能使另一部分人对此深信不疑,这另一部分人也没有特权(合法地)要求发展必须继续下去,或者要求我们必须继续沿袭今天的生活标准。我的意思是,这并非就其本身而言是人们必须不惜一切代价必须坚持的神圣目标,而规避灾难这一目标,即便在伟大的今天也是正确的(Scobel, 2003: 366-369)。

根据这一有关创造与道德之间关系的第三种解释,人类的创造并不服从永恒不变的规范。相反,随着人类发明而出现的是战胜陈旧规范的责任律令。例如,如果国家向它的公民许诺要提供某种生活水准,而这种生活水准的结果将会是与地球的生物状态相悖的话,那么责任律令就会命令我们不得遵守之前的许诺。约纳斯论证说,"人类具有新的和史无前例的责任,这些责任是随我们通过技术改变世界的新的和史无前例的力量而立即产生的"(Hauskeller, 2003)。约纳斯并没有向我们提供保证,秉持责任律令会拯救我们。但是,我们别无选择,只能依靠我们的理性不仅在形式的意义上,而且在"承认善良的人是怎样的和具有怎样的职责这种更高意义上来理解"(Scobel, 2003:368)。

第四种解释:创造性思维是唯一恰当的伦理标准

汉娜·阿伦特(Hannah Arendt)是汉斯·约纳斯的同事兼朋友,她对创造与道德关系有着另一种理解。经历过初期的德国大屠杀,并研究过对纳粹战犯阿道夫·艾希曼(Adolf Eichmann)的纽伦堡审判,阿伦特对道德规范和律令包括约纳斯的责任律令是否能够约束邪恶者的行为表示怀疑。规范总是作为决定哪些行为被认为是合法的和哪些行为不是合法的部分而被社会性地规定和实行的。合法性是指对行为者或行为的正当性的承认,并且按所涉及的相关规范来评判(Bellam, 2012)。一项行动只有在按照共同的规范证明是正当的,并且其他人也确认那些证明是合理的情况下,才是合法的。[①] 当且仅当新的政治权力或社会条件出现时,人们才会并且确实能够在一夜之间改变他们的规范。

> 受人尊敬的社会在希特勒政权时期总体上的道德崩溃可给我们的教训是,在这种环境下,那些珍爱价值观并且坚守道德规范和标准的人不是可信赖的;我们现在明白,道德规范和标准可以在一夜之间改变,以至于留下的仅仅是坚守某种事物的习惯罢了(Arendt, Responsibility and Judgment, p. 45)。

我们不能恰当地用道德规范来规范创造,因为人类的创造力和独创性延伸到社会性地产生道德规范本身的想象性创造上。尽管谈到德国人的行为,阿伦特清楚地知道,规范转换的现象是可以作出一般概括的。在中国,孝道重又得到颂扬;"保护老年人权益"新法案规定,子女必须"常"回家看望他们的父母并不时给予问候(Wong, 2013)。雇主被要求给予雇员足够

---

① Alex J. Bellam, "Mass Killing and the Politics of Legitimacy: Empire and the Ideology of Selective Extermination,"[大屠杀与合法性政治学:帝国与选择性灭绝理论]*Australian Journal of Politics and History*: Volume 58, Number 2, 2012:159-180.

的空闲时间去履行这种孝道职责。① 政府认为需要通过法律来规定孝道这一事实表明,当代中国许多年轻人并不把孝道看作是一种美德或者是有约束力的规范。

规范具有可塑性有第二个原因。阿伦特讨论了"出生率"即个体出生现象。每一个体的出生都给世界带来某种新的事物。就此而言,每一个体的新生都改变了世界,包括政体和组织。集权主义如此可怕就在于,它的目的是摧毁所有个体性和自发性。集权主义制度之所以邪恶,恰正因为这种制度着手摧毁的是被理解为"人由自身资源开创新事物的力量这种自发性。这种自发性不可能基于对环境和事件的反应来解释。旨在解释所有以往历史事件或是描绘未来所有事件进程的任何一种理论,都不可能担当不可预测性,这种不可预测性源于如下事实,即人是具有创造性的,人能够造成某种新的事物,因此没有人能够预见这种新的事物"(Arendt, Totalitarianism, 458)。生孩子就是创造新事物的一个典型例子。托马斯·杰弗逊(Thomas Jefferson)的著名建议是,美国宪法应当每 10 年修订一次,因为年轻一代人可能具有不同于他们前辈的担忧、需要和观点。阿伦特的考虑没那么远,但她反复提议,有必要建立新的伦理基础,这种基础并不是主要依赖于社会规范,而是具有某种内在的处理新事物出现的能力。

阿伦特在思考行为中找到了这种基础。苏格拉底的我们同自己的对话可能是处于极端情况中对于正当行为的最好(即便不是唯一的)指导。阿伦特所说的要通过思考,并不是说要采用狡计或使用假设的目的-手段推理。阿伦特所说的思考指的是,我们自问是否能够在做了例如谋杀或窃取了投资给我们企业的那些人的钱后,还能够继续心安理得地活着? 所以可以这样来理解,思考等同于良知。阿伦特认为,这种思考为判断提供的是一种主观的但并非是任意的非相对主义的基础(Parekh, 2008)。这种思考试图想象由与我们共享世界的其他人可能对我们的信念或立场提出的异议。我们并不仅仅满足于某种个人的甚或团体的偏好。相反,我们努力用一种同情的方式来想象这个世界对其他人来说是怎样的。所以良知,即阿伦特理解为我们自己思考自己,积极寻求和公平表达的是可供选择的观点。正是运用并且通过思考,我们体验的是真实的世界,而并非仅仅是自我的反映

---

① Edward Wong, "A Chinese Virtue Is Now a Law"[一种中国美德现在成为一条法律]. New York Times, July 2, 2013; http://www.nytimes.com/2013/07/03/world/asia/filial-piety-once-a-virtue-in-china-is-now-the-law.html?_r=0.

或投射。

思考寻求发现的是,不以特定真理的永恒存在为前提的主体间的真实。在缺乏这种思考的场合,我们人类能够并且会做出可怕的事情。阿伦特认为,纳粹艾希曼及其同类们的思维并没有严重问题。他们只是根本没有思考过。就此而言,他们的邪恶是"平庸的"(Arendt, Eichmann in Jerusalem)。相反,

> 那些没有参加[这场大屠杀]的人,大多数人称他们为不负责任的人,仅仅是那些敢于自己作出判断的人,他们能够这么做,并非因为他们[有着]更好的价值观体系,或者因为他们的头脑和良心中仍然有着牢固的旧的是非标准……那些没有参与的人,他们的良心好像并没有自动发挥作用……我认为,他们的准则是不同的:他们自问,在做了某些行为后,他们究竟是否还能够心安理得;他们决定还不如什么也不做,这并不是为了世界因此变得好一点,而仅仅是因为只有在这样的条件下,他们才能继续心安理得。因此,他们在被迫参与时选择了死亡。大致来说,与其说他们仍然坚守"不应当杀人"这一律令,不如说他们不愿意与谋杀者共存。作出这种判断的前提不是高度发达的理智或者对于道德问题的深思熟虑,而是对得起自己,能够面对自己,也就是说,能够进行自己与自己的默默对话,这种对话就是苏格拉底和柏拉图以来我们通常称之为的思考(Arendt, Responsibility)。

这种对话部分地涉及采取通常不在场的他人的观点。想象力的作用就使得采取这种观点成为可能。在这方面,阿伦特把想象力看作慎思的一个必要部分。但是,想象力必须作为思维而非奸计发挥作用。人们必须面对自己,而如果不能面对自己,就会与那些难以透彻思考的其他人达成共识:

> 凭借想象能力,常识能够使所有实际上不在场的人在场。如康德所说,常识能够代替其他每一个人思考,所以当某人作出"这很美"的判断时,他的意思不仅仅是说这让我感到愉悦,而且还要求得到他人的赞成,因为在作判断时,他已经把他人也考虑在内了,因此希望他的判断会承载某种一般的,尽管或许并非普遍的正确性(Arendt, Responsibility and Judgment, 2003: 140)。

如果缺乏这种思维,我们就会发现自己是在坚持所有种类的新道德"规范",其中一些证明可恶的行为是正当的。

第五种解释:创造是为了明白人是谁

如果把批评性的写作看作一种创造形式,那么在创造与道德之间就会出现另一种复杂关系。普里莫·莱维(Primo Levi)的著作就体现了这种关系。莱维广泛论及了他在奥斯维辛纳粹灭绝营的经历。莱维坚持认为,他著述的目的不是要见证灭绝营的惨状。正因为他死里逃生,因为他不是那些他称之为"被吞没的人"(the drowned)之一,所以他就不能作为这种人性彻底堕落——完全沦丧的真正见证人,而这种堕落和沦丧是这些灭绝营的目的和结果。

> 我必须重申:我们,幸存者,不是真正见证人。在阅读其他人的回忆录和隔几年后读我自己的回忆录时,对见证人这一说法,我渐渐地感觉不适。我们幸存者不仅是极个别的而且是破例的少数人:我们是那些由于谎言、技能或幸运而未被毁灭的人。而那些被吞噬的人见到了这些蛇发女妖,却没能回来告诉我们这段历史,所以他们就缄默无告了,但他们才是被沉沦者,才是完全的见证者,他们的证词才具有总体的重要性(Levi, 1988: 83 - 84)。

莱维并不想要做一个见证人,而是努力地试图去了解纳粹对自己以及对所有其他受难者到底做了什么,去弄明白德国人何以做出这样的事情。就伦理涉及判断以及我们不能正确地评估我们所理解的而言,这种理解应当被认为是伦理的一个组成部分。特别是,我们必须努力弄清:"谁是人?"而理解"谁是人"的努力,部分地论及莱维想要引起听众,特别是希特勒统治期间曾是行凶者和旁观者的德国人的共鸣这种希望。

> 但是,我不能说我理解德国人。不能理解的问题构成痛苦的空虚,一根刺,永久地刺砺着我们一定要填补这个空虚。我希望,这本书《在奥斯维辛侥幸存活》(Survival in Auschwitz)在德国会引起共鸣,这不仅

是我的夙愿，更是因为这种共鸣的性质也许使我有可能更好地理解德国人，从而有可能抚慰这种刺痛(Levi, 1988: 174)。

为什么莱维如此渴望理解德国人？也许，部分为了更好地弄清在他和几百万犹太人身上究竟发生了什么。但也是为了能够恰当地评估他们，然后评判他们：

或许，你们已经意识到，我，拉格尔灭绝营死囚，写了拉格尔灭绝营，这段重要的经历深刻地改变了我，使我成熟，给我生活的理由。也许这是冒昧：但今天确实冒昧了，我，第174517号囚犯，能够对德国人民说话了，提醒他们曾经做了什么，并且对他们说，"我还活着，我想要了解你们，以便评判你们"(Levi, 1988: 174)。

这一切就其本身而言是毋庸置疑的。然而令我印象深刻的是，莱维想要理解是谁的努力把他带入了诗歌领域：

你们在温暖住宅中，
平安生活
当你们傍晚回家，看到，
热腾腾的食物与亲切的脸庞：
请想想，如果这个男人，
在泥泞中工作，
不知和平，
为几片面包争斗，
因一个是或否就要了命。
请想想，如果这个女人，
没有头发，没有名字
不再有力气去记忆，
眼神空洞，子宫冰冷，
像是冬眠的青蛙。
沉思的结果是：
我建议你们把这些话，

铭刻心上
在家里,在街上,
睡觉,或起床;
告诉子女这些话,一遍又一遍,
否则愿你的房屋倒塌,
愿病痛令你寸步难行,
愿你的子女不想再看到你。

这段晦涩的诗句提出了问题——人们思考得越多,问题就越多。诗的迂回和省略可以引发我们提出更多令人不安的问题,更多促使我们思考令人吃惊的问题,而不仅仅是纳粹种族灭绝的问题。到底是谁在那些温暖的住宅里?纳粹军官在屠杀了一天犹太人之后,回到炉火旁吃饭。如果这首诗影射的是这些男女,那么他们比在灭绝营里的行尸走肉还要没有人性。或者我们就是这些闲暇地阅读这首诗的观众——我们就是这些置身于亲切脸庞之中的人——缺乏人性的人吗?你我也都享受着食物和住所。如果我们无视那些遭受痛苦的人的悲惨命运(常常由其他人类同伴之手造成),那么我们又如何能说自己是具有人性的呢?另一个问题是:有着青蛙子宫的妇女和争夺几片面包的男人似乎是人,至少从名称上来看是如此。另一方面,他们显然已经沦为只是他们曾经是个人的影子而已。莱维暗示,他们也许一点儿也不比动物(比如冬眠的青蛙)要好些。如果是这样,那么人是否有可能仍然活着但却不再是人了呢?

那么作者自己又怎样呢?作者莱维不再在"拉格尔""活着"了。他倚居在安全的庇护他的家中写这首诗。因此,他从非人性恢复了人性了吗?或者情况完全相反?不论其指向性如何,这种转变有可能发生吗?如果有可能,那么究竟怎样发生的?通常我们不认为物种在这个阶段上会变化:猫能够变成石头,然后又变回猫吗?而且,莱维与全世界仍然遭受苦难的上百万人又是什么关系呢?他写作的目的是要让自己心安理得,还是要居安思危呢?

莱维没有回答任何一个这样的问题,但他的诗却无可回避地提出了这些问题。他提出的问题,动摇了人们的观点,使我们感到难以面对我们过去和未来对于他人的责任,也不易保全我们自己的身份认同。20 世纪的各种战争和种族灭绝屠杀太清楚地表明了,瞬息间我们就会失去我们的家人、职业、国家、财产甚或我们的人性。即便如此,我们人性的真正标志是否我们思考、承认和回应整个"人—非人"的条件这种意愿和能力吗?[①] 或者就像豪斯(Howes)在其有关莱维著作的讨论中所说的那样:

> 拉格尔种族灭绝营打破了与人类的所有可能的联系。不管我们如何定义人之为人,拉格尔种族灭绝营的特点就是,它寻找并消除我们所熟知和渴望的一切,即便是肉体生存的欲望。然而,实际上最麻烦的事实是,拉格尔还是留下了某种在场、某种存在。莱维提议,我们应该不断地考虑那些被沉沦的人们。确实,他们存在于我们的集体记忆中,无论多么微弱和难以置信,这种存在都不只是恐怖魔力的目标。它就在"我们"可以是的方式范围内(Howes, 2008: 269)。

人类创造性地凭空构建了拉格尔种族灭绝营。莱维认为,我们现在需要创造性的行为(比如他的诗和我们对这诗的具有想象力的反应)来审视这头及其他怪兽的本性和意义。

第六种解释:创造是生活伦理真理的体现

有些文学批评家强调,富有想象力的作品不应该沦为道德剧(Seaton, 2006)。支持这种主张的批评家认为,文学作品的力量在于表现而非说教。文学启示伦理真理,而不是教条主义地维护它们,也无须为它们提供任何明确的论证。艺术启示伦理真理的有效方式是,让观众体验小说或戏剧,而不是让他们去听推理充分的演说。作者的创造性在于,提供这种体验的情景和结构,而读者在关注和试图理解的作品的情节中并且通过这种关注和理解,自然而然地达到融会贯通这种伦理见解。艺术家作品的作用在于,为作者的创造与观众的创造提供碰撞的场合。如果是这样的话,那么富有创造性的"故事叙述就准确无误地揭示了意义,(而且)产生了认同故事真实性的理解……我们甚至可能相信,作品最终一定含有我们所期望的意义,就像

[①] 豪斯指出,"施玛篇"目下(在不包含莱维自传的所有文章中)出现的这首诗,让他想到把这首诗看作是一种犹太人的祷告,Howes, 275。

我们读《审判日》所相信的。"①

正如沃哈恩所认为的，伦理真理不需要通过刻意重构问题或故意拓宽视角来揭示本身。如莱维所意识到的，文学也承认和玩点晦涩，也提出一些难以回答的问题。但是，笔者认为，文学艺术能够做得还要多。文学艺术有时候能够清楚地说明关于人类状况的强有力的真理，这些真理能够通过艺术的力量揭示出来，这些力量令我们困惑，让我们看到冰山一角，或者使得我们想要知道从脚踏的这块土地上到底能发现什么。

我想要引用大卫·亨利·黄（David Henry Hwang）的剧作《中国式英语》来支持这一有力的观点。由于这部剧作深入到如此之多的层次上，以至于我这里的叙述无法从对它的公正评价开始。我将只聚焦这部剧作如何使得观众能够体验人类状况的三种伦理真理。就每一种场合而言，这些真理都不是由剧作家明确陈述出来，而是通过观众细细品味与思考剧作动态的演变和令人不安的情节慢慢地显示出来的。

该剧一开始是美国商人大卫·卡瓦诺（David Cavanaugh）在叙述他向中国贵阳的一个客户推销其家族公司标识业务的经历。卡瓦诺前往中国说服当地文化部官员相信，他们的英文标识令人尴尬地糟糕，需要他的公司来提供正规的英文标识服务。当然，英语是有某些规则的，单词也有特定的所指。如果英语糟糕或表述不当，那么含义就会丧失。英语为母语者也会有理解麻烦，比如，"Don't forget to carry your thing."（"别忘了把你的东西带来"）这句话的意思。从另一方面来说，大卫实际上到中国是要告诉中国人做什么和如何说话。大卫并不明白也不理解，为何文化部副部长希女士对他的介绍会感到不快。就连在中国已经生活多年的英国侨民彼得，这位大卫雇用的私人翻译，也对希女士颇为生气的反应感到吃惊。

细心的观众会发现，彼得的翻译或者"标识"本身并不"准确"，他糟糕地曲解了中国观众对大卫·卡瓦诺的介绍会作怎样的反应。对于彼得来说，作为标识制造专家的大卫却不明白，生意不光要有优良的甚或必需的产品，还有一个理解观众的问题。这就需要对从事生意活动的人们的文化有深入的了解，甚至需要有比他们自己意识到的更深刻的了解。因此，由一开始希女士的恼怒来看，似乎这种恼怒不仅仅出自她对西方人狂妄自大的看法，而

---

① Hannah Arendt, "Isak Dinesen: 1885 - 1963"［伊萨克·迪内森：1885—1963］in Men in Dark Times（105）.

且也由于她意识到,这两个西方人愚蠢之极,对中国文化一窍不通。我们,黄先生的观众,也许一开始会为自己比大卫和他的翻译彼得更好地了解这些生意和文化动态而沾沾自喜。然而,随着剧情的展开,细心的观众会发现自己可能对这开场白有误解。举一个例子:文化部长蔡先生最初似乎对彼得流利的中文真心赞美。与另一个翻译冼女士相比,彼得确实像是一个真正的神童。然而后来变得清楚的是,彼得并不懂得在中国如何搞好生意关系,蔡先生先前的赞誉就显得愈益无意义了。冼女士,那位"差劲的"或"不称职的"翻译,总是滑稽地纠结于英文术语的意思,却比那位"优秀的"翻译彼得更充分地理解背后的潜台词。英语为母语的观众最初嘲笑她,因为我们部分地觉得我们比她高明。然而,如果我们更贴近地注意的话,我们对这两位翻译优缺点的评价就会发生转变。也许我们同大卫和彼得一样,在解读这些标识时已经犯了错误。

因此,这部戏剧在短时间内就达到了好几重效果。它吸引观众,要求他们读懂它。随后,它向陷入沉思的观众显示了,他们已经进入了一个转变中的诠释不定的世界。而且,我们观众是在毫无危险意识的情况下进入了这个世界。此外,这部戏剧还揭示了,这种诠释不定的世界根本就没有出口。因为语言塑造一切,而文化塑造语言。因此,除非人们从属于一个特定的文化,否则他们可能永远都不能真正理解在这种文化中究竟发生了什么。还有,与卡瓦诺显然相信的相反,没有任何完美的翻译可以将一种语言的"标识"翻译成另一种语言。很显然,一种独特的文化不会毫无遗漏地转换成另一种文化。跨国做生意的商人总是不可避免地发现自己陷入了解释的困境中。同样的观点也适用于观看一部有关中国、美国、英国关系的戏剧的观众,这部戏剧一半用英文一半用中文(用字幕)。最初最紧迫的伦理问题是,这些人是否也意识到了这个问题。这是一个令人不快的事实。

随着剧情的发展,一个相关的但可能更深刻的问题出现了。如果我们在另一种文化中生活、工作,并且解读这种文化的话,我们可能会认为,我们在理解这种文化方面取得了稳定的进步。但是,我们又怎能确切地知道我们是否真正地加深了对这一文化的理解呢?我们当然不能简单地并且天真地依赖于来自这另一种文化成员的反馈。如果一个母语为中文或英语的人称赞我们的英语或中文说得"good"[不错],这一赞美实际上是什么意思呢?虽然中国人通常总是告诉我,我的中文很好,但我知道我的中文很糟糕。中国文化似乎喜欢鼓励。或者也许我的中文确实比他们所遇到的其他一些说中文的美国人好那么一点，又或者还有其他的原因。我的观点是，语言植根于文化规范，因而任何称赞或轻视都不具有其表面的意义。

那么，我们在解读标识时，是否应该依靠我们的惯例呢？在这部戏剧的开头，彼得告诉大卫，在中国做生意并不是按照法规来做的，而是要讲关系或人脉。彼得坚持认为，讲关系能够得到可预想的结果。他可能在过去看到过关系起过作用，因此想过培养他自己的关系。所以，表面上看，彼得在一开始对大卫的告诫还是有些可信度的。然而，随着剧情的发展，我们看到，彼得并没有真正把握中国"关系"的操作方式。假定彼得帮助蔡先生的儿子进了英国巴斯大学，他认为蔡先生会在彼得的敦促下给予大卫这一标识合约的。然而彼得没有想到，蔡先生已经把这项合约许给了他的小姨子。由于已经给他的亲属开了"后门"，所以蔡先生不会也不能违背他的承诺。家庭关系显然战胜了与外国人的关系。

关系在某种程度上的确会产生可预期的结果，家庭关系尤其重要，蔡先生就重视这些关系。按蔡先生的观点，他的行为完全在情理之中，而且是可预期的。他认为，彼得要求蔡先生把作为互惠的标识生意给他，是不合情理的。彼得应当知道，蔡先生不可能违背他对其小姨子的承诺。按彼得的观点来看，蔡先生的行为是不公正和不合理的。彼得和蔡先生萍水相逢，友善相处多年，彼此都认为熟知对方。但实际上，他们之间自始至终都隐蔽地存在着一个巨大的分歧，而剧情突然就暴露了这个分歧。由于两人都没有意识到这一点，所以两人都没有真正尊重对方的观点，尽管观众（旁观者清）能够明白、倾听并且某种程度上赞成两人的观点。

彼得在理解中国人方面取得的进步并没有他想象的那么大。作为观众，我们看到了彼得所忽略的动态。但是，正如我们在一开始就沾沾自喜的那样，剧情又有了另一个转变。大卫与希女士有染。他向希女士坦白，他曾经是安然公司的高级执行官。他最后作证反对了他的同事。大卫对此引以为耻。然而，希女士抓住了这一事实并且说服大卫把这段历史告知葛明法官和李检察官。他们都对大卫与安然权贵的关系非常看好。实际上，他们好像印象更深的是这种关系，而不是大卫作证反对杰弗里·法斯托（Jeffrey Fastow）和其他人。他们断定，如果蔡先生选择其他供应商而不是这位有着重要关系的前安然雇员，那么蔡先生一定是受贿了。最终蔡先生被撤职，大卫的公司拿到了标识合约。

用一种违反常情的方式，大卫证明了他比他或观众最初所认为的拥有更多的关系或者至少更有地位。他试图隐瞒的事情（他与安然公司的关系），结果恰正成为有必要获得青睐的事情。美国观众对这一剧情的扭转感到震惊，因为在美国，大卫在安然的任职会成为他个人的一个污点。但是剧中的中国人（至少其中的一些人）显然尊敬那些大赌徒，就算他们已经一败涂地。因此，即便观众从这部剧中了解在中国做生意的一些新情况，像亚洲裔美国人白露龙（Lou Pai）那样的有钱人（身兼法官和检察官的希女士知道他是安然公司的执行官），似乎比最诚实的人获得更高的地位。然而，急于下结论未免有失公允。中国政府刚刚以腐败罪名起诉了某高层政治官员，包括收受商人的贿赂。这不是也表明了在中国与在美国和英国一样，诚信在生意中和政府事务中是头等重要的吗？

黄先生又一次挑战了观众，揭示了中国的腐败起诉通常具有政治性质，这点与英国和美国的绝大多数案子不同。像蔡先生那样的中国官员可能会因为腐败而被起诉，但这并非必定因为涉案贪污，而是因为一些其他人想看到这个官员受到起诉。所以就剥开了另一层解释，"腐败"指控的结果难以捉摸，因为不同的文化可能对这种语言行为的理解也不同。

第二个令人不愉快的事实是，我们无法确切地评估我们在理解来自不同文化的其他人方面取得多大进步，不管是根据表面上他们对于我们的理解所说的意思，还是依据我们的经验。这两者都反映了并且受制于社会规范和道德观念，即我们试图理解的那些事情。我们怎样都逃不过解读的困境。从伦理学角度来说，也许我们在伦理上所能做的最好的事情，就是反复地重新解读这部剧作和重新审视我们的行为。

第三点也是最后一点，我们通常需要了解人们的意图，以便判断他们的行为并追究责任。然而，我们怎样才能知道何时我们才真正了解了他人的动机呢？大卫认为，希女士其实想和他发展恋情，她甚至幻想有一天她会离开自己的丈夫而嫁给他。然而，希女士是想找个宣泄生理需求的机会。因为大卫是一个局外人，所以他成为婚外情的安全人选。与大卫发展恋情既不会使友情复杂化，也不会影响与当地中国人的生意。但是，性亲密并不是她的所有动机。正如后来所表明的，她还想要有助于她自己的和丈夫的事业发达。她在接近大卫的过程中，用令人感兴趣的和吃惊的方式发展了这些其他的计划。实际上，所有这些人都表明了是受许多爱和利益驱动的。

试图用任何简单的或一维的方式来"解读"别人,都会是一个很大的错误。细心的观众想知道,在每一阶段的剧情发展中,是什么促使各个不同的人物角色行事的,这些主人公又将如何回答这个问题。

就对创造与道德关系的这第六种观点而言,想象力在促使我们思考我们正在关注和评估的行为中迄今未经怀疑的隐晦因素的同时,也动摇了我们的伦理判断和应用规范的种种努力。黄先生似乎认为,这部剧作确实是这么回事,因为我们也许注定要一直与这些观念和可能性打交道。我们能够假以时日培养和磨砺我们具有想象力的洞察力,但在这样做时,可能会使我们对于境遇的伦理判断变得更困难而不是更容易了。

结论

学者们经常把创造与道德之间的关系说成是一种简单的关系。正如我试图表明的,它们之间的关系是复杂的和有多重意义的。行动和艺术作品中的创造性不仅在对境遇作出具有想象力的各种回应中,而且在首先敏锐地辨别事物将如何发展方面,不仅可以而且确实能够发挥重要的作用。富有创意、感同身受的想象力也有助于我们理解他人的观点,包括那些在死亡边缘徘徊的人们(例如那些在拉格尔灭绝营的人们)。同样地,也许并不更重要的是,我们自己具有创造性地思考我们自己,用阿伦特的话说,能够揭示我们都会倾向于陷入的误区。这些误区包括明显的误区,如理想化这样的误区,也包括不太明显的误区,如我们倾向于低估自己误解他人行为和话语的严重程度,这种误解常常致使我们不可避免地轻率地进入、甚至陷入诠释的危险境地。

参考文献

Arendt, H. 1951. The Origins of Totalitarianism. [集权主义的根源] New York: Schocken Books.

Howes, Dustin E. 2008. "Consider If This Is a Person: Primo Levi, Hannah Arendt, and the Political Significance of Auschwitz,"["试想有这么一个人:普里莫·莱维、汉娜·阿伦特与奥斯维辛的政治意义"] Holocaust and Genocide Studies 32(2), 266 - 292.

Johnson, M. 1993. Moral Imagination. [道德想象力] Chicago: University of Chicago

Press.

Larmore, C. 1981. Moral judgment. Review of Metaphysics, [道德判断——形而上学评论] (35), 275-296.

Moberg, D. and Seabright, M. 2000. The development of moral imagination. [道德想象力的发展] Business Ethics Quarterly, (4), 845-884.

Parekh, S. 2008. Hannah Arendt and the Challenge of Modernity: A Phenomenology of Human Rights, [汉娜·阿伦特与现代性挑战：人权现象学] New York: Routledge.

Seaton, J. 2006. Conrad's Moral Imagination. [康莱德的道德想象力] Humanitas 91 (1-2), 65-66.

Werhane, P. H. 1999. Moral Imagination and Management Decision Making. [道德想象力与管理决策] New York: Oxford University Press

Werhane, P. H. 2002. Moral imagination and systems thinking. ["道德想象力与系统思考"] Journal of Business Ethics, (38), 33-42.

Werhane, P. H. 2013. Moral Imagination. [道德想象力] The Blackwell Encyclopedia of Management. Cooper, Cary L. Blackwell Publishing, Blackwell Reference Online. August 22.

（康乃馨译　陆晓禾译校）

创新的伦理前提

徐大建

【提要】 本文主要讨论:(1)科技创新与制度创新对中国经济具有的重要意义;(2)科技创新和制度创新必须具备的三个基本伦理条件,即思想言论自由、真诚、对知识产权的保护。

关于创新和伦理的关系,目前国内外很多文献都是从科技创新会对人类社会产生一些不利的影响这个角度来讨论的;例如,在生物基因和人工智能等研究领域,是否应当禁止从长远来看有可能威胁人类生存的研究。这样的讨论视角,可能因为,很多发达国家的创新已达到了很高程度,创新已经不成问题,所以要考虑创新的不利影响。但从中国目前的情况来看,创新不是很多,而是远远不够。中国自从明清尤其是踏入近现代以来,真正影响世界的创新几乎没有。所以,本文要从另一个角度来讨论创新与伦理的关系问题:对中国来说,第一,创新非常非常重要。第二,中国在创新方面可能还缺乏一些伦理条件。

创新对于中国的极其重要性表现为两点:一是中国本身已经迫在眉睫的可持续发展问题;二是中国已不得不需要处理的相对激烈的国际竞争问题。

从中国的可持续发展来说,一方面,自然资源和劳动力已面临枯竭的风险,希望寻找新的资源,试图通过知识和科技的创新来解决问题;另一方面,各种传统产业的产能却大量过剩,需要新的产业和产品来摆脱过剩危机。其关键,便是科技创新和制度创新。中国目前亟待解决的这种经济结构转型问题,是改革开放从计划经济向市场经济转型的必然后果。市场经济虽然调动了广大人民的生产积极性,使中国经济得到了前所未有的发展,但其本身也必然会经历周期性的生产过剩危机。如何摆脱生产过剩,可以进行政府干预,采取各种宏观调控政策,但要让经济不仅摆脱生产过剩的困境,而且还上一个新台阶,就必须要靠创新了。

正因为如此,所以我们现在要发展各种新兴产业,例如动漫、游戏、电影、影像等文化产业,软件、生物制药、人工智能、高端装备制造等高科技产业,开发各种新产品,例如环保节能、新能源、新材料等新产品。然而很明显,无论是发展各种新产业还是开发各种新产品,都离不开创新。

与此同时,中国的经济发展还面临激烈的国际竞争。为了在竞争中立于不败之地,创新同样必不可少,因为创新对于一个国家的实力具有根本作用。美国之所以强大,当然是由于它具有世界第一的经济、科技和军事实力,但最根本的原因,主要还在于它具有极其强大的创新能力。面对国际上的激烈竞争,中国如果不提高创新能力,是难以与美国竞争的。

虽然中国目前已认识到了创新的重要性,从中央到地方,从学校到企业都非常重视创新,但仅仅重视是不够的,因为我们的重视方式可能存在问题。

一方面,国家和各单位都比较重视科技和知识创新,表现为多给钱,加大资金投入。例如学校和企业普遍实行的经济刺激手段,各种各样的纵向和横向科研项目,从学校到企业、从省部到国家数不清的各种科技进步奖和发明奖。因此,国家和企业近年来的科研投入是非常大的。可是效果却并不理想,表现为投入与产出不成比例。大量钱投进去后,产出的东西尽管确实有一点成果,但是除了少数外,大部分是复制性的而不是创新性的,有一些虽然表面上看起来确实有点理论创新,但却不能解决实际问题;不管是社会科学还是自然科学,都有这个问题。

另一方面,我们在大量投钱的同时却比较忽视制度的创新,包括评价制度和知识产权保护制度的创新。评价制度有问题,资金就不会真正用在合理的地方,产出的成果往往都是复制性的,或者不能解决实际问题。知识产权保护制度不完善,不仅是产生复制性成果的原因之一,还会伤害有真正创新成果的人,使他们丧失创新积极性。所以,只投钱而没有相应的制度创新配合,是无法促进创新的。而我们之所以只知道投钱却不重视制度创新,原因之一恐怕是因为我们并没有真正明白创新的本质及其伦理前提。

在本文看来,要有真正的创新能力,首先应该明白创新的本质:第一是要突破原来的理论或技术,没有这种突破,就谈不上创新;第二是一定要解决实际问题,不能解决实际问题的理论和技术都是无效的。这似乎是老生常谈但确是最关键的要点。从这两个关键要点出发,我们可以得出一些必要的伦理前提。这些伦理前提在创新能力强的国家已经解决了,它们不会再去谈论这个问题,但在创新能力较差的地方,确实是存在问题的。

首先,创新一定要突破原有的理论和技术,但是要有这种突破,就一定要破除对权威的迷信,破除绝对真理观,解放思想,摆脱思想上的束缚,这一点非常重要。只要头脑里存在绝对真理观,认为权威不可怀疑,那么头脑就会僵化,从根本上丧失创新的活力和可能。为了破除绝对真理观,摆脱思想上的束缚,我们应当在思想和言论方面保持宽松的氛围,坚持法治下的思想言论自由,否则创新就是一句空话,投再多的钱下去也没用。在我国,这一点始终不是做得太好,原因非常复杂,除了传统权威主义比较盛行外,我们能切身感受到的中国教育体制就明显存在问题。著名科学家钱学森临死之前也提过,为什么中国培养不出真正有创新能力的大学问家、科学家?这个问题就涉及到教育。

现行的中国教育,实际上从中小学到大学,其根本宗旨还是对绝对真理的追求。这种绝对真理如果还存在老师头脑中,那么在很大程度上只能培养出思想僵化的学生。这一点最明显的表现就是我们的中小学教育,教学基本上就是背诵和理解一些绝对真理,反复做题,按标准答案答题和评分。其结果就会形成一种思想束缚,使培养出来的学生基础不错但缺乏创新能力。我们平时接触到的很多大学生,虽然很聪明,但却会发现,他们的思想实际上已经僵化。创新必须破除绝对真理观和解放思想,这虽然在发达国家已是一个常识,但在我们这里是否真正认识到了这一点,值得怀疑。

其次,创新是为了解决实际问题也必须是能够解决实际问题,它不是做一些表面文章。要做到这一点,必须有解决问题的导向和求真求实的态度,有真正解决问题的兴趣和志向,以此作为自己的生活和工作意义。创新的理论和技术要能够指导实践,解决实践问题,关键的一点是树立问题导向的创新观而不是理论导向的创新观。理论本来是人们创造出来去解决现实问题的,无论这些现实问题是理论的还是实践的问题。可是理论一旦被迷信为反映了客观规律的绝对真理,那就不仅会成为思想的枷锁,还会异化为生活的终极追求,仿佛理论的目的不是为了解决问题而是为了发现永恒不变的真理。如果抱着这样的目的去进行理论创新,那么理论创新往往就会脱离现实,丧失求真求实的态度,就会从理论到理论,创新出来的理论和技术也会脱离实际,不能解决现实问题。

但是,我国目前大量的所谓创新成果,不管自然科学还是社会科学,往往脱离实际。就自然科学成果而言,往往是一些实验室里的成果,并不能真正用于实际,转化为商品生产,甚至包括一些弄虚作假的东西。就社会科学成果来说,情况也好不了多少,有些东西甚至不知道究竟想说什么、在说什么。原因何在? 大家从自己的切身经验中就会找到,那就是跟我们现在急功近利的体制有一定关系。很多人做科研,并不是为了解决实际问题,相反,或者是为了理论而做理论,与前面所说的追求绝对真理有关,或者纯粹就是为了评奖,评职称,为了个人的一些物质利益。这已经完全脱离了解决问题的求真求实态度。

最后,中国由于原来是计划经济,进入市场经济比较晚,所以目前整个知识产权法律制度不是很完善。我们应当明白,虽然知识产权与市场经济紧密相关,但若不努力建设,它不仅不会自发产生,还会危害市场经济和企业创新。我们还应当明白,市场经济的创新主体是企业,脱离了企业,无论是学校还是科研机构的创新,都会变成纸上谈兵。

从企业角度来看,中国的企业虽然由于基础薄弱的原因创新能力不强,但并不是没有,有些企业如华为与阿里巴巴,其创新能力还很强。但是不得不承认,现在有很多企业不愿意创新,原因就在于缺乏知识产权保护。因为企业创新要投入很多钱,并且还不一定成功,然而新成果出来以后,却往往很快被人家复制了,连创新成本都收不回来。所以很多中国企业都宁愿不创新,宁愿去复制。没有完善的知识产权保护制度,人们便不愿意去创新,创新也就成了空谈。近现代世界经济与社会的发展表明,凡是知识进步与经济繁荣的国家,无一不是知识产权制度健全与完善的国家。从目前世界上占有优势的英美文化来看,近代英国是专利法与著作权法的发源地,没有这些知识产权保护,就不会出现英国工业革命时期雨后春笋般爆发的新技术。美国则主要在两次世界大战后,特别是 20 世纪 80 年代以来在知识产权保护方面颁布了多种法案,对美国得以拥有强大的创新能力功不可没。

总之,从创新的本质特征,即突破原有的理论或技术并产生能够解决实际问题的新理论或技术出发,能够得出创新所必不可少的三个伦理前提:基于破除绝对真理观的科学怀疑精神;解决实际问题的求真求实态度;不抄袭复制他人的创造发明。而为了培养人的这些伦理品质,不在确保宽松的言论环境、评价和知识产权保护等方面做出切实有效的制度创新,创新也只能成为空话套话。

创新的道德评价

孙春晨

【提要】 创新通常被认为是一件好事情,但事实上,创新并不总是好的。从道德的角度来评价,在创新的目标、创新的手段以及创新的后果等方面,创新如同一把双刃剑,既有合乎道德的一面,又有非道德的一面。在创新活动中引入道德评价,不只是一种姿态,而应成为创新活动的道德指引。只有对创新活动做出必要的道德引导,创新活动才能沿着有利于人类和谐生存、健康发展的正确道路而进行。

人类从未停止过对新事物的追求。为了满足人类对新事物的渴望,创新以令人窒息的速度发展着,用"创新爆炸"(innovation explosion)来形容一点也不过分。近年来,创新更成为全球各种媒体频繁谈论、各国政府竞相鼓励的热门话题。创新通常被认为是一件好事情,但事实上,创新并不总是好的。从道德的角度来评价,在创新的目标、创新的手段以及创新的后果等方面,创新如同一把双刃剑,既有合乎道德的一面,又有非道德的一面。

一、对创新目标的道德评价

对于任何创新主体来说,其所实施的创新活动都是有一定目标的行为。由于不同创新主体的创新内容不同,在创新的目标上也就必然存在差异,因而,对这些不同的创新目标应进行具体的道德评价。

以政府为主体的创新,旨在实现公共行政管理理念和方式的变革。20世纪70年代以来,面对政府公共行政活动中出现的治理危机,全球范围内掀起了针对行政行为理念的社会管理创新,其目标是实现政府公共行为由管制型向服务型转变。服务型政府的价值导向是一种伦理性导向,旨在最大限度地维护公共利益,有效地增进和公平地分配公共利益,彰显现代公共管理"服务至上"的行政伦理精神。但是,如果政府以维护公共利益和公平正义的名义进行所谓的社会管理创新,背地里却在进行权力寻租或是满足某些利益群体的特殊要求,那么,这样的社会管理创新就是不道德的。

以企业为主体的创新,通常是以提高经济效率和获取更大利润为目标。在市场经济社会,作为理性经济人的企业,为了自身的生存和发展,必然要不断地进行产品创新。企业创新能够为消费者提供更加符合其生活需要的新产品和新服务,这是企业创新为社会发展作出的贡献,具有积极的道德意义。但是,如果企业创新只是为了获取更大利润,那么,就可能带来道德上的负效应。以金融创新(financial innovation)为例,当代的金融创新使得金融工具和金融产品不是越来越简单,而是越来越复杂,再加上对金融创新产品高回报率的大肆渲染,将参与金融市场视为打开财富之门的金钥匙,这样的金融创新一旦失败,带来的道德影响是异常巨大的。近年来全球范围内的金融危机就是金融创新所导致的后果之一,自然要遭到人们道德上的质疑和批判。

以科学家共同体为主体的创新,既是科学家实现科学探索精神的需要,又以改进和提高人类的生活质量和生活方式为目标。自工业革命以来,科学家共同体的科技创新推进了人类生产和生活方式的急剧变化,人类不断地享用着科技创新所带来的科技成果。那些与人类日常生活相关的科技创新,使得人类的生产方式越来越现代化,将人类从繁重的体力劳动中解放出来;同时,科技创新成果也使得人类的生活和交往变得越来越便利、越来越快捷。这是科技创新带给人类的好处,在道德上是值得肯定的。但是,科技创新的成果也给人类造成了诸多道德上的难题,在当代社会,人们日益感到自身的日常生活被科技创新所胁迫,失去了原有的田园诗般的生活趣味,这就引发了人们对什么是最符合人性的生活方式的思考,科技创新达到何种程度才是最符合人性的生活方式? 更为严重的是,那些涉及人类整体生存和发展的科技创新成果,如核能(nuclear power)技术的使用,如果运用不当,将给人类带来灾难性的后果。

二、对创新手段的道德评价

现代社会推崇创新、鼓励创新,创新活动拥有相当大的自由度,创新成为实现人的自由价值的一个重要平台。但是,创新自由的泛滥有可能引发创新的道德危机,因此,人类在自由地进行创新活动的同时,其创新手段是否合乎道德,也是必须认真思考的问题。

以政府为主体的创新,需要警惕的是政府权力在创新过程中的滥用。政府权力是行使公共行政活动的手段,当政府试图进行社会管理创新时,权力如何正当地使用是一个突出的问题。如果说政府管理的创新是为了最大限度地维护社会公共利益和公平正义,那么,政府的权力就应当受到必要的限制,不可以滥用权力。但是,在政府管理创新中时常出现的一个问题是,政府为了推行某种自认为能够改进社会管理的创新机制,无视或忽视公众的意见,以政府的强力予以推行,这种情况在没有民主政治制度或民主政治制度不健全的社会中最容易发生。政府创新的自由得到了实现,但是,却以牺牲公民的自主为前提,这样的创新手段显然是不道德的。

以企业为主体的创新,有可能受到资本力量的控制。企业创新需要资本的支持,但是,企业创新是否必然以资本推动为起始,又以资本获得为结束吗?面对全球性的金融危机,人们会发出如此的质疑:以金融投机为手段的金融创新真的能给人类带来金钱和财富吗?由于那种类似于"金融杂技"的金融创新手段是大量普通的投资者所无法掌控的,因此,普通的投资者参与到以获取最大利润为目标的金融创新之中,其可能的结局是,不仅不能获取所指望的金钱和财富,反而会深陷因金融创新造成的资金泥潭而不能自拔。

以科学家共同体为主体的创新,为了达到某种目的,有可能会使用不诚实的创新手段。科学家造假的事件在当代社会并不少见,在一个缺少道德监督的社会环境中,如果科学家不能做到道德自律,面对巨大的利益和耀眼的荣誉,科技创新活动中的造假行为就难以避免。科学家不是生活在真空中,有着和普通人一样的道德弱点。但是,由于科技创新成果对社会生活有着巨大的影响力,科学家这一职业负有比一般人更大的特殊社会责任和道德义务,这就需要科学家具备更高的道德素质,以诚实的职业精神对待所从事的研究工作。那种认为只要目的正当,就可以忽视手段正当甚至不择手段的做法,不仅会给科学家自身带来道德危机,而且还会给社会带来潜在的灾难。

三、对创新后果的道德评价

在当代社会,创新似乎成了一种神话,谁要是不进行创新,谁就是自甘落后。然而,创新给人类带来的不仅是财富和便利,还有可怕的道德风险(moral hazard)。创新意味着求新、求变,而求新、求变的创新必然具有不确定性,创新的不确定性就会带来道德风险,尤其是涉及人类整体生存的科技创新,更可能引发全球性的潜在道德灾难。

人类已经感受到了创新所带来的道德风险。以政府为主体进行的创新活动,因政府行为的不诚信、不公正以及政府权力不受制约的滥用,其创新所带来的后果的道德风险在于,原本是出于为公众服务的道德理念而进行的社会管理创新,反而损害了公共利益和公平正义。以企业为主体进行的创新活动,因企业的唯利是图和不择手段,不仅导致功利主义和实用主义的道德观大行其道,而且也给公众带来了财富观念上的混乱,并进而选择那些不道德的经济行为。

科技创新后果的道德风险尤其令人们所关注。科技创新是一个无止境的过程,而不断涌现的科技创新成果在满足了人类新奇、新颖的需求之后,人们也需要反思,科技创新可能的或潜在的道德风险。例如,核能技术的创新和应用,涉及全球利益,事关人类整体的生存和发展,核能技术一旦被非理性地应用,其后果将不堪设想。再如,近年来全球广泛争论的转基因食品(Genetically modified food),到底给人类带来的是福音还是灾难,目前还没有一个共识性的定论。

在创新活动中引入道德评价不只是一种姿态,更应成为创新活动的道德指引。只有对创新活动做出必要的道德引导,创新活动才能沿着有利于人类和谐生存、健康发展的正确道路而进行。

浅谈创新制度设计的道德基础

赵卫忠

【提要】 文章从推动社会主要市场机制和政府作用的两股力量,而发挥政府作用的基本方式是制度设计入手,从三个方面阐述创新制度设计的道德基础:首先,道德对制度设计和实施极为重要。文章列举了烟花爆竹禁放令难以奏效和医生被刺等两个案例来说明。其次,政府在制度设计中应考量的道德因素:一是民众的利益和需求是制度设计的立足点;二是系统和谐是制度设计成功的关键。最后,道德在制度设计中的实现方式:一是制度设计的项目要经过科学论证;二是制度设计过程应广泛听取民意。

不同的国家有不同的文化背景,而不同的文化背景将会对不同的国家的治国方略和具体制度产生很大的影响。西方发达国家是以民主法制和宗教为社会文化背景,维系社会运转的制度相对比较简捷。而中国以人情社会为特征,以社会道德为基础与法制社会建设相糅合的社会文化背景,维系推动社会发展的政策制度相对更复杂。在此视角下,道德与改革的研讨显得更有新意。

推动社会发展的主要有两股力量:一是市场机制的力量,二是政府的力量。政府力量主要是政府的功能作用是否能够按照上层建筑建立在经济基础之上,又能起反作用于经济基础而发挥出正能量。简言之,在中国特色社会主义建设进程中,政府作用应当按照党的方针政策,按照法制政府、服务政府、责任政府的要求,努力充分发挥政府的积极作用,强国富民的中国梦才能实现。尤其在中国以共产党的领导、多党合作的政治框架下,在国有经济占有相当大比重的市场经济结构环境下,政府对推动社会发展的作用,更优于市场机制的作用。党中央提出依法治国的方略,核心是依法行政,创新制度的设计对政府在创新启动转型发展中显得尤为重要,而道德是政府创新制度设计的基础。

一、道德对制度设计和实施的影响极为重要

举两个案例：

案例一，1988年，上海市政府出台了《上海市禁止烟花爆竹燃放管理办法》，明确在市区禁止燃放烟花爆竹。但到了春节，尤其是除夕夜、年初五迎财神爷，上海市区到处在燃放烟花爆竹。禁止燃放烟花爆竹应该是体现城市文明、保护环境、保护人民身体健康的一件带有创新意义的制度，为何犹如一纸空文？原因是在制度设计时缺乏社会道德的支撑。众所周知，用燃放爆竹表达人们对节日的喜庆，是几千年来的风俗习惯，已经形成社会公认的伦理道德，而且该制度有违法不责众的原则。虽然政府禁放规定的制度是未来社会进步的目标、文明的象征，但社会道德尚未认知时，亦应耐心等待社会伦理道德整体提升之时，再择机出台。由此表明，再先进的创新制度设计应有广泛社会道德的支撑。市委市政府领导对此十分重视，审时度势，及时修改了禁放规定。

案例二，据中国社会科学院社会科学文献出版社和上海交通大学舆情研究室于2013年8月19日联合发布的中国社会舆情与危机管理报告2013舆情蓝皮书指出，2012年，公众对医疗过失、政策药品问题舆情相对突出。例如，2012年哈医大医生被刺身亡的消息报道后，腾讯网调查结果显示，4 018人读完报道后心情高兴，占所有6 161投票人次的65%。蓝皮书指出，六成网友称高兴折射出不健康的心态，如何正常地看待医患关系成为政府、社会和公众需要警惕的问题。哈医大医生被刺身亡如果是偶然事件，有关部门可以就事论事，依法处理。医患矛盾由来已久，其中医疗暴力事件数量逐年增加，医患暴力冲突愈演愈烈，占比医疗类舆情事件8.8%，部分医患暴力冲突还由医方和患者的个人肢体冲突行为演化为群体性事件。由此可以表明，医患冲突不是偶然性事件，而是重复不断出现的社会现象。这应从制度层面引起社会各方的重视。医院和医药合一的现状，医生的利益与开药方挂钩，社会医疗保险制度尚未健全完善等做法和制度违背了以人为本的救死扶伤、实现人道主义的社会公理。哈医大医生被刺身亡，令人扼腕痛惜，而我国的医疗制度和政策设计方面缺乏道德支持的缺陷应引起警觉和反思。

二、政府在制度设计中应考量的道德因素

改革开放30多年来,中国特色的社会主义建设取得了举世瞩目的巨大成就,其中很重要的因素是按照党的方针政策,结合中国国情而设计制定出来的政策法律等制度,起到了积极的推动和保障作用。纵观过去30多年政策制度设计,其特点是:改革开放前半段以推动经济建设为中心的政策制度设计,企业法、公司法、合同法等与之相配套的民事法律制度,相继在这一时期出台;后半段以既有促进经济发展,又有社会和规范政府行为管理为偏重的行政政策制度设计,行政许可法、立法法、复议法、强制法、政府信息公开条例等与之配套的行政法律制度规范在这一时期出台。

中国如何在30年而发达国家将用百年完成推动中国社会发展的制度设计宏大工程?

回望一下改革开放前半段,尽快发展经济改善人民生活,这是全国人民的共同愿望。经济发展了取得了一些成就,市场经济体制机制也在逐步建立并不断完善,这就要求对政府权力的扩张和膨胀的现状进行限制规范和改革。这不但是建立和完善市场经济的要求,更是民众对执政党的希望和要求。正是因为我们的党和政府能够顺应潮流,合乎民意,能够得到广大民众的支持和认同。认同感是公共政策设计成功的最基本的社会道德基础。这正是未来的制度设计如何把握社会道德基础,有两点需要重点考虑:

一是民众的利益和需求是制度设计的立足点。认同感在不同的历史阶段,其内涵会延伸并不断赋予新的内容,在改革开放前期,民众的利益是解决温饱问题,温饱问题解决后,民众的需求是解决社会公平公正问题。当然,社会公正公平在积蓄了大量社会矛盾状况下,不可能通过制定一些法律制度,就能一蹴而就,需要有一个渐进过程,但民众对此需求仍会不断执着。尤其是在经济发展水平不断提高,民众对生活生存的生态环境恶化严重不满,对一些贪腐的行风政风的痛恶,对民主政治诉求的意识增强,对人身安全居住安定权的法制保障等需求将会日益增高。民众利益和需求的新变化,应当引起制度设计者们的高度重视,一方面应是未来制度设计的改革创新的内容,另一方面也是制度设计时需要牢牢把握的社会道德基础。

二是系统和谐是制度设计成功的关键。系统和谐是中国传统社会道德的重要特点。前文所列两个案例,禁放烟花爆竹令在当时人们的旧习尚未

革除,人们处在温饱阶段,对环境污染和人身安全还比较淡漠的社会意识认识下,禁放令尤其在节庆时显得不和谐而流产是难免的;医生被刺案深层原因是医疗制度改革的单兵突进,零敲碎打,缺乏整体性、系统性。党的十八大提出创新启动、转型发展的要求对我国未来经济发展,对社会管理创新,对推动各项事业改革发展都具有重要的意义。但如何创新启动、转型发展,见诸报道的文章和领导的讲话,说意义的多,说认识的多。将党中央的要求落到实处,是一项系统工程,涉及具体改革法律制度的保障、涉及具体措施的配套。从政府层面,需要考虑创新启动、转型发展具体是什么,现有哪些法律制度,还需要制定哪些新的法律制度。比如,转型发展对企业并不是一件说说而已的事,政府从宏观角度应考虑哪些行业需要转型,要有一个指导目录或者意见;企业转型是一个民事经济问题,作为政府如何运用财税政策促使转型,对转型企业发展中的困难和就业问题,对创新企业如何扶持等优惠政策都应有明确的指向,所有这些问题需要通盘考虑、系统设计。这样,社会才能有序和谐共同发展。如果说过去是摸着石头过河,制度设计在探索中凭直观而定,那么未来信息化、现代化、法制化社会制度的设计应秉承理性化,以系统和谐为思维方式的道德观。

三、道德在制度设计中为基础的实现方式

制度设计中应考虑的道德因素是一个认识论问题。当解决了认识论问题,如何达到认识目标是一个方法论问题。同样,如何实现道德为基础的制度设计也是一个方法论问题。道德为基础的制度设计实现方法有多种多样,但需要注意的主要方式有两种。

首先,制度设计的项目要经过科学论证。一般来讲,制度设计项目的提出,需要考虑四个方面的因素:一是是否符合党的方针政策;二是是否符合法制统一;三是是否符合社会发展的规律或者趋势;四是现实社会为实施该制度是否具备主客观条件。前述两个个案大致可以从这四个方面分析政策失灵的原因。烟火禁放虽然符合移风易俗、环境保护的党的方针政策,也符合社会发展趋势,法律虽然没有规定,但地方有制定权。但实施的主客观条件即民众的认可度尚未具备。而医生被刺案背后的制度设计更反映了不符合党的方针政策,也有违社会公平人道主义的法制精神,更不符合社会发展的规律。设计创新一项新制度的提出,党的方针政策和法律因素比较容易

把握,而社会发展趋势和规律以及制度实施的主观条件较难把握,这就需要进行科学研究和论证,制度设计属上层建筑,又是综合社会科学领域,相对自然科学的论证要考虑的因素比较多,自然科学要用实验和数据论证,而社会科学论证则不能简单地是领导意志、几个专家意见,更不能受利益集团约束。应通过科学合理的调查研究,采用政治学、社会学、经济学等多方面领域知识进行科学论证。这样制度设计项目才能够以道德为支撑,成为创新推动社会发展的制度动力。

其次,制度设计过程应广泛听取民意。设计制度、制定政策征集民意,听取民意,善于吸纳民意,这是领导者必备的基本素养。不然,水能载舟,亦能覆舟。这也是古今中外千年历史的印证。西方民主制国家对此已有一套制度,若哪些领导违背民意,恣意横行,必然会在选举中落马下台。改革开放后,党和国家在制定政策制度时十分重视听取民意,主要是通过调查研究和开会讨论的方式了解民意,还尚未形成一套行之有效的方式。国家立法法出台后明确,凡涉及国计民生和单位个人重大利益调整的立法活动,应当采取听证会的方式征求意见。总体上从中央到地方在制度设计时征集民意的渠道在拓宽,方式不断多样,民主意识通过多种形式在不断增强和实现,但作为影响社会发展的制度设计中,切实能够以文明进步的社会道德为基础支撑,在听取民意方面,在广度和深度方面还需要挖掘。尤其当今社会利益集团多元化、利益诉求复杂化、社会伦理道德分散化的社会情景下,制度设计中听取民意的广泛度、公开度和民意吸纳的回应度还有许多空间。

提问和讨论

主持人王正平：感谢四位演讲人！金黛如教授的"创造与道德：多维度探讨"，对中国和美国文化的考察，特别是她对道德与创新的六个方面的阐释给我们提供了非常有价值的思考视角。徐大建教授的"创新的伦理前提"的演讲认为，创新对于当今中国具有重要的意义，特别是他认为，要推动科技创新、制度创新必须具备的三个条件，给我们很深的启示。孙春晨研究员关于"创新的道德评价"的演讲提出，创新要创造一个更加合乎人性的生存环境，并对创新这把双刃剑进行了比较全面深入的理论探讨，从创新的目标、创新的手段和创新的后果方面进行了分析。确实讲得很精彩，有些观点对于我们来说，很有启示意义。赵卫忠教授的讲演"浅谈创新制度设计的道德基础"，结合了法学与伦理学、道德与法规、理论与实践，特别结合了上海的实践，分析了创新制度设计的道德基础，提出了认同感是社会制度设计的道德基础问题的观点，有助于我们进一步思考这个问题。下面请与会专家学者对以上四位教授的学术报告的学术观点进行提问和讨论。

我先对金黛如教授的观点提一个问题：如何理解"思维是唯一的道德标准"(thinking is only ethical stander)这个提法？

金黛如：谢谢您的问题，这个问题问得非常好。为什么我想到这样一个提法呢？我们知道，道德规范是随着时代变化的，就像刚才几位讲到的，思维是任何创新的基础，但是有的时候对此也要怀疑，比如说疯狂的一些想法，在美国、欧洲、中国都出现过这样的案例和情况。如果政府能够作主的话，可能会避免发生这种案例和情况。但是，政府有的时候也会做出一些错误的决策和疯狂的举动，这样他们提出的一些规范或者一些基础就有问题。所以我认为批判性的思维是伦理规则的标准，意思就是，只有通过思维才能避免这种疯狂的想法。

李兰芬：赵卫忠教授认为，制度设计不能够超越，或者背离一定社会的伦理道德。我是同意这个观点的，但问题是一放到现实，制度的设计或者制度设计与我们社会的伦理道德这两股力量发生矛盾的时候，谁能够成为矛盾的主要方？这个问题应该如何来解决？它的矛盾的主要方在两者之间，放到我们中国的现实中是怎么来运作的？

赵卫忠：这个问题提得很好。我也在思考社会的伦理道德与政府的制度设计经常会发生矛盾的问题。发生矛盾怎么办？我的看法是，社会的伦理道德和一个国家、一个社会的经济基础是相适应的。往往经济发展了，社会伦理道德的提升才有物质基础。我们现在有一些领导，为了发展经济，心态上操之过急，在制度设计的时候往往就比较超前。这个时候就会超出伦理道德接受的范围，这个时候矛盾就出现了。这个矛盾出现怎么办呢？我认为政府应该耐心等待，社会经济发展，社会伦理道德在同步提升的时候，再出台我们的政策制度，这样才能得到民众的支持。

另外，我的看法是，伦理道德与政策制度，并不是完全同步的，有时候在某一个阶段会出现先和后的问题。出现先和后的问题怎么办？尤其是这个制度确实是好的，对大多数民众利益都带来积极的影响，但是，还存在一些不支持伦理方面的问题。我认为，政府应当通过社会舆论的力量来逐步引导社会的伦理道德，达到逐步的提升。引导的作用和功能的责任，政府应该积极承担起来。

安唯复：我的问题是问金黛如教授的，对您的演讲，大家都非常感兴趣。我的问题是，您刚才提到创新是中性的，它是道德中性的一个东西。那么，根据您的逻辑，您对牛顿的观点是怎么看的？在澳大利亚大学有一些研究人员也对牛顿的贡献发生争论。从您的观点来看，能不能给我们解释一下？谢谢！

金黛如：这个问题也很好，讲到现实当中的一些真理，这个标准可能就不一样了。我担忧的是，我们不仅仅是发明一些新的东西，而且发明一些新的规范。在德国第二次世界大战的时候，都有一些新的规范被设计出来，但是它们是违反道德、违反伦理的。所以社会规范和科学真理还是不太一样的。我觉得牛顿所发明的并不是社会规范，他所发现和发明的都是科学理论，我不知道是不是真的听懂你的问题了。

主持人：谢谢大家，谢谢上面的讨论。

（陆晓禾整理）

二

企业伦理与企业创新

财富创造中的道德与创新[*][①]

[美]乔治·恩德勒(Georges Enderle)

【提要】 财富的创造和创新问题对中国来说至关重要。我在引言中回顾了戴维·S. 兰德斯(David S. Landes)的观点,创新文化对欧洲工业革命的爆发至关重要,指出了当前许多中国公司在将发明转化为可行的经济和金融解决方案方面存在的问题,特别强调了《中国2030年报告》中有一整节专门讨论了"中国通过技术融合和创新实现增长"。本文的主要部分论述了财富创造中的道德与创新的一般问题。首先,指出了这个问题在今天如此重要的三个原因,集中体现在全球化、可持续性和金融化这三个关键术语上。其次,阐释了全面概念的财富创造并举例说明了它在某种程度上不同于企业家精神。再次,从人权等伦理规范和价值观以及与道德想象不同的角度来具体考虑财富创造的伦理维度。最后,本文把这些一般性的考虑放在中国背景下,提出了中国在财富创造中如何整合道德与创新的一些建议。

戴维·S. 兰德斯在其引人入胜的历史性著作《国家的贫富:为何有的国家如此富有,有的国家如此贫穷》[②]中讨论了以下问题:为何工业革命发生在当时世界上比较贫困的地区欧洲,而不是发生在有着高度发达的伊斯兰文明的中东,也未发生在第二个千年中期最为富裕的国家中国?他的简短回答指出,欧洲人对发明的栽培(有些作者称之为"发明的发明"),以及欧洲人在很少受到宗教(如在伊斯兰国家)或国家(如在中国)干涉情形下有

---

[*] © Georges Enderle. 2020年1月,作者对本文作了修订。中译文刊登于《伦理学研究》2020年第3期第98—107页。——编者注

[①] 本文中的若干观点在 Enderle and Murphy(2015)和 Enderle(2020)中得到了进一步的阐发,这要归功于2013年上海经济伦理国际论坛。

[②] 该著中译本书名可参见《国富国穷》,门洪华等译,新华出版社2010年版。——编者注

着对"发现的乐趣"(*joie de trouver*)或对新的更好事物的乐趣:

> 欧洲人……在[中世纪的]这几个世纪里,进入了一个令人兴奋的创新和竞争的世界,挑战既得利益,令保守主义势力震撼。变化积少成多;新事物传播迅速。新的进步意识取代了陈旧的对权威的尊敬。这种对自由的陶醉触及(感染)了所有领域。在这些年里,教会中出现了异端邪说,大众的积极行动,在我们现在看来,预示着宗教改革的爆发;新的表达形式和集体行动挑战旧的艺术形式,质疑社会结构,并对其他政治体制构成威胁;新的工作和制造方法使得新颖成为美德和快乐的源泉;在这乌托邦的时代,人们想象更加美好的未来,而不是回忆失去的乐园(Landes, 1999: 57-58)。

兰德斯先是描述了在政治制度和商业上的组织创新和适应(第三章),之后解释了技术创新并举了几个例子:水车、眼镜、机械时钟、印刷和火药(第四章)。在此进程中,起关键作用的不仅是发明(大量的发明同样在世界的其他地方出现),而且还有这样的事实:这些发明在经济和财务方面是可行的。[①] 他断言,对于它们的应用,市场起到了关键的作用[②]:

> 欧洲的企业是自由的。创新是有效的,并有回报的,统治者和既得利益者阻碍创新的能力是有限的。成功孕育了模拟和效仿;还有一种权力(power)感,从长远来看,这种权力感会使人达到接近神的高度(Landes, 1999: 59)。

从工业革命到今日,我们可以观察到类似的创新问题:仅仅做一项发明是不够的;还必须在经济和财务方面加以应用。无疑,这对今天的中国来说是一个巨大的挑战:不仅要取得科学发现,而且还要将它们应用到能够商业化的产业。如上海生命科学院知识产权与技术转移中心主任纵刚所解释的:

[①] 这方面的一个例子就是机械钟。16 世纪时,欧洲人把钟作为礼物献给中国皇帝,时钟被视为消遣娱乐的神奇机器,而非计时的工具。"有些钟奏出音乐;其他的小自动装置,上面有塑像,每间隔一段时间就有节奏的移动"(Landes, 1999: 336)。钟被用作玩具,而不是计时和提高生产率的工具;事实上,"中华帝国从未有过像欧洲那样的制作钟表的行业"(Landes, 1999: 339)。

[②] 兰德斯承认,除了市场,"发明的发明"还有其他重要的原因:犹太—基督教的价值观,尊重体力劳动,自然服从于人类,以及线性时间的意义(Landes, 1999: 58-59)。

大多数中国国内企业现在都有资金,但它们对于开发早期技术没有兴趣。我认为主要原因在于它们仍然专注于传统的经营模式。它们不懂现代高科技或生物技术的经营模式。按这种经营模式,你把技术开发到一定阶段,然后将其卖给一家大公司做进一步的开发,在这过程中,基于在全球主要市场都拥有知识产权而创造重大价值。它们只看"我们能卖什么样的产品,我们能创造多少收入?"……[这些公司里的人]通常只知道商业但不了解科学,或者只了解科学而不知道商业和知识产权(Quoted in Shih, 2012: 1)。

所以,也就不必惊讶,世界银行和中华人民共和国国务院发展研究中心在其报告《中国2030年报告》中专门用了一节来讲创新:"让技术追赶和创新成为中国经济增长的新动力"(WB, 2013: 155-216;以及对34—38页的概述)。

如这简短的引言所示,选择"道德与创新"作为2013年上海国际论坛的主题有很多好的理由,为此我们要感谢陆晓禾教授和上海社会科学院经济伦理中心。本文将通过聚焦道德与创新对于财富创造意味着什么这一问题,来探讨企业和经济生活领域中的这个主题。

全球化、可持续性和金融化背景下财富创造的相关性

这三个关键词涵盖了大量的问题,无法在此做适当的论述。考虑到这些限制,可能作一些与财富创造相关的定义性说明就足够了。

1. 全球化

全球化可以理解为一种正在形成的国际体系。它:

不单是一种趋势或者时尚,而是一种国际体系……现已取代了旧的冷战体系,而且……有自己的规则和逻辑,这些规则和逻辑今日直接或间接影响了几乎世界上每一个国家的政治、环境、地缘政治和经济(Friedman, 2000: ix)。

全球化的特点是,由于信息技术革命和运输通信成本的极大降低,世界的相互关联不断增强。这个正在形成的体系事关多方面的"全球转型",包

括政治的、文化的和环境的全球化,移民和有组织暴力范围的扩展(Held et al.,1999,2000,2002)。此外,还应该加上宗教在国际政治中的影响力越来越大(Thomas,2010)。

从企业和经济的角度看,世界相互联系的不断增强意味着市场和劳动分工的不断扩展,这让人想起欧洲工业革命的兴起(如兰德斯所述),但毫无疑问,现在是全球性的。贸易、投资和移民已经急剧增加,所有国家和企业都不得不以道德的或不道德的方式面对全球化的挑战。

如果事实上,(经济)全球化中有输赢之分,那么各国如何才能确保自己在赢家之列?又如何从经济和社会的角度来定义输赢?还有25亿人生活在每天2美元的贫困线之下(占2008年全世界人口的43%,Enderle 2014,32),那么他们如何才能摆脱贫困?既然跨国公司是全球化的主要促进者,那么它们应该为全球化的"人性"作出什么贡献以及如何作出贡献?为了解决紧迫的全球性的疾病、食物与水安全以及能源短缺等问题,应当开发什么样的技术?应该如何组织全球供应链以确保人道的工作条件和安全的产品?用什么办法能够在提供合理的知识产权保护的同时,使得技术转让在哪些方面让发展中国家受益?如何设计和实施自由、公平的国际贸易和投资体系?为了防止跨国公司逃避税收,需要什么样的全球税收制度?这些以及更多的问题可以表明,全球化带来了一系列与理解和追求财富创造密切相关的挑战。

2. 可持续性

全球化集中体现了财富创造问题的关键背景,可持续性则决定了财富创造的关键特征。① 虽然"可持续性"一词在许多方面已被海量使用,但有必要提议的是,仍然采用"世界环境与发展委员会"(WCED)在1987年发表的《我们共同的未来》报告中对可持续性的定义。可持续性发展意味着"在不损害后代满足其自身需要的能力的情况下满足当代人的需要"(WCED,1987:8)。

这个定义采用了一种长期的、代际的观点,不仅受到科学家和决策者的拥护,而且也得到了企业和公民社会的广泛支持。

这个定义克服了担心环境与担心发展的割裂,而这种割裂是这份开创

---

① 在他们的教科书《伦理学。管理全球化时代的企业公民和可持续性》(*Ethics. Managing Corporate Citizenship and Sustainability in the Age of Globalization*, 2010)中,安德鲁·克莱恩(Andrew Crane)和德克·马丁(Dirk Matten)在提及全球化和可持续性时明确介绍了经济伦理学(第1章)。

性报告之前公众讨论的特点。这个定义还为 1992 年在里约热内卢召开的联合国环境与发展大会提供了概念基础,该会议在其《21 世纪议程》中呼吁所有国家,无论穷富,都要致力于可持续性发展。在这种综合意义上的可持续性"承认并融合了多代人的社会、经济和生态目标"(Prizzia, 2007: 20)。这一三重概念也塑造了 1997 年推出的《可持续性发展报告指南》。它使所有组织能够在经济、环境和社会这三个关键领域衡量和报告它们的履行情况,最近它又增加了治理作为第四个关键领域(www.globalreporting.org)。

同样,在 2012 年的联合国可持续发展大会(为纪念 20 年前在同一城市里约举行的会议,称为里约+20 会议)上,这一可持续发展的三重概念再次发挥了重要作用,形成了"里约+20"会议成果文件《我们希望的未来》(UNCSD, 2012)。在"我们共同的愿景"这一节中,各签署国重申了它们的承诺"为我们的星球和现代以及后代,确保促进经济、社会和环境的可持续未来"(§1)并承认"必须在所有层次上进一步将可持续发展纳入主流,统筹经济、社会和环境这三个方面,并认识到它们之间的相互联系,以实现所有方面的可持续发展"(§3)。

基于这一相对完善的可持续性定义,有两个特征对于财富创造尤为重要:代际观点和三重维度。无论是考虑一个国家,一个像杜邦这样的公司,一个像美国国立卫生研究院(NIH)这样的研究机构,一个像哈佛这样的顶级大学,还是世界的一个区域以至全世界,都有一个如何确保跨越数代人的长期存在这样的问题,不仅在政治、科学、教育、社会和其他方面,而且在经济方面。显然,局限于短期目标是一种不负责任的鸵鸟政策。财富创造必须要置于一个真正长期的视野中。

可持续性的三重维度对财富创造同样是至关重要的。由于长期受到忽略和漠视,生态维度值得特别重视,并且由于气候变化带来的巨大挑战而变得更为重要。尽管如此,经济和社会维度也同样必不可少。与自然打交道离不开人们的社会生活和从事经济活动。更确切说,所有这三个维度以多种方式相互联系,在理解财富创造时必须适当考虑到这一点。

3. 金融化

虽然"全球化"和"可持续性"这两个术语已相当成熟和明确,但"金融化"这术语却鲜为人知。在大多数关于经济学、货币与金融的百科全书类著作里没有"金融化"这个术语,而在有用到它的地方,"金融化"的含义又极为不同。凯文·菲利普斯(Kevin Phillips)把美国(1980—2000年)的金融化描述为一个由证券部门取代银行部门而成为整个金融部门的关键过程。这让金融在经济中的重要性陡升(Phillips 2002, 138-147),导致了收入和财富的两极分化、拜金主义文化和公然在哲学上拥护投机和完全开放的市场(Phillips, 2009: 21)。

在《金融化与全球经济》一书中,戈拉德·爱泼斯坦(Gerald Epstein)将金融化定义为"在国内和国际经济运行中金融动机、金融市场、金融参与者和金融机构不断增强的作用"(Epstein, 2005: 3)。格里塔·克里普纳(Greta Krippner)为20世纪70年代之后的美国经济的金融化提供了系统的经验证据(Krippner, 2005)。[①]

这些以及其他一些研究(Palley, 2007; Orhangazi, 2008)从发展的视角聚焦宏观和微观经济发展,保罗·登宾斯基(Paul Dembinski)则提供了一种极为不同的观点,可以说是整体性的和激进的观点:金融化是一场深刻的社会转型。金融被理解为一种合理性,这种合理性被纳入一种行为模式并成为一种组织原则,导致深远的心理、社会、经济和政治变化(Dembinski, 2009: 5-6)。金融化使交易几乎完败人际关系;效率精神已经成为最终的判断标准;而且,当脱离道德考量时,金融化导致了贪婪的愈益野蛮的表达(Dembinski, 2009: 168)。所以,迫切的是要"逆转金融化过程并确保金融再度为人类的尊严和进步服务"(Observatoire de la Finance, 2015)。[②]

这些对金融化为数不多的评论只是要指出一个不可否认的事实,即金融化已经以某种形式发生,并且与全球化和可持续性一起成为重大挑战。它还有助于解释2007—2009年的大衰退以及欧洲主权债务危机(或者说欧

[①] 在金融化背景下,财富创造的问题在几个方面有着特殊的重要性。第一,投资银行开发了大量新的、高度复杂的金融产品,即便金融专家也很难理解这些产品。但在许多情况下,经过冷静分析会发现,这些金融产品只是新而已,并没有增加经济价值。它们也许在短期内帮助赚了很多钱,但却不能创造真正意义上的财富。克里普纳(Krippner)在研究金融公司和非金融公司的活动时,使用两种不同的方法来衡量金融化:(1)"投资组合收入"(包括利息收入、股利和投资的资本收益)与非金融公司生产活动产生的收入的比值;(2)经济活动中金融部门和非金融部门产生的利润。数据表明,就投资组合收入对公司现金流的比值以及金融部门对非金融部门的利润比值来说,金融化的程度相当高。

[②] 令人感兴趣的是,在"企业领袖的使命:一种反思"("Vocation of the Business Leader. A Reflection")(PCJP 2012, §§17, 22, 23)文件中,金融化被当作今日企业界的一个主要特征,对它的定义是:"资本主义经济从生产向金融的转变。金融部门的收入和利润在世界经济中所占的比例越来越大。其机构、手段和动机正在对企业的运作和理解产生重大影响。它的机构、工具和动机正在对企业的运作和理解产生重大影响。"(§22)与登宾斯基(Dembinski, 2009)的观点相比较,这里是在中性的意义上来讲金融化的。

元区危机)的一些关键方面。

华尔街的商业模式已经从金融服务转变为自营交易(Santoro et al., 2013, Part II)。现在尚不确定的是,最终版的多德-弗兰克法案(Dodd-Frank Act)及其细则是否会采纳沃尔克法则(Volcker Rule,即商业银行与投资银行脱钩)来限制这种模式。不管怎样,这种商业模式受到了严重挑战:它如何才能不仅仅是金融资产的积累,还创造出全面意义上的财富?

从宏观的视角看,有充分理由质疑金融服务业在经济和社会中的作用。公平地说,这个行业对实体经济产生了不相称的影响力,主导而非服务实体经济。不足为奇的是,国际货币基金组织(IMF)总裁克里斯蒂娜·拉加德(Christine Lagarde)呼吁金融服务业再次服务于更广泛的经济和社会。所以,我们可以问:金融服务在财富创造方面意味着什么?

财富创造的概念理解

对全球化、可持续性和金融化的这些简要探讨,是想指出它们与全面阐述财富创造概念的相关性。由于本文的论述范围不允许进行广泛的研究,因而就对其他地方的详细阐述做一概述(Enderle, 2009、2010、2011)。

1. 财富创造的七个特点

第一,我们先来看单个国家的财富含义。当我们说到"一个国家的财富"时,很难否认财富应该包括私人产品和公共产品。因此就涉及两种类型的资产:可以归属于个体行为者并由其控制的资产,无论是个人、团体或组织,和原则上不能把本国行为者排除在外的资产。在经济学中,这种"公共产品"是由非竞争性和非排他性消费这两个特征来定义的。它们显然具有物质成分,尽管很难给它们定价。例如,我们可能会把一国的自然资源、基本安全、有效运行的法治、相对清廉的营商环境、有助于商业的文化、相当水准的国民教育和医疗保健等看作是公共产品,而把对应这些的缺乏称作"公共劣品(public bads)"。

不仅从单个国家的角度来看,考察私人的以及公共的财富是必要的,而且对于许多其他分析单位也是重要的,无论这些单位处于当地、区域、国际、洲际,还是全球层次上。城市和当地社区的繁荣有赖于私人财富和公共财富的适当结合。公共产品对于跨国体制和机构的重要性越来越重要,并且常常成为它们的动力。没有一个合理稳定的金融体系这样的公共产品,国家的和国际的金融就不可能繁荣,甚至会一蹶不振。而如果气候变化不能得到控制,地球的大部分地区将遭受环境灾难。

第二,财富被理解为经济上相关的私人资产与公共资产的总和,不仅包括金融资本,还包括物质的(即自然的和生产出的)、人力的(从健康和教育来看)和"社会的"资本(罗伯特·帕特南意义上的信任关系)。值得注意的是,所有四种类型的资本都是必不可少的,而且符合可持续性的三个维度:经济、社会和环境。此外,"经济相关的"意指所有类型都是必要的,都是财富创造的工具。当然,这并不意味着否定它们的内在价值。

第三,财富的"创造"不只是占有或获得财富,而是构成一种特殊形式的财富增加。创造就是做出某种新的更好的东西。所以,做出某种新的东西是不够的;还必须做出的这个东西性质上是更好的,当然这可以采取多种形式。建议暂时用专利的特性来定义什么是新的和更好的,即是新颖的、有用的和对社会有意义的。此外,如兰德斯所强调的,企业和经济生活中的创造意味着,通过让发明在经济和财务方面变得可行和成功,而将发明转化为创新。

第四,财富创造不是短期的事情,而是需要有长期发展的视野。它是"可持续的",经历数代人,包括生态、经济和社会的维度。建议按人的能力或人们享有的"真实的自由"来体现当代和后代的"需要"。这种代际的和三重维度的含义与许多(例如,利润的)可持续性观念形成了鲜明对比,后者忽略了这三重维度,只关注企业在较长一段时间内在所考虑的层次上维持其运作的能力。

第五,人们常犯的一个错误是,认为创造的过程仅仅是一个生产过程,然后是一个分配过程,就像俗话说的那样,"先要烤好馅饼,然后才能分馅饼"。这种观点忽视了生产实际上涉及分配的维度,它贯穿生产的前提、过程、结果及其在消费和投资中的使用和消费的所有阶段。事实上,财富创造的生产维度和分配维度是内在相关的。不仅一国的经济如此,而且诸如私人公司这样的经济组织亦然。例如,人们可能会想起不同国家的首席执行官与普通员工的薪酬比及其对这些公司生产率的影响。

第六,任何经济系统的一个基本组成部分都是其动机结构。是什么激励着人们、公司和国家去从事财富创造?经济学和社会学文献中通常的答案是自利、贪欲、求生欲、膨胀的权力欲、享受财富,以及国家的荣耀、荣誉和福祉。但是,这些动机,无论是单独的还是混合的,都很少与财富创造有特别的关系,而经济活动的一般动力,最常见的是仅仅获得和拥有财富。当经济活动明显着重于财富创造时,其他的动机,如企业家精神、服务他人的愿望和"发现的乐趣"(参见上述兰德斯),就变得更为重要。一般来说,利己的动机可能足以创造私人财富,但创造公共财富则需要利他的动机。而如果一个国家或另一个社会体的财富是私人财富和公共财富的结合,那么将利己与利他的动机结合起来就很必要了。

第七,这种全面意义上的财富创造兼具物质的和精神的方面,因此是一种高尚的活动。例如,葛莱明银行(Grameen Bank)①所表明的(Enderle,2004),向贫困妇女提供公平的小微信贷,为的是使她们能够进行生产从而摆脱贫困,这不仅仅是一个物质的和金融的过程,而且通过增强她们的自信,还具有精神方面的意义。再如,美敦力公司(Medtronic)向患者提供精密的医疗设备,不仅是销售物质产品,而且努力实现其"减轻病痛、恢复健康、延长寿命"的宗旨,这显然也包含有精神的方面(Murphy and Enderle,2003)。换言之,财富不仅仅事关物质。因为包含人力资本和社会资本,所以财富还包含人从而具有精神的方面,当然这个方面有很多可以想得到的变化。

2. 企业和经济生活中的创造

在简要阐述了全面意义上的财富创造的特点后,我们可进而探讨企业和经济生活中的创造这个概念,并将它与企业家精神这个概念作比较。一种有用的方法是区分不同层次的创造活动。

现今的经济伦理学(Rossouw et al., 2012)一般区分微观、中观和宏观层次来对应不同层次上的行为者,即个人、组织和制度(在后一个层次上通常由政府和国际机构来制定和实施游戏规则)。因此,财富创造与所有这三个层次都是相关的。微观层次的一个杰出的例子就是穆罕默德·尤努斯(Muhammad Yunus),他是葛莱明银行创始人,2006年诺贝尔和平奖获得者(Enderle, 2004)。他通过以下指导方针成功地让穷人成为财富的创造者:(1)清晰地设计出一种特殊的产品,在经济、社会和环境方面是可持续的;(2)全身心投入并充分信任"你的"人、员工和客户;(3)努力使你的产品和公司与当地环境完美契合,从而在全球范围内具有竞争力;(4)循序渐进,虚心学习,持之以恒;(5)最大限度地利用你的自由空间,并通过与志同

---

① 一译格莱珉。——编者注

道合的伙伴建立关系网来扩展你的自由空间;(6) 尊重经济、社会和环境责任的"三重底线",平衡这些责任,最大限度地实现可持续性;(7) 评估你的业务,而且要由独立审计人员根据"能力"来评估,意思是你的业务在多大程度上有助于扩大人们享受真正的自由。尤努斯以一种堪称楷模的方式接受了这些考虑。

从公司(即中观的)角度来看,"财富创造能够意味着什么"这个问题可以用两个实例来说明:上面提及的美敦力、奇堡公司(Tchibo GmbH),后者获得了 2012 年德国经济伦理网(German Business Ethics Network)颁发的公司伦理奖(Award for Corporate Ethics)(Forum Wirtschaftsethik, 2012)。奇堡公司总部位于德国汉堡,是德国最大的国际化运营的消费品和零售企业之一。通过将其活动锚定在核心业务,奇堡公司在许多方面都出色地达到了创新、可持续性和流程导向的标准。首先,奇堡公司不固守合规,而是与发展中国家的利益相关者进行社会对话,这些利益相关者从当地生产商到员工、供应商、采购商、政府机构、公民社会组织、研究人员以及咨询顾问。其次,除了改善生产条件外,奇堡公司还创造了伦理的"剩余价值",即消费者对公司伦理努力的了解和赞赏。再次,奇堡公司以一种表率的方式,努力与公民社会组织建立互信和合作而不是对抗,在国内和国际上发起了标签倡议活动,并建立了多方利益相关者联盟。该公司证明了,财富创造不仅与产品和服务有关,还与生产过程、利益相关者、组织、文化和身份认同有关。

在制度层次,尤其重要的是要记得,财富应该理解为私人财富和公共财富的结合。因此,这个层次的财富创造需要私人部门和公共部门之间的合作。事实上,大量的例子证实了这种合作的成功。兰德斯(1999)提到了法国"从 1945—1975 年的辉煌 30 年",德国的"经济奇迹",日本、亚洲四小龙的东亚成功故事,这一地区的追随者如马来西亚、泰国和印度尼西亚,在"尾声 1999"中还加上了中国。在美国,计算机产业、生物科技产业和绿色技术的历史表明了这种合作的重要性,在这种合作中,政府的举措常常在关键技术突破的开发方面起到了核心作用(Mazzucato, 2013)。为了应对一国、一地区或整个世界的重大挑战,企业、政府和公民社会必须共同努力,不仅要实现广泛的社会目标,而且更具体的要创造财富,因为市场本身无法产生公共财富。

3. 财富创造与企业家精神

在有关资本主义的经济学文献中,财富创造的问题常常与"企业家"的作用、"企业家精神"（最初是法语，因为英语中没有这个词）相联系。按照约瑟夫·熊彼特的观点（1934），企业家是经济发展的原动力，其职能是在新产品、新生产方法、新市场、新供应来源和新工业组织方面进行创新或"进行新组合"（Casson，1987）。企业家扮演着管理或决策的角色。然而，随着新古典经济学派的兴起，这一角色被淡化了，强调的是完全信息和完全市场。但是，随着对经济结构复杂性和演变性质更为现实的理解，"对企业家的研究导致了对经济学更广泛的视野，而不是可以极简地推导出一套一致的价格和数量方程的学科。人类性格的各个方面……扮演关键角色，在文化态度的影响下，人格的可塑性同样如此"（Casson，1987：153）。

企业家精神还引起了经济伦理学者的注意，鲁芬丛书（Ruffin Series）第3卷《伦理与企业家精神》（Freeman et al.，2002），各种经济伦理学百科全书的词条都作了收录，但为大部分经济伦理学教科书所忽略。在其翔实而清晰的论文中，乔治·布伦克特（George Brenkert，2002、2015）将企业家精神定义为沿着"资源动员"和"创新参与"这两个交叠的连续过程，并对有关企业家精神产生的伦理问题在微观、中观和宏观层次进行了区分。

与上述对财富创造的阐释相比较，我们可以看到几个相似与不同之处。两种观点都强调在个人、组织和制度层次上进行的活动的创造性或创新性。布伦克特特别详述了"企业家社会"，他关注的是资源和过程，而普遍接受的企业家精神的经济目标被认为是理所当然的。他的伦理批判为企业和经济的运行设置了限制，他认为，从"良善社会"的观点来看，这是必需的，但这并不影响人们普遍认可的有关做生意和从内部管理经济的观点。

与此相反，我认为，应当更直接地处理（回到"社会"之前的）企业和经济学，办法是明确它们的（更高的）目标是创造由所有经济上相关的私人资产和公共资产组成的财富，包括实物资本、金融资本、人力资本和社会资本。这需要对可持续性有一个长期的观点，需要对创造财富的生产和分配方面的相互关系有一个基本的和明确的说明。此外，在承认有各种各样的合法动机的同时，有必要考虑利己和利他动机（顺便说一句，后者在新古典主义经济学理论中遭到拒斥），并坚持财富创造有物质维度和精神维度。

在谈了这两种观点的异同之后，无疑还有很多问题有待讨论，不仅在经济学方面，而且在伦理学方面。因此，下一节将提出一些伦理方面的考虑。

阐明财富创造的伦理维度

可能已清楚的是,财富创造这一具有七个特征的全面概念,对财富及其创造的经济学理解具有深远的影响。它还对企业和经济伦理学具有重要意义,被理解为"两条腿走路"的完整方法(Enderle,2003)。企业和经济伦理学(作为一个应用领域的)概念关系更具体的伦理规范和价值观的确定,反过来,一般的伦理规范和价值观又影响着如何看待企业和经济。

除了这种相互依赖关系外,财富创造的伦理维度需要进一步阐述。强调私人财富与公共财富、利己动机与利他动机的重要性,并不能回答如何平衡这些对立面的问题。强调财富创造的生产维度与分配维度之间的相关联系也没有规定,例如,不平等在多大程度上促进或阻碍增长,以及在多大程度上增长和(或)再分配对消除贫困是必要的。

作为第一步,建议区分普遍有效的基本伦理规范和除此以外的其他伦理规范和价值观,它们有很大差异,在所有层次上受到历史的、文化的、宗教的和其他因素的影响。基本的伦理规范,无论对社会的运行还是对在国家或国际范围内进行的商业交易来说,都是必要的。对基本伦理规范的注重,对于应对全球多元论和拒斥非道德商业神话是至关重要的。这些规范提供了共同的伦理基础,可以采用的概念是,例如,"交叠共识"(约翰·罗尔斯)或"超规范"(hypernorms)。

第二步是证实基本的伦理规范。正如这里所主张的,可以从人权的角度来这样做。虽然不无争议,但人权已被全世界公认为普遍有效的伦理规范,在国际范围内没有其他可能的规范可以与之匹敌。自1948年《世界人权宣言》发表之日起,人权的主体已经涵盖了所有人。义务的主要承担者是联合国会员国(虽然当时已经要求"每一个个人和每一个社会机构"尊重和保障人权)。近年来,随着跨国公司和其他企业的影响力和数量的不断增大,其侵犯人权的行为也日益引起人们的关注,因而跨国企业和其他企业也成为负有尊重人权责任的另一组重要的社会行为者。1999年科菲·安南发起了联合国全球契约组织后,约翰·鲁格(John Ruggie)制定了《企业与人权指导原则》并于2011年由联合国人权理事会颁布(Ruggie,2013)。

第三步是,我们现在可以问,如何将人权与财富创造联系起来并使之相关？虽然可以阐明人权与所有七个特征之间的联系，但我们这里只着重其中几个。

首先要提出的是，将人权定义为非竞争性和非排他性的公共产品，并在规范伦理学的意义来理解（也就是说，不是在描述-分析的意义上，如它在上一节中的情况）。非排他性意味着没有人应当被排除在任何人权之外。换言之，所有人都应当享有所有的人权。非竞争性意味着任何人对任何人权的享有都不应当减少他自己和任何其他人对任何其他人权的享有。换言之，人权之间的任何取舍都是不可接受的。例如，参与政治生活的权利不应当损害思想、良心和宗教自由的权利，反之亦然；又如，结社自由不应消极影响不受歧视的权利，反之亦然。除了排除消极影响之外，还可以认为，自己或任何人对于任何人权的享有，相对于其他权利的享有，可能都是中性的。例如，行动自由的权利不会影响免于酷刑的权利。而且，一项权利的享有甚至可能加强另一项权利的享有。例如，享有适当的生活水平（包括衣食住）的权利可以加强就业和受教育的权利，反之亦然。显然，人权是伦理上要求的公共产品这一定义，对于人权的追求和实现具有深远的影响，因为需要在多重层次上的集体行动（这里不能进一步讨论）。

其次要提出的是，财富创造的生产维度与分配维度之间的相互联系。从生产和分配的角度来看，不仅财产权，而且劳动权都很重要。享有适当生活水平（包括衣食住）的权利和享有社会保障的权利不仅关系到财富创造过程的结果，而且关系到财富创造过程的投入。身心健康的权利、获得医疗服务的权利和受教育的权利，不仅作为消费和享有的费用，而且作为对一个更健康和受更好教育的社会的投资，提高了人力资本。

再者，人权作为公共产品来保障，不能仅仅依靠利己动机。它还需要利他动机，诸如对他人的道德责任感和同情心，特别是对穷人和弱势群体的同情心、慷慨、团结和对社会给予的（积极的）公共产品的感激。

一般来说，由于"创新"意味着做出某种新的更好的东西，所以要确定"更好"这个概念意味着什么，人权作为伦理规范就是必不可少的（但不是唯一的）的基准。换言之，创新与道德（从人权来看）是相辅相成的。在确立了人权与财富创造之间建立的一些联系之后，我们可能还记得，人权被认为是普遍有效的基本伦理标准，因此所涉及的只是道德和伦理的一个有限部分。除了人权之外，其他伦理规范和价值观也非常重要，不仅是一般意义上的，而且更具体的与财富创造有关。它们因国家和文化的不同而有很大的差异,在不同的国家内部以及不同的时间也存在很大的差异。这种多样性不应该作为伦理相对主义的证据而被预先排除。相反,从开放和批判的精神来看,它们是创造的丰富源泉,正如世界文化和发展委员会在其报告《我们的创造多样性》中所阐释的(WCCD,1995)。它为财富创造的进一步研究开辟了广阔的领域。

道德想象与决策管理

然而,这些多样性也给公司经理及其管理的公司带来了许多国内的和国际的棘手的道德困境。即便是有着恰当的道德敏感度和良好意愿的管理人员,也常常作出可能造成侵犯人权的有害后果的决定。帕特里夏·沃哈恩(Patricia Werhane)在其充分阐述和论证的著作《道德想象与决策管理》(1999)中,深入讨论了这些棘手的情况,并采用了大量公司案例。道德想象可以被描述为这样一个创造过程,在这个过程中,人们的思维定式改变为应对和解决似乎是无法解决的企业伦理困境。① 它始于对控制管理层和公司决策的思维定式的具体认识。通过考虑不同的伦理路径,它开发出评估和弱化这些思维定式的推理技能。然后,它通过创建和思考解决这些困境的可行的替代方案来改变这些思维定式。

道德想象力的独特之处在于:"在决策的每一个阶段,这种想象使我们能够对手头的情况进行批评,评估新方案的可能性,并且为在既定剧本和已定角色之外的可能性提供正当理由"(Werhane,1999:105)。道德想象力甚至可以走得更远:

> 对于如何修正或更新由特定群体、宗教团体、文化或社会行为规范所制定的一般道德规定进行创造性的思考。修正道德规定或道德标准可能看起来很极端,但我可以举一个明显而简单的例子。鉴于20世纪后期新出现的对环境退化的认识,我们现在正在修正我们的人权理论,把生存环境的权利和后代的权利作为共同道德的一部分。我们然后可以用这些修正后的道德规则来批评个人的、组织的、制度的和社会的消费、污染和浪费的习惯。从具体的环境退化和生态系统有限性的证据

---

① 处理伦理困境的另一种不同方法是里查德·狄乔治(Richard De George)所提出的"伦理置换"方法。他所说的这种方法的意思是:"在一个层次(例如个人层次)出现的伦理困境或者有时甚至只是一个伦理问题,也许只能在另一个层次(例如组织的或制度的层次)找到真正的解决方案。"(1990:27)

出发,我们正在改变我们的道德规定,从而从这种具体到一般规则,然后再用修正后的道德标准或规则来评价具体的环境惯例(Werhane,1999:106)。

通过赋予道德想象在决策管理中的重要作用,沃哈恩丰富了对财富创造在微观和中观层次的理解,正如上述引文所表明的,这可以影响宏观层次的游戏规则。道德想象力塑造了决策者的思维定式,从而某种程度上影响了他们的行为。在很多情况下(但并非总是如此),这是创造财富的先决条件。然而,她并没有说"创新"是作出某种新的更好的东西,如同我们对"创造"所下的定义。还有,虽然沃哈恩聚焦于公司管理,但她并没有阐明任何对经济行动和行为的理解,在她的这本书中也没有讨论任何规范伦理的标准。总之,她的著作强调的是创造在道德而非在财富创造中的作用。

中国财富创造中道德与创新结合的一些建议

正如在引言中所示的,创新和财富创造的问题对中国极其重要。所以,要把这个问题放到全球化、可持续性和金融化的大背景下,来解释财富创造这一全面的概念并在某种程度上阐明它的伦理维度。在结束本文时,我们现在可以问:如何才能使这些考虑在中国的财富创造中富有成效?当然,这个问题需要超出本文范围的广泛讨论。在此,可能提出一些建议就足够了,还可参考《中国的财富创造与发展伦理的一些教训》(Enderle,2010)一文,以及《企业责任:中国中小企业标准探寻——以上海富大集团为例兼与国际企业责任标准比较研究》(陆晓禾等,2012),富大是一个富有创造力和责任心的中国民营中小型企业。

第一,中国的经济发展高度集中在国内生产总值(GDP)及其增长上,导致了过去30年来令人惊奇的高增长率。GDP不仅成为经济成功的基准,也成为政府官员政治晋升的业绩。然而,从本文理解的财富创造的观点来看,GDP作为衡量经济成功的指标即便不是误导性的,也是高度不足的(Stiglitz et al.,2010)。它只包含流动(在一个确定期间内经济相关的量),而不包括存量(在一个确定的时间点的量),只包括生产资本和金融资本,而没有考虑自然资本和社会资本(信任),人力资本也只作为费用(例如研发),而不是未来有回报的投资。

第二,自20世纪90年代以来,中国的收入和财富不平等现象显著加剧。虽然一定程度的不平等可能刺激经济增长,但当前高度不平等可能不利于平衡增长(这也是为什么政府试图推动消费驱动的增长)。无论出于经济的还是伦理的原因,财富创造的生产维度和分配维度的相互联系都需要一种更平衡的方法。

第三,正如《2030年的中国》报告(WB, 2013)所强调的,技术融合和创新对经济增长起着至关重要的作用。政府和国有企业的大量研发应该更好地满足实际需求。尽管科学专利和发表的论文数量急剧增加,但只有少数具有商业价值,而能够转化为新产品和出口产品的更少。本地政府支持的研究机构与新技术商业用户合作的激励机制很弱。国内网络和与全球研发网络的连接应该激励基础深厚的创造和创新。值得注意的是,审查和评估研究成果要有严格的伦理标准,对研发费用进行公正和独立的评估。无须赘言,伦理和企业家精神是议程上的重要内容。

第四,私人与公共之间的区别和平衡与中国的财富创造高度相关。应该给予市场更大的自由去生产私人产品,同时政府需要改变其对公共产品的供给:"相对更少的'无形'公共产品和服务"和"更多的无形公共产品和服务,诸如提高生产效率、促进竞争、有利于专业化、提高资源配置效率、保护环境和降低风险和不确定性的制度、规则和政策"(WB, 2013: xxi - xxii)。

第五,将人权理解为公共产品是对上文引用的无形公共产品和服务概念的补充,因为它描述了财富创造的基本伦理维度的特征。众所周知,"人权"语言在中国需要谨慎处理,这语言的含义在许多人那里可能更容易按人类尊严的语言来理解。仍然值得一提的是,1991年中国政府正式宣布支持人权,批准了五项核心公约,签署了《公民权利和政治权利公约》(Jensen, 2007)。① 如前文所强调的,除人权外,其他伦理规范和标准,不仅一般地,

---

① CAT(Convention against Torture and Other Cruel, Inhuman or Degrading Treatment or Punishment)[禁止酷刑和其他残忍、不人道或有辱人格的待遇或处罚公约],CEDAW(Convention on the Elimination of All Forms of Discrimination against Women)[消除一切形式歧视妇女公约],CERD(Convention on the Elimination of All Forms of Racial Discrimination)[消除一切形式种族歧视国际公约],CESCR(Covenant on Economic, Social and Cultural Rights)[经济、社会及文化权利国际公约]和CRC(Convention on the Rights of the Child)[儿童权利公约]。中国尚未批准任意议定书或CMW(Convention on the Protection of the Right of All Migrant Workers and Members of Their Families)[保护所有移徙工人及其家庭成员权利公约]。

而且特殊地对于财富创造也极为重要。同时,道德想象力在管理决策中也是不可或缺的。

参考文献

Brenkert, G. G. 2002. Entrepreneurship, Ethics, and the Good Society.［企业家精神、伦理学和良善的社会］In: Freeman et al. 2002, 5–43. See also Brenkert, G. G. 2015. Business, Moral Innovation, and Ethics. In: Enderle, G., Murphy, P. E. 2015, 25–46.

Casson, M. 1987. Entrepreneur.［企业家］In: Eatwell, J., Milgate, M., Newman, P. (eds) 1987. *The New Palgrave. A Dictionary of Economics.* Vol. 2. London: Macmillan, 151–153.

Crane, A., Matten, D. 2010. *Business Ethics. Managing Corporate Citizenship and Sustainability in the Age of Globalization.*［经济伦理学。全球化时代管理企业公民和可持续性］Third edition. Oxford, UK: Oxford University Press.

De George, R. T. 1990. Using the Techniques of Ethical Analysis in Corporate Practice.［在公司实践中运用道德分析的技术］In: Enderle, G., Almond, B., Argandoña, A. (eds) *People in Corporations: Ethical Responsibilities and Corporate Effectiveness.* Dordrecht: Kluwer Academic Publishers.

Dembinski, P. H. 2009. *Finance: Servant or Deceiver? Financialization at the Crossroad.*［金融:仆人还是骗子? 十字路口的金融化］(French original in 2008) New York: Palgrave Macmillan.

Enderle, G. 2003. Business Ethics.［经济伦理学］In: Bunnin, N., Tsui-James, E. P. *The Blackwell Companion to Philosophy.* Second Edition. Oxford: Blackwell Publishers, 531–551.

Enderle, G. 2004. Global Competition and Corporate Responsibilities of Small and Medium-Sized Enterprises.［全球竞争与中小企业的企业责任］*Business Ethics: A European Review.* 13/1, 2004, 51–63.

Enderle, G. 2009. A Rich Concept of Wealth Creation beyond Profit Maximization and Adding Value.［丰富的财富创造概念,超越利润最大化和附加值］*Journal of Business Ethics* 84, Supplement 3, 281–295.

Enderle, G. 2010. Wealth Creation in China and Some Lessons for Development Ethics.［中国的财富创造和发展伦理的一些教训］*Journal of Business Ethics* 96/1, 1–15.

Enderle, G. 2011. What Is Long-Term Wealth Creation and Investing?［什么是长期财富创造和投资?］In: Tencati, A., Perrini, F. (eds) 2011. *Business Ethics and Corporate Sustainability.* Cheltenham, UK: Edward Elgar, 114–131.

Enderle, G. 2013. Defining Goodness in Business and Economics.［定义企业和经济中的善］In: Hösle, V. (ed.) 2013. *Dimensions of Goodness*. Notre Dame: University of Notre Dame, 281-302.

Enderle. G. 2015. Ethical Innovation in Business and the Economy — A Challenge That Cannot Be Postponed.［企业和经济中的伦理创新——不能推迟的挑战］In: Enderle, G., Murphy, P. E. 2015, 1-23.

Enderle, G. 2020. Corporate Responsibility for Wealth Creation and Human Rights.［企业对于财富创造和人权的责任］Cambridge, UK: Cambridge University Press.

Enderle, G., Murphy, P. E. (eds). 2015. Ethical Innovation in Business and the Economy.［企业和经济中的伦理创新］Cheltenham, UK: Edward Elgar Publishing.

Epstein, G. A. (ed.) 2005. *Financialization and the World Economy*.［金融化与世界经济］Cheltenham, UK: Edward Elgar.

Forum Wirtschaftsethik. 2012. Preis für Unternehmensethik［企业伦理奖］2012: Tchibo GmbH, 6-43.

Freeman, R. E., Venkataraman, S. (eds) 2002. *Ethics and Entrepreneurship*.［伦理与企业家精神］The Ruffin Series No. 3. A Publication of the Society for Business Ethics. Charlottesville: Philosophy Documentation Center.

Friedman, T. L. (2000) *The Lexus and the Olive Tree*.［雷克萨斯和橄榄树］New York: Anchor Books.

Held, D., McGrew, A., Goldblatt, D., Perraton, J. (1999) *Global Transformations. Politics. Economics and Culture*.［全球转变、政治学、经济学和文化］Stanford: Stanford University Press.

Held, D., McGrew, A. (eds) (2000) *The Global Transformations Reader*.［全球转变读物］Cambridge, UK: Polity Press.

Held, D., McGrew, A. (eds) (2002) *Governing Globalization. Power, Authority and Global Governance*.［治理全球化——权力、权威和全球治理］Cambridge, UK: Polity Press.

Heilbroner, R. L. 1987. Wealth.［财富］In: Eatwell, J., Milgate, M., Newman, P. (eds). *The New Palgrave: A Dictionary of Economics*. Vol. 4. London: Macmillan, 880-883.

Jensen, M. H. 2007. Promoting Human Rights and Business in China.［促进中国的人权和企业］In: Leisinger, B. K., Probst, M. (eds) 2007. *Human Security and Business*. Basel: Rüffer and Rub, 88-100.

Krippner, G. R. 2005. The Financialization of the American Economy.［美国经济的金融化］*Socio-Economic Review* 3, 173-208.

Landes, D. S. 1999. *The Wealth and Poverty of Nations: Why Some Are So Rich and Some Are So Poor.* [国富国穷] New York: Norton.

Lu Xiaohe, Enderle, G. (eds) 2006. *Developing Business Ethics in China.* [发展中国经济伦理] New York: Palgrave Macmillan. In Chinese: Shanghai: Shanghai Academy of Social Sciences Press, 2003. In English paper back: 2013.

Lu, Xiaohe, Enderle, G. (eds) 2012. *Corporate Responsibilities: Searching the Standards for China's Small and Medium Enterprises.* [企业责任：中国中小企业标准探寻] Shanghai: Shanghai Academy of Social Sciences Press.

Mazzucato, M. 2013. *The Entrepreneurial State. Debunking Public vs. Private Sector Myths.* [创业的状态——揭穿公共部门与私营部门的神话] London: Anthem.

Murphy, P. E., Enderle, G. 2003. Medtronic: A "Best" Business Practice in the U. S. Manuscript. Mendoza College of Business, University of Notre Dame.

Nussbaum, M. C. 2011. *Creating Capabilities. The Human Development Approach.* [创造能力。人类发展途径] Cambridge, MA: Belknap Press.

Observatoire de la Finance. 2015. Manifesto for finance that serves the common good. [金融为共同善服务宣言] Geneva: Observatoire de la Finance, accessed 9 January 2020 at http://www.obsfin.ch/founding-texts/manifesto-for-finance-that-serves-the-common-good.

Orhangazi, Ö. 2008. *Financialization and the US Economy.* [金融化和美国经济] Cheltenham, UK: Edward Elgar.

Palley, T. I. 2007. Financialization: What It Is and Why It Matters. [金融化：是什么以及为什么重要] Political Economy Research Institute Working Paper Series, Number 153, November.

Phillip, K. 2002. *Wealth and Democracy. A Political History of the American Rich.* [财富与民主——美国富人的政治历史] New York: Broadway.

Phillips, K. 2009. *Bad Money. Reckless Finance, Failed Politics, and the Global Crisis of American Capitalism.* [坏钱、鲁莽的金融、败的政治以及美国资本主义的全球危机] New York: Penguin.

Pontifical Council for Justice and Peace (PCJP). 2012. *Vocation of the Business Leader. A Reflection.* [商业领袖的使命———一种反思]

Prizzia, R. 2007. Sustainable Development in an International Perspective. [国际视野下的可持续发展] In: Thai, K. V., Rahm, D., Coggburn, J. D. (eds) 2007. *Handbook of Globalization and the Environment.* Boca Raton, FL: CRC Press, 19–42.

Rossouw, D., Stückelberger, C. (eds) 2012. *Global Survey of Business Ethics in Training, Teaching and Research.* [全球经济伦理培训、教学和研究调查] Geneva:

Globethics. net.

Ruggie, J. 2013. *Just Business. Multinational Corporations and Human Rights.* [只是生意——跨国公司与人权] New York：Norton.

Santoro, M. A., Strauss, R. J. 2013. *Wall Street Values. Business Ethics and the Global Financial Crisis.* [华尔街的价值观——经济伦理与全球金融危机] New York：Cambridge University Press.

Schumpeter, J. A. 1934. *The Theory of Economic Development.* [经济发展理论] Transl. R. Opie. Cambridge, MA：Harvard University Press.

Shih, W., Chai, S. Bliznashik, K., Hyland, C. 2012. Office of Technology Transfer — Shanghai Institutes for Biological Sciences. [技术转移办公室——上海生物科学研究所] Harvard Business School case 9 - 611 - 057. Boston：Harvard Business School Press.

Stiglitz, J. E., Sen, A., Fitoussi, J. -P. 2010. *Mismeasuring Our Lives: Why GDP Doesn't Add Up.* [错误地衡量我们的生活：为什么 GDP 没有增长] Report by the Commission on Measuring Economic Performance and Social Progress (France). New York：Perseus.

Werhane, P., 1999. Moral Imagination and Management Decision Making [道德想象和管理决策] (Ruffin Series in Business Ethics). Oxford University Press, USA.

The World Bank and the Development Research Center of the State Council, the People's Republic of China (WB). 2013. *China 2030. Building a Modern, Harmonious, and Creative Society.* [中国 2030 年——建设现代、和谐和创新的社会] Washington, D. C.：World Bank.

World Commission on Culture and Development (WCCD). 1995. *Our Creative Diversity.* [我们的创造多样性] Paris：UNESCO Report.

World Commission on Environment and Development (WCED). 1987. *Our Common Future.* [我们的共同未来] New York：Oxford University Press, New York.

（张琳　陆晓禾译）

企业创新与企业伦理

袁 立

【提要】 中国的经济发展仍然是粗放型的,过度追求 GDP,在积累过程中出现了很多问题。中国经济如何进一步发展?我们必须深化改革。中国政府提出了转变发展方式、科学发展、创新发展的思想和基本国策。这得到了我们的拥护和支持。现在的问题是,谁将完成这一转变?谁负责这项创新?中国现在有两种经济,国有经济和民营企业。民营企业在就业和财政收入方面为中国 GDP 作出了巨大贡献。然而,我国中小民营企业的融资问题一直没有得到解决。我们认为,创新是经济发展的强大动力,没有创新就没有发展。富大集团发起成立了新沪商企业家俱乐部,扩大了整体资本效益,帮助了集团内所有民营企业。作为促进上海民营企业发展的平台。我们也愿意把它变成一种可复制的模式,希望它能为中国的改革开放和经济的下一步发展发挥积极作用。

众所周知,中国改革开放 35 年取得了丰硕的发展成果。目前中国经济体量已经达到世界第二。但我们的发展是粗放型的发展,我们过度追求了 GDP。在这个过程当中我们积累了大量问题,例如环保问题、资源浪费问题,加上中国现在的人口红利已经出现了拐点,下一步中国如何发展?我们必须通过深化改革,走科学发展的道路。

对于中国面临的发展问题,中国政府提出了一条转型发展、科学发展、创新发展的思路和基本国策,已经得到了大家的拥护和支持。

在这样一个宏大的战略规划下,我们现在遇到了这样一个问题:这个转型靠谁来转?这个创新靠谁来创?现在中国是两种经济并存,国有经济和民营企业。民营企业已经超过了国有经济,大体上,它对 GDP 的贡献达到 60%,对就业岗位贡献达到 80%,对财政税收超过 50%。但是,我们国家还有对民营企业不开放的许多行业,比如说金融产业。因为金融产业除了那些功能不全的外资银行以外，98%以上都是国有银行。因为国有银行的体制受到了束缚，所以中国广大中小民营企业的融资难问题始终得不到解决。

国有企业有一个最大的特征，我们叫它主人翁缺失。国有企业没有老板，只有管家，即使它的领导叫国资委，还是一种管家的身份。它对资产是没有支配权的。它要做的，第一要有业绩，第二要稳定，因为政府要求是要稳定。所以它不可能把钱借给中小型企业，特别是微小型企业，尤其是在创业初期，他们无抵押担保，这个时候你拿钱借给他有风险，而国有企业不愿意承担这个风险。所以，如果现在创新转型依靠我们国有企业来做，估计很困难。这个历史重担必将落到民营企业肩上。民营企业是自己资产的主人，英文叫BOSS，他可以支配这个资产，他为了追求更多的资产，甘愿冒这个风险。我们中国人有一句话"愿赌服输"。因为利益与风险是对等的。民营企业碰到创办资金和流动资金两大困难，对这两大困难如何来解决？新一届政府，对金融产业的开放，基本上已经拿出来一个大概的方案。

大家知道，上海已经成立了自贸区，在自贸区里面所有的产业基本上都是开放的。但是，这个开放有一个比较漫长的过程。中国人有句话，就是邓小平讲的"摸着石头过河"。现在我们到了一个什么阶段，到了一个深水区的阶段，我们已经摸不到石头了，摸不到石头，我们就失去了一种前进的方向。所以这个时候，我们必须要有大胆的创新。

所以，在我本人发起下，我们成立了一个完全新的经济体这样一个模式。大家知道，改革开放以后，中国出现许多民间的商会，例如杨介生先生，杨总是上海温州商会的会长，又是浙江商会的副会长。有安徽商会、浙江商会、江西商会，所有这些商会都是民间的群众组织，它没有资金的来源，也不会产生盈利，它只不过搭了一个平台，让民营企业在上面进行交流。

我们在两年前也成立了一家上海的商会，我们叫它"新沪商"。这个上海的商会有200多家会员，这些会员都是一些民营企业，总的资产达到300多亿元。如果说我们跟其他商会一样的话，就产生了一种类似的情况，我们在这个商会基础上做了一次新的创意。我发起了30个核心会员，共同投资成立一家企业，叫新沪商集团。这家企业注册资金是2.5亿元，从发起到现在已经两年多时间了。我是商会的法人代表、理事长。通过上海民政局登记注册，我也是这个新沪商企业的法人代表、董事长。后来我发现一个人担任工作太多，对这个企业发展不好，然后我就把这个企业的董事长和法人代表让了,可能大家都听说过一个比较知名的人士,他是我的同学,就是原来中国最大的一个民营企业叫国美,这个国美原来的董事长叫陈晓。陈晓从国美退出来以后回到上海。我就跟他讲,你到新沪商集团来,我把董事长让给你,把第一大股东的地位让给你,然后你来操盘,OK,我们两个人一拍即合。

我们这个集团现在是四个大股东,自然人,占80%的股份。26个小股东,另外成立了一家企业,作为企业法人股东进来,就这么5个股东,所以我们办事情比较好办,如果30个股东的话,这个事情就不好办了,股东签字都签不过来。两年以来,我们这家新沪商集团做了很多工作,关键在于,我提倡的理念是,民营企业、中小企业要抱团互帮互助、互惠、互利。我们200多个会员有300多亿元的总资产,它会产生一种规模名人团队效应。我们成立第一天,中国交通银行上海市分行行长亲自到会,中国四大银行都有人到会表示祝贺。交通银行行长跟我们签约,给新沪商授信20个亿。大家知道银行的特点只会锦上添花,不会雪中送炭。有了这么大的授信,例如我们的平台,把整个资金效益放大,我们帮助了自己团队里面所有的民营企业,我们现在旗下有8家子公司,有两家小贷公司,有一家保底公司,有一家咨询公司,有一家文化产业公司,还有一个拍卖行,有一家融资租赁公司,我们几乎把所有金融服务业营业执照都拿到手,我们现在唯一缺少的是银行的牌照,我们在申请。很有可能会给我们。然后,我们用这个钱来帮助我们团队内的这些民营企业。比如,有一家民营企业,它有一个很好的创意,又有一个很好的资产,但是它现在缺少流动资金,我们直接给它融资5 000万元,我们帮他成立上海市最大的一家婚礼中心,当年营业额就超过1亿元。这家婚礼中心可以同时举办500桌,大家知道中国人结婚排场是很大的。

又比如说,中国最大的一家风电行业,现在碰到困难,风电、光伏在中国遭到重大的打击。我们有一家民营企业,做商业房产,楼盖到80%了,资金链断掉了,变成烂尾楼,我们把这栋楼收购回来,然后帮助他解决困难,继续把这个楼盖好,变成双赢的局面,老板也活过来了,我们也赚钱了。我们现在经济效应纯利润每年超过20%,股东可以得到很好的回报。但是,我们的会员,我们的股东,在我们每个月开一次例会的时候,不是要回报,而是要在这个平台上得到帮助和支持。因为我们手上有资源,有项目,但我们没有钱。有些人手上有钱,但是他们找不到好的投资项目,所以我们把这个平台整合成一个集民营企业老板们的智慧、资本、资源的三资平台,我们在上面进行整合。整合以后，我们除了互相帮助、互惠互利以外，产生了良好的经济效益。

我觉得这个是目前中国民营企业一个发展的新模式。我们这个发展模式得到了上海市政府各有关方面，包括上海市工商联、市委统战部、上海市民政局，以及各个区县政府的大力支持。现在我们中国有 20 多个省份，省市二级城市以上的跟我们有联系，他们的地方商会加入我们这个商会。他们希望我们到他们那里去做考察、了解、访问，他们提供大量的投资项目给我们。

最近我们在澳大利亚成立了第一个新沪商分会，澳大利亚政府非常重视，他们的商业部长亲自跟我们谈判，拿出来两个地块，希望我们到那里去投资。现在新加坡和加拿大也来跟我们联系，希望我们到那里去成立他们的分会，那里有大量华人，要跟我们合作，成立我们的商会，跟我们一起共同来开发。

所以，创新永远是驱动我们经济发展的一个强大动力，没有创新，就没有发展，我们现在对整个新沪商集团今后的发展充满了信心。在新沪商集团和新沪商民营企业促进中心这个平台上，我们准备把它做成一个可复制、可克隆的模式。将来也许对推动中国的改革开放、推动中国下一步经济发展起到一定的积极作用。

道德想象力与企业领导力

[美] 乔安妮·B. 齐佑拉（Joanne B. Ciulla）*①

【提要】 本文考察道德想象力及其对企业和领导的意义。通过使用伦理学和艺术创造的类比，本文论证道德想象力中最重要的因素是真实、记忆和视野。真实把好人和坏人区分开，把好的艺术和坏的艺术区分开。没有真实的记忆是幻想。在艺术中，人们可以接受幻想，但是伦理不能接受幻想。不道德的行为常常出现在领袖、组织、个体或者群体招募他人加入他们的幻想。领导面临额外的问题，因为追随者有时赋予领导想象的特质，而组织也给他们提供特权。有时领导被幻想迷惑，自认为自己与众不同，因此可以不服从他人遵守的道德规则。但是，做一个有道德的人不仅仅是简单地服从道德规则。道德想象力由创新的和规范的因素构成。道德想象力的创造性作用在于想象"如何"。想象如何抓住我们联结道德原则和行为之间的鸿沟。道德想象力的规范因素在于想象"那一个"，包括移情和对道德问题以及它们在此世的位置采取宽广的视野。移情要求我们基于人们生活的环境正确认识人，否则我们会想象错误的事情或者把自己放入不合自己身份的位置。领导人世界观的视野常常更多地决定他们的道德，较少地决定其想象力。企业领导力中的道德想象力不止是创造新事物，也不止是以新的方式做事。它还包括揭示他人的错误或者盲区，这种道德想象力来自"对什么构成善"具有宽广的视野。如果我们需要发展伦理的或者有效的领导力，就需要在我们的学生身上发挥道德想象力的所有方面，最适宜开始这项工作之处是对所有学生包括商科学生教授人性。

---

* ⓒ Joanne B. Ciulla.

① 本文作者在研讨会上提交的是发言提要（见本书英文提要），同时提交了另一篇论文（中译文发表于2015年《伦理学研究》第4期），收入本书前编者对论文题目和译文做了少许改动和修订。——编者注

如果伦理学呈现为现成的黑白两色,那么经济伦理学就会是一门枯燥的学科。我们中的大部分人并未足够幸运到具有如此简单的伦理鉴赏力。我们无法摆脱设计师般的伦理学,装饰着各种各样的道德难题,或者呈现为似是而非的灰色,或者呈现为充斥着大量相互矛盾的主张和相互冲突的义务的混杂色调。灰色是认真思考的人,在最初面对伦理难题时经常看到的颜色。而且,灰色的难题很少能找到纯白的解决方案。有时我们并不能确信我们做了道德上正确的事情。因此,经济伦理学所包含的远不止是培养对清晰的可选方案"直接说不"或"直接说是"的能力,它还包括发现、预见、面对和构想道德难题(其中不乏真正的两难境地),并提出可行的解决方案。这需要埃兹拉·鲍恩(Ezra Bowen)所说的文化的或者公民的素养(literacy)和伦理素养,或者有效地使用道德语言的能力。[1] 但重要的不是素养是什么,而是素养能做什么。通过开启其他可能的经济的和道德的世界,素养激发了想象力并为我们提供了新的观察方法。传统得到评估和再度应用,道德语言交织于语境(context)和境遇(situation)之中并切实地改变了后者。经济伦理学不应仅仅在商业教育的书中加上一章——而应是对整本书的重写。我们所能做的,不仅仅是提升道德意识或是培养顺从的职员,我们还能够发展学生的道德想象力。通过探究经济生活中道德灰色地带,激励学生用他们的创造力和技术能力来创造可行多彩的解决方案。

伦理行为可被视为包含规范性的和创造性的功能。规范性的一面是说:"不伤害"或者"你不可……"或者"你应当总是做某事"(例如,总是说实话)或者"促进善"。它是明确的并试图为人的行为设定一些界限。创造性的一面涉及的是:在给定实际约束的情况下,创造出符合道德规范的方法。一名学生曾问我:"合乎伦理地行事是否意味着:如果我在一家银行的贷款部门工作,有一个穷人没能偿还他的房屋抵押贷款,我就不应该取消他对这房屋的赎回权,因为如果取消了,这个穷人就会被赶到街上?可是你不能如此运营一家银行。"一些人只是履行自己的职责而取消这个穷人的赎回权,另一些人则试图想出创造性的融资,而只有很少的人会发明出一套人道地处理此类难题的制度。教师们应该问问自己:"我们希望我们的毕业生作出哪一种反应?"道德承诺有许多种类型,其中一些要求我们不怕麻烦

---

[1] Ezra Bowen, "Literacy — Ethics and Profits[素养——伦理与利润](The Centrality of Language), Ruffin Lectures, 1988.

地让世界变得更好。这需要想象力、远见、成熟度和技术能力。在向本科生教授经济伦理学时,一般要求更侧重伦理学的规范性一面,而教授成年人则要求更多地侧重创造性一面。伦理学的学习应该引导他们思考新的可能性。就这一点来说,经济伦理学课程与领导力课程和创新课程之间存在重叠领域。

现实世界的优势

如评论家 G. K. 切斯特顿(G. K. Chesterton[①])在他有关伦理学与想象力的文章中指出的,商人引以为豪的是自己的实用主义,而不是理想主义。

> 当商人因其办公室小伙计的理想主义而斥责他时,通常会说些诸如此类的话:"啊,是的,当一个人年轻的时候,他会有些抽象的理想和空中楼阁般不切实际的想法;但到了中年,这些东西像云彩一样破碎,他会转而相信权术政治,运用些自己的手腕,与这个世界的本来面目相处。"[②]

当进入商学院,你最先听到的事情之一都是关于所谓"现实世界"的。这个"现实世界"包括具体的经验性的事情、当前的商业惯例、市场规则、黑体字法[③]和统计资料。它指示着你能做什么、不能做什么。一些进入商学院的学生沉迷于这个世界,他们希望生活其中而不希望它有任何根本性的改变。这个世界带有确定性和许诺的意味,对于那些以双脚扎根于此而自豪的人具有吸引力。现实世界既不是不道德的,也不是与道德无关的,它不排除道德——它只是难以与道德融洽相处。[④]

---

① 经查对,原文中为 C. K. Chesterton,应为 G. K. Chesterton。——译者注
② G. K. Chesterton, "The Ethics of Elfland," *Collected Works*, Vol. I (San Francisco: Ignatius Press, 1986), p.249.
③ 黑体字法(black-letter law),指基本的和普遍接受的法律原则。——译者注
④ 商学院仍然受到实证主义遗产的困扰。实证主义主张,事实取决于真值条件,但价值不是。因此事实是发生于现实世界的客观的东西;而价值是引导事物的主观行动。通过以科学的要求来清理语言(by cleaning up language for science),事实—价值之分在伦理学中搅了浑水(muddy the waters for ethics)。留给我们的难题是在不同范畴之间架设桥梁:事实—价值和理论—实践。毫不奇怪,随着应用伦理学的出现,伦理现实主义(ethical realism)和价值理论又再度引起了人们的兴趣。这两条进路都提供了一幅整合了事实与价值的图景,使我们得以研究人和制度的所作所为,因为价值是内嵌在实践和传统之中的。对于经济伦理学而言,这种理论进路使得伦理学研究与企业实践不可分割。

出于对"现实世界"的这种敬畏之心,对经济伦理学最具毁灭性的指责就是说它不切实际。在此需要批判性地思考有关经济学和消费者行为的种种假设。正如切斯特顿(Chesterton)在其文章中指出的那样,他从未放弃自己孩子般的理想,但他确实放弃了对于切实可行的政治主张的孩子般的信仰。如果你不首先迫使商学院的学生正视他们在对市场规则这类事情上面的孩子般的信仰,你就无法教授他们伦理学。这也许听起来有点刺耳,但正如任何教授过商学院学生的人所知道的,如果你去教室的时候不准备一些非常好的理由和反例来说明为什么仅仅市场本身并不能成为惩罚和调节人们行为的充分力量,你将很难让他们欣赏康德所说的话。我并不是说学生必须拒绝所有他们已经学到的东西——恰恰相反。我是说他们必须降低对这些假定的确定性的热情。一个人在能够创造性地思考之前必须学会批判性地思考。

道德语言

商学院学生对正确和错误有基本的理解,并且都大致承认诚实的种种优点。他们具备正确的道德概念或语言工具,却无法在企业环境和特定组织机构的文化中掌握它们。如果我们认为思想由语言呈现且语言嵌入在共享的生活形式之中,那么可以非常有意义地说,经验可以丰富我们的概念(例如"诚实"的概念),尽管概念本身保持不变。[1] 根据这个语言理论,理解不能被简化为定义,而是理解通过经验得以扩展。

随着时间的推移,个人对道德概念的使用扎根于一种不断多样化的能力之中,这种能力是在参与到多种多样的社会实践当中形成的。[2] 理解新的文化或新的共同体的实践是需要时间的。因此,有能力解决自己私人生活中伦理难题的人,并不必然擅长解决公司生活中的伦理难题。伦理素养和文化素养是终身性的事业。对道德语言的掌握不仅向我们揭示新的可能世界,而且还允许我们创造出它们。

---

[1] Ludwig Wittgenstein, *Philosophical Investigation*, 3rd ed. trans. G. E. M. Anscomb. New York: Macmillan, 1996, pts. 18 – 20 and 241.

[2] Sabina Lovibond, *Realism and Imagination in Ethics*. Minneapolis: University of Minnesota Press, 1983, p. 32.

童话与现实生活中的故事

想象力并不必然导致幻想(fantasy),但幻想能够激发想象力。案例研究课是关于现实境遇(situation)的,但仍然能够以促进学生提出创造性解决方案的方式来教授。唯一的限制是这些解决方案要具有可行性。富有想象力的问题解决方法在两个清晰且可充分论述的假设之间发挥作用。第一个是批判性的:不能因为企业是某种方式,就认为企业必然是那样一种方式。我不知道自己有多少次像切斯特顿笔下的办公室小伙计那样,听到经理们用自认为企业中的审慎惯例来训斥:"如果它没坏,就别修它。"这句话象征着竞争上和道德上的平庸,其理念是:不到迫不得已,不去正视问题的存在。因此,只有在日本人制造轿车之后,我们才对制造更好的轿车感到担忧;只有在我们被判欺诈罪之后,我们才对我们的会计工作感到忧虑。

第二个假设借用自康德,是实践性的。它基于古老的格言"应该蕴含着能够",也就是说,你道德上有义务做的只是你有能力做的(或你有自由去做)的事。这个假设需要批评性的探究和不断地拓展。学生们常常认为采取一种道德的或者社会责任的立场需要个人或者公司做出牺牲,即你会丢掉工作或者市场份额。在成为一家公司的首席执行官之前,他们感到无能为力并且有时宁可损害他们的道德准则,因为他们认为只有顶层的人才能有效地采取道德的立场。但是,企业伦理真正有创造性的部分在于:在不损害你的职业和公司的情况下,找到做道德上正确的和社会上有责任的事情的方式。这种创造性有时需要像卡通鼠那样行事,比猫还要机灵。

也许让人们回过头去阅读童话故事不是个坏主意。布鲁诺·贝特尔海姆(Bruno Bettelheim)在其《魔法的使用》一书中认为,童话的主要寓意在于:与种种艰难困苦作斗争是生活的一个基本部分,但"如果一个人不躲避,而是坚定地迎接意外的且通常是不公正的困难,他就能征服障碍并赢得胜利"。他强调,童话之所以令人印象深刻,是因为童话涉及的并非日常生活。它们"任由孩子去想象自己身处故事所展现的生活和人性之中"。[①]

童话故事给孩子们上了启发性的一课——他们可以用自己的智慧解决

---

① Bruno Bettelheim, *The Uses of Enchantment* [魔力的使用]. New York: Vintage, 1983, p. 8.

难以应付的问题。以童话《妖怪与魔瓶》(The Genie and the Bottle)为例。在这个童话中,一个贫穷的渔夫撒了三次网,分别打上来一头公驴、一个满是泥沙的罐子、一堆陶罐碎片和碎玻璃。第四次打上来一个铜瓶子。当他打开它时,出来一个巨大的妖怪。妖怪威胁要杀死渔夫,渔夫求饶。之后,渔夫机智地逗弄妖怪:这么大的妖怪,怎么能够钻进这么小的瓶子?为了证明渔夫的错误,妖怪又回到了瓶子里。渔夫盖上瓶盖,把瓶子扔回了海里,从此幸福地生活。①

也许这不是你上经济伦理课中的最佳案例。让学生讨论与经济没有直接关系的文学作品是一场艰苦的斗争。然而,正如大多数成年人记得他们的童话,学生在他们久已忘记现实的案例之后会趋向于记得非现实文学作品中的案例。② 我发现,我的学生讲述的他们工作经历中的一些故事与《妖怪与魔瓶》一样有冲击力。

在一堂有关国际商务伦理的课上,一位印度学生说,在进沃顿商学院之前,他曾在一家印度钢铁公司工作。他所在的公司投标一个在委内瑞拉金额2000万美元的项目并赢得了合同(对于印度钢铁制造商而言是首次赢得这类合同)。但是,只有经过印度政府的批准,这项交易才能继续进行下去。当政府官员与这位学生接触时,这位官员表示,如果给2000美元的贿金一切都会顺利。这位学生就把故事讲到这里,之后课堂上的其他学生讨论在此困境下他们会怎么做。大部分学生觉得索贿已经对交易的完成造成了不可逾越的障碍。他们看到了两种不相容的可能性——要么你支付贿金并取得合同,要么你不支付贿金并丢掉合同。支持支付贿金的主张基于贿赂在世界各地的普遍性、该交易的规模、该交易对印度的好处以及这位官员相对小额的索赔。

当讨论升温时,一些学生懊丧地说道:"伦理是一回事,但这是一个现实的世界。"他们问这位印度学生是否得到了这份合同,听到他说"得到了",整个教室都感到不出所料。秩序又重新回到了他们的现实世界。道德并不能干预商业。这个由一半外国学生组成的班级都以为支付了贿金。然而,这位印度学生说:"现在,让我来告诉你们我做了什么。那天恰好我的口袋里带了随身听。我把它打开,放到桌上。然后我对那位政府官员说,

---

① Bruno Bettelheim, 1983, p. 28.
② 参见 Robert Coles, "Storyteller Ethics," *Harvard Business Review* (April-May 1987).

我很抱歉,但我忘了告诉你,与政府官员之间的所有正式对话我们都进行录音,并会把录音送给合适的监督人员。"就像机智的渔夫,这个印度人把邪恶的妖怪骗回他的瓶子里。他避免了行恶并赢得了合同。与他的同班同学不同,他看到了解决这问题不是只有两条道路。

最重要的是,道德进入并改变了现实世界。认为贿赂是错误的而加以拒绝,这位学生的行为对一个常见而严重的问题提供了新的解决方案。此时,一个聪明的道德家也许会提出这些问题:"向一位索贿者[①]撒谎正确吗?胁迫一位索贿者是否类似于对恐怖主义分子违背承诺?两个错误能产生一个正确吗?"但对一位企业界人士而言,这个故事也许可以促使他思考公司在这样的情况下如何能够保护自己——也许对交易过程录音是一个好的策略。有时个人的行为给类似处境中的其他人提供了一份新的行动方案。

根据贝特尔海姆(Bettelheim)的说法,有些故事表明:为何自利必须被整合到一个更广义的善的观念中,以便人们能够更有效地应对现实。例如,格林兄弟的《蜂王》故事,讲述了有关国王的三个儿子的童话。两个聪明的儿子出去寻求冒险,过着野蛮的、以自我为中心的生活。最年轻也最笨的儿子新普尔顿(Simpleton)[②]出发去找哥哥们,并要把他们带回家。三兄弟最后偶然遇到并游历了世界。当他们到了一处蚁穴时,两位年长的哥哥想要捣毁蚁穴,而仅仅是为了从蚂蚁的恐惧中得到快乐。但是新普尔顿不允许这样做。之后,他又阻止了哥哥们杀死一群鸭子和为了从蜂巢取蜜而放火烧树。最终,这三人来到了一座城堡,一个小灰人告诉大哥,如果他不能在一天之内完成三项任务的话,他就会被变成石头。大哥和二哥都没能完成三项任务。接下来是新普尔顿经受考验,他的三项任务是收集隐藏在森林苔藓中的1 000颗珍珠、从湖中捞出打开国王女儿们卧室的钥匙以及从一个房间里熟睡的姐妹中找出最年轻可爱的公主——这些任务是不可能完成的。新普尔顿懊丧地坐下哭了起来。正在此时,他曾挽救过的动物们过来帮助他。蚂蚁去找到珍珠,鸭子自愿去找到钥匙,蜂王停在最年轻公主的嘴唇上。魔咒打破了,新普尔顿的哥哥们活了过来,新普尔顿与公主成婚并得

[①] 原文为 briber,意为"行贿者",但根据上下文,这里应该是"索贿者"(bribe-seeker)。——译者注

[②] 原文意思是傻子。——编者注

到了王位。[1]

《蜂王》就像是儿童版的利益相关者分析。它突出了个人与团队之间相互依赖和互惠性关系。最重要的是,它说明了基于自利而非他人利益作出决定可能并不是应对生活中种种挑战的最有利的方法,而这与一些经济假设恰好相反。

生意世界中什么是可能的？我们的看法来自个人经验和媒体。有关不道德行为的报道对我们狂轰滥炸。这些报道制造了愤怒和犬儒主义。但是,有趣的是要注意,工商界对那些有悖于习俗智慧而在道德上负责任的行为是如何作出反应的。我们不妨思考一下强生公司因有人在胶囊中投毒而召回泰诺时给人留下的印象。它以高昂的代价为公司无过错的事情采取了道德上负责任的行动。后来强生公司因其负责任的行为在市场上得到了回报。这个故事为企业商界应对难题提供了一个新的范例。这是一个我们所曾希望的童话成真的真实生活中的故事。做道德上正确的事情也许是困难和代价高昂的,但最终你赢得了王位。人们总是需要相信道德的行为将会带来一些好处,即便这好处仅仅是自尊和心安。

道德上的两难困境

但是,仍然存在着各种各样看似无法导向善的道德冲突。道德上的两难困境是指两项同等重要的道德义务相冲突的情形。你在道德上应当做甲事且在道德上应当做乙事,但你无法两者兼做,因为乙事恰好是不做甲事,或者现实中一些不可预料的特征阻止你兼做两事。悲剧和戏剧有时以此类冲突为焦点。人们常常引用索福克勒斯的戏剧《安提戈涅》中的冲突。安提戈涅想要安葬她的哥哥,但是克瑞翁不允许她这么做,因为她哥哥是一名叛徒,安葬他会激起城邦动乱。她对城邦所负有的义务与她对家族和神所负有的义务相冲突。安提戈涅陷入了困境。如果她安葬她的哥哥,她会受到谴责;如果她不安葬她的哥哥,她也会受到谴责。面对现实的道德两难困境,我们从未对我们的决定感到有多愉快。有些学生错误地认为所有的道德冲突都是不能解决的,并得出结论认为,对于伦理难题而言,没有答案,而只有意见。

---

[1] Bruno Bettelheim, 1983, pp. 76–77.

近来，就道德两难困境存在与否的问题展开了热烈的辩论。许多哲学家否认存在真正的两难困境（至少把它们赶出了生意场合）。康德、罗斯和黑尔（R. M. Hare）提出了层次分析（levels of analysis）和义务层级（hierarchies of duties）作为解决方案，运用层次分析和义务层级之后，那些初看起来貌似道德冲突的情形，其实是草率的或不充分的描述和分析造成的。例如，黑尔赞许地引用一个约克郡教堂外面铭牌上的话："如果你负有相互冲突的义务，那么其中一个并不是你的义务。"①

伯纳德·威廉姆斯主张，道德冲突更像欲求的冲突，而不像关于事实之信念的冲突。例如，如果你相信卡姆登（Camden）②位于宾夕法尼亚境内，同时你还相信卡姆登位于新泽西境内，那么你可以解释这两个信念何以同样为真，否则你必须放弃其中一个而支持另一个。所以，由于接受了信念乙，在逻辑上你必然拒绝信念甲。威廉姆斯认为，我们对于相互冲突的欲求的回应大不一样。例如，一个男人要做一个忠诚的丈夫的欲求会与他要和另一个女人发生外遇的欲求相冲突。当涉及相互冲突的欲求且这些欲求都很强烈时，我们通常会试图想办法同时满足两个欲求。这通常是不可能的。然而，选择了一个事实必然会排除另一个事实。与此不同，选择按照一个欲求行事在逻辑上并不能排除另一个欲求。这位丈夫可能选择了按照对其妻子保持忠诚的欲求来行事，但却仍然欲求着与其他女人发生外遇。威廉姆斯认为，在这类案例中，一个人也许相信他"已经依最善行事"（acted for the best），但是事情并未像事实争议那样了结。威廉姆斯将遗留问题或者说冲突的"剩余部分"称为"遗憾"或是"如果……将会怎样？"（What if?）的问题。③

虽然我不会从威廉姆斯的论证中得出相对主义的结论，但我认为他已经准确地说出了道德心理学中一个极端重要的要点。我们拒绝一项道德主张时的感觉是与我们拒绝一项事实主张时的感觉不同的。处于严重的道德冲突之中时，我们的欲求就像那位已婚男人的欲求一样，希望满足所有的道德义务。对一个特定的道德决定抱有矛盾的感情并不必然意味着这是一个坏的决定。我们在对道德难题建构解决方案时试图将遗憾最小化。我们通

---

① R. M. Hare, *Moral Theory*. ［道德理论］New York：Oxford University Press, 1981, p. 26.
② 卡姆登（Camden），美国新泽西州的一座城市。——译者注
③ Bernard Williams, *Problem of the Self: Philosophical Papers, 1956-1972*［自我问题：哲学论文，1956—1972年］. Cambridge：Cambridge University Press, 1973, pp. 166-186.

过想象我们对于不同结果的感受来将遗憾最小化。在严重的两难困境中，两种结果可能都有同样的吸引力或者同样地令人讨厌，正像相互冲突的道德义务具有同样的重要性。真正的两难困境，作为道德难题的一种独特类型，其标志就是：遗憾是这类难题本身所固有的。

结论

各个时代的哲学家提供了种种解决冲突的最终方法或者手段。他们的见解提供了洞察道德推理丰富的复杂性的窗户。生动的案例研究和有吸引力的故事是教授企业和经济伦理的一个关键部分，但同样重要的是，道德哲学的遗产所提供的强有力的看待问题的方法。认为道德是黑白两色并相信我们必须做的全然只是在学校里教授价值，这样的人也许并不喜欢富于想象力的伦理学。正如我试图阐明的，仅仅理论或者价值观并不能改变经济活动，只有学生批判性的视角和创造性的行动才能作出改变。期望有伦理的员工而自己的经营却一切照旧的公司，注定会失望。

（张琳译　陆晓禾校）

道德与创造对企业社会责任(CSR)领导力的重要性?

[挪威] 海蒂·V.豪维克(Heidi von Weltzien Hoivik) *

【提要】 本文试图从企业社会责任对企业在全球化世界中面临挑战这一角度,审视道德与创造的重要性。地方文化、历史发展与经济发展的阶段是形成企业社会责任定义及其实践的关键因素。在某些文化中,企业社会责任意味着慈善,而在其他一些文化中,传统上将道德或关系与社群相联系。可以将企业社会责任视为一种文化的或道德的责任、一种达致可持续发展和社会或政治要求的手段。然而,人们也可将这些努力看作本质上为所有人创造善或和谐生活的人性反映。本文首先将简要表明,创造概念在西方世界如何经历了巨大的变化。然后将与中国古代哲学作简要比较,以说明中西在创造概念上的异同。本文将对企业社会责任领导力的内涵提出一种新颖的描述,以有助于我们理解道德与创造的重要性。在对 ISO 26000 实施过程的研究中,学习、道德发展和知识的创造是关键方面,从这一研究中得到的启发将能支持我们的论点。

在哲学、神学、艺术史、心理学、社会科学,甚至生物学和神经科学等多个学科中,都可以找到对"创造""去创造"和"创作"的多种定义。然而,在西方思想史的大部分时间里,"创造能力完全或主要归功于上帝,而只是在有限的或隐喻的意义上才归属于人类的创造者或艺术家"。直到18世纪后期,在启蒙和浪漫主义时期,诗人和艺术家才被认为是卓越的创造者。这一观念在整个19世纪直到20世纪一直占主导地位。"本世纪发生的进一步变化是,普遍认为,创造能力并不局限于艺术家或作家,而是延伸到更多的,或许是所有人类的活动和努力的领域:我们说科学家、政治家和许多其他

---

* ⓒ Heidi von Weltzien Hoivik.

人是有创造性的"(Kristeller,1983)。

在中国,创造力是孟子"人性善"理论的核心,也是儒家心性本体论的一部分。孟子认为,创造力是一种"至大至刚"的生命力,"气"是先天的而非后天的,是一种完整的先天禀赋。李景林(2009)在他的文章中更详细地讨论了这种生命力是如何并非现成之物,但却是创造性过程的源泉,人在这个过程中得到转化,心灵得到启迪。这是通过义的积累而发生的,义也不是由外入内取得的。[①] 李景林(第208页)引证了孟子的话:"心知无德者,其行之,必损其刚强之气,而失其气也。"[②]这种将创造力视为一种持续的道德过程或人类修养的动态观点,与我们在传统西方哲学中所发现的形成了鲜明的对比。在西方的思想中,亚里士多德的概念盛行于他在 *phronêsis*(实践智慧)与 poiêsis(艺术或制作)之间所做的鲜明区分中。前者是"自身与目的",即善的行为,后者是"自身以外的目的",即一件艺术品或一件产品。这就把实践智慧置于伦理道德的领域,而把艺术归属于美学领域。这种鲜明的区别在今天仍然广为人知。只是在保罗·里科(Paul Ricoeur)的著作中,我们才能找到在亚里士多德的 *phronesis* 与 poetic 之间建立桥梁的尝试。根据约翰·瓦尔(John Wall,2003)的观点,里科允许我们将 *phronesis* 作为 poetic 的核心部分来看待。因此,道德的创造是可能的。

我相信这种对 *phronesis* 的理解有广泛的道德含义。它将 phronesis(以及更广泛的伦理学)置于更大范围的诸如艺术、科学和人文学科这样的制造中(Wall,2003:338)。这种解释开启了将创造与道德视为人类的一种核心的内在力量的可能性。为了进一步讨论,我们采用这种理解。但在将这一定义与企业社会责任联系起来之前,我们将提供一个非常有趣的案例,这一次取自文献。

在18世纪或通常被称为"启蒙运动"的时代,我们可以在歌德的诗剧《浮士德》中发现,人们很早就试图描绘人类与生俱来的创造性。受斯宾诺莎泛神论的启发,人与自然之间密切的相互关系是歌德哲学的核心,这在他的文学作品中得到了体现。

---

① 孟子的原文应该是,气"是集义所生者,非义袭而取之也。"(公孙丑章句上第二章)——译者注

② 作者转述引证的这篇2009年英文论文作者是李景林和雷永强,译者未能找到这篇英文论文,但查找了李景林2007年独立发表的相同题目的中文论文,但未能找到与作者这里提到的与李景林引证的孟子的话相近的原文。——译者注

我们在他的主要作品《浮士德》中找到了最好的例子。《浮士德》的写作跨越了歌德的一生,仔细阅读可以认为,这部作品最能揭示歌德思想的发展。他在1772年开始写作《浮士德》初稿,1806年发表了第一部分,在他去世前不久的1832年完成了第二部分。浮士德博士,书中的主要人物,在一开始就以严肃的文艺复兴学者的身份出现,他试图翻译《圣经》第一章《创世记》,从原始的希腊文献中来理解世界和生命是如何被创造出来的。他没有接受标准的中世纪拉丁语翻译"一开始是字",而是改为"一开始是行为"[①]。对浮士德来说,这意味着他不能只在书本上学习生活和自然,他要生活,要积极地体验生活的方方面面。不加限制来解释的话,这意味着人可以像上帝一样是"有创造力的",如果他明白人天生就赋有两种能力:"创造"的能力和"行动"的能力的话。通过"积极地生活",他认识并了解了真正的自我。他的奋斗使他成为现在的他。

正如耶和华在《天堂序章》中对米菲斯托列斯(Mephistofeles)所说的那样:

> 把这种精神从它最初的源头引开。而如果
> 你能把握住它,你就可以引他
> 下到你们所行的路上。
> 当你不得不说时,你会感到羞愧:
> 一个好人,虽然他的奋斗不为人知,
> 但他知道有一条正确的道路。

随着《浮士德》剧情的发展,浮士德在生活中的行动中遇到了善恶二元性(常常是在米菲斯托列斯的帮助下引发的),自然的创造力和破坏力,包括他自己的,在获得知识和更深的理解之前。剧中的两个主角,米菲斯托列斯和浮士德,都是由上帝创造的。他们隐喻地代表了生命中积极和消极力量的内在二元性。对歌德来说,生活中的创造或"表演"包含了一切对立的东西,快乐与悲伤,生与死,恶与善,而人的任务就是选择"正确的道路"。这就是他的世俗命运,具有道德律令的隐含性。有了创造力这一与生俱来的力量,人在追求成功的过程中会体会到,为了实现目标,有时他不得不

---

① http://www.levity.com/alchemy/faust04.htmlaccessed.

"站在魔鬼一边"。他常常意识到自己的错误太晚了,不得不去理解和承担后果。只有在他生命的最后,当浮士德通过向内的视角(他因担心洞察力或启蒙而失明了)才认识到,他自己的"重要的奋斗力"是他获得更深层次理解的源泉。当他找到了平静,他在地球上的日子就结束了。简言之,这部戏剧证明了作为行动的创造性是人性的本质。

创造性与全球企业

向我们自己的世纪迈出一大步,我们现在要问:我们能否找到创造性、道德行动和全球企业之间的联系?我们为这次反思选择的关键词是:创新、直觉、想象力、关注。这些概念在许多不同的研究领域被讨论,如心理学、社会科学、人文学科,甚至神经生物学。我们将限于以下方面:

创新意味着革新,但也意味着创造某种不同的,甚至是新的东西(Facebook 和 Twitter 都是最近的例子)。创新需要看到整体,理解人类行为如何影响他人,包括环境。这是对于创新的道德要求。

直觉与情感、同理心、社会和道德智力相关,再加上获得的知识,可以产生不同的观点。直觉可以和想象力联系在一起,但通常不会说出来。

想象是创造一种形象,一种新事物的形象。道德想象力是其中一部分。例如,在管理决策中,道德想象力包括对任何情况下的规范、社会角色和关系的感知。发展道德想象力涉及提高对情境道德困境及其心智模式的认识,以及预见和评估创造新可能性的新模式的能力。它需要以新颖的、经济上可行的和道德上可证明是正当的方式重新定义困境和创造新解决方案的能力(Werhane, 1999: 93)。

关注与理解不同元素的性质和相互关系有关。例如,世界各地的 CSR 都试图通过了解企业与社会之间的相互联系和相互依赖来改善两者之间的关系。当关注意味着责任时,公司可以用一种可持续的方式来管理这些困难的关系。

所有这些都是道德创造的本质要素,因为所有这些都需要看到"他人"、个人、组织、社会和环境是如何受到影响的。我们会说,企业社会责任需要道德的创造。企业在全球环境中所面临的多重挑战使我们必须进一步发展我们关于企业社会责任的思维和假设。慈善不再足够了,风险管理也不再足够。现在是培养一种更有创造性的办法的时候了,这种办法是动态的、持续的、进步的和新颖的。创造性的价值管理依赖于关注所有处于危险中的价值观,包括道德价值观。

维恩·维瑟(Wayne Visser, 2011)提出了一种具有挑战性但颇为创新的方法。他认为,企业社会责任的发展和作为一种持续过程的企业社会责任的领导力,需要创造力和道德信念。道德信念部分地建立在这样一种观念上:企业的生存取决于对可持续性的持续努力。这个概念是否让我们想起了我们之前关于创造是一种道德行为的讨论呢?这需要领导力、道德领导力。

创造性与道德领导力

随着时间的推移,道德领导力的重要性在西方得到了不同程度的认可。对一些人来说,当与精神相联系时,道德领导力被视为宗教信仰影响领导者、工作场所甚至社会的手段。在西方世界,与宗教的联系常常将道德乃至智慧置于私人领域,使其成为隐性的,从而将其完全排除在与管理相关的公开讨论之外(Collier and Esteban, 2000; Painter-Morland, 2008; Pruzan, 2011)。另一方面,我们知道有些领导者会坦率地承认,他们是被一种更内在的、更有感染力的价值观所驱动的(Bouckaert, 2011)。

在这里,我们找到了与规范核心"缺失的一环",或是与各种哲学传统中的伦理或道德相连的一环。然而,在一个商业世界里,或者在一个理性、效率和对物质目标的追求在理论和实践中都占据主导地位的商学院里,这种思维并没有得到很好的发展。古德帕斯特(Goodpaster, 1994)将这种"心灵感应"(teleopathy)称为"目标病"(goal sickness, p. 54),它会导致一种冷静的态度,也被称为头脑与心灵的分离。怎样才能在道德领导力、创造性与经济理性之间架起一座桥梁呢?

玛莎·努斯鲍姆(Martha Nussbaum, 1993)对亚里士多德的解读给了我们以下的洞见,它描述了道德领导力的普遍特征:

> ……不同于某些道德规则体系,亚里士多德的德性及其所指导的思考,仍然可以根据新的情况和新的证据进行修改。通过这种方式,德性又一次包含了相对主义者所希望的对当地情况的灵活性——但又不

牺牲客观性。有时,新的情况可能只是产生了对以前定义的德性的一个新的具体规定。所有一般的解释都暂时予以保留,作为正确决定的概括和新决定的指南(第 259/260 页)。

亚当·斯密(Smith, 1975/1790)甚至在他的《道德情操论》中提供了以下关于德性的建议:"人,不应该把自己看作某种可分离和超然的事物,而应该看作是一个世界公民,一个庞大的自然联邦的成员";"他应该在任何时候都愿意为这个伟大的共同体的利益,而牺牲他自己的利益。"(第 140 页)显然,对亚当·斯密来说,审慎远远超出了自利的最大化,尽管它有助于个人,但"人性、正义、慷慨和公共精神,才是对他人最有用的品质"(第 189 页)。

回到我们的问题:对道德和创造的这种解读对于企业社会责任具有怎样的重要性,我建议回顾一下维瑟(Visser, 2011)提出的以下模型。在我看来,这种模式很好地把握住了道德与创造的要素。

采用维瑟对 CSR 2.0 的建议,可持续发展可以通过他所说的"DNA 责任基础"来实现。它们是"价值创造、良好治理、社会贡献和环境完整性"(Visser, 2011)。仔细查看他的建议,就会发现需要一种关键的动态领导模式。在维瑟看来,企业社会责任领导力的变化状态有很多原因。这让我们想起亚里士多德对价值观的定义,如上所述:我们引自维瑟:

1. 可持续性是一种愿望——没有一家公司或一个社会实现了可持续性。可持续发展的目标是我们所追求的理想状态。从定义上讲,企业会达不到标准,并暴露出自身的不足。

2. 环境是动态的——我们的全球挑战是一个不断变化的、复杂的、有生命的系统的一部分。没有创新和适应不断变化环境的公司将落伍,而其他公司将成为新的领导者。

3. 观念是可以改变的——可持续性议程既受到情感和观念的驱动,也受到现实的推动。社会对核能和转基因生物等问题的看法可能会改变,企业可持续性的表现也会随之改变。

4. 可持续发展是一个学习的过程——随着我们改善对可持续性的挑战和解决方案的理解,我们对公司的期望也会提高。然后企业也需要不断更新它们的可持续性学习,否则就会落后。

作为实践智慧的创造是一个过程

维瑟的建议和想法可以通过使用 ISO 26000(国际标准化组织关于社会责任的指南标准)的反思过程来付诸实践。我自己使用参与式行动学习方法的研究结果可以作为一个例子。

ISO 26000 于 2010 年发布,是一个生成创造性学习和道德反思过程的工具。ISO 26000 为企业和组织如何以对社会负责的方式来运营提供指导。这意味着要以一种伦理的和透明的方式为社会的健康和福利作出贡献。我们在他们的网站上读到(www.ISO.org):

> ISO 26000 是一个程序标准,它是在 2010 年由世界各地许多不同的利益相关者经过 5 年的谈判后推出的。来自世界各地的政府、非政府组织、行业、消费者团体和劳工组织的代表参与了它的开发,这意味着它代表了一种国际共识。
>
> ISO 26000:2010 提供的是指导而不是要求,因此它不能像其他一些著名的 ISO 标准一样加以认证。而是它有助于澄清什么是社会责任,帮助企业和组织将原则转化为有效的行动,并在全球范围内分享与社会责任相关的最佳实践。它的目标指向所有类型的组织,无论它们的活动、规模或地点有什么不同。

这个程序完全取决于利用本组织现有的和潜在的能力和价值观,包括道德价值观。它必须与下列各方面结合起来:
(1) 学习能力(包括不学习);
(2) 关系能力(员工中间以及与入选的利益相关者);
(3) 交往能力(对话、会谈,共识建立);
(4) 反思能力(包括道德反思);
(5) 创新能力(包括可视化的经营机会)。

这种学习方法不仅提供了一种正能量的来源,而且也给了个人一个在专业上和道德上发展自己的机会。

这里借用了儒家的一些伦理思想,这种学习过程促进了德性、真诚和知识的培养。根据孔子的思想，对他人的德行始于有德的和真诚的思想，这种思想始于知识。培养知识和真诚对一个人的自利来说也很重要；君子为学而好学，为义而义（Wikipidia — Confucius）。

我们的研究（Hoivik, 2011）表明，将企业社会责任的嵌入过程视为战略实施过程的一部分是正确的，这一战略实施过程能够将企业目标与人、社会和环境目标相互联系和紧密连接，从而培育一个对于财务和社会都是负责任的企业。

在下文中，我们根据其他的发现，提供了这个学习过程的更广阔的图景。阿玛托和罗姆（D'Amato and Roome, 2009）描述了企业社会责任的程序模型，该模型将组织变革中的领导力与管理创新联系起来。他们所建议的程序模型，在试图理解企业社会责任在战略创新框架中的价值时特别有用。这种方法表达了对于 CSR 的一种新颖的观点（Grayson and Hodges, 2004），因为企业成功的驱动力与"愿意从非传统的领域——包括企业社会责任领域，来寻找创造力和创新"联系起来了（第 9 页）。普雷乌斯（Preuss 2010）进一步研究了这一观点，并得出了结论：创新概念并非建立在企业对企业社会责任的立场之上，这一概念可以为企业提供一个独特的机会，尝试新的和革新的解决方案，以应对社会和环境的挑战。然而，企业社会责任并不能在组织内部实施，除非理解员工参与这一过程的关键作用。根据罗克（Rok, 2009）的观点，任何企业社会责任战略只有在员工也认识到它为他们创造价值的情况下才会成功。换句话说，企业需要在非传统思维的基础上为整个公司探索不同的"生存方式"。我们可以采用对知识赋能过程的研究，特别是野中郁次郎（Ikujiro Nonaka）的研究（Nonaka, 1994），他将知识定义为由个人信念引导的行动。他说，知识是"一种动态的人类过程，证明个人信仰是对'真理'渴望的一部分"（Nonaka, 1994: 15）。这个定义是有帮助的，因为他强调了正在进行的过程，并将这个过程与个人的信仰或个人的道德联系起来，其中包括价值观和正当性的规范方面。野中郁次郎进一步强调，信仰和承诺等术语所代表的知识深深植根于个人的价值体系（第 16 页）及其德性之中。它本质上是动态的、不断发展的，因此需要学习和反思。如上所述，这里在孟子和里科之间显然是有联系的。

知识对创造至关重要。知识可以获取、开发、创造、交换、维护和欣赏，是任何组织中的个人的宝贵财富。然而，并不是所有的知识都是显性的，而是以隐性知识的形式存在于人和组织中。因此，野中（Nonaka, 1994）和克罗格(Georg von Krogh et al., 2000)提出了促进显性知识与隐性知识之间的连续转换。隐性知识被认为是存在于人们之中的一种内在的知识类型,并由此成为一种合理的做事信念。另一方面,显性知识通过书面的和口头的形式在人们之中共享。我们可以补充一点的是,这种创造性的学习过程,通过对企业社会责任的隐性理解,可以产生更好的结果,因为独特的文化方面和个人的信仰体系将得到恰当的关注。

第二种理论,与我们对道德和创造的重要性的思考有关,涉及学习型组织中的创造张力(Senge, 1990)。创造的张力来自清楚地看到我们想要达到的目标、我们的愿景,以及说出我们现在所处地位的真相、我们当前的现实(Senge, p.7)。这需要想象力。想象力是学习企业社会责任的另一个重要前提。为了做到这一点,森奇(Senge, 1990)建议放弃在适应性模式下工作,寻找解决当前问题的方法,最好在生成式学习模式下工作。根据森奇的观点,在解决问题的模式中,动机是外在的,而不是内在的。另一方面,生成式学习需要一种只有过程模型才能满足的模式,在这种模式中,知识获取和知识利用可以同时开发(Henderson & Clark, 1990)。自我评估和将企业社会责任可视化作为未来的一部分是两个不同的方面,这两个方面产生了新的知识。我们需要直觉、想象力和创新。

结论

以上对具体事例的思考和讨论,将我们带回到对道德与创造的传统定义——亚里士多德、孟子、斯密、里科的定义上来。在这些定义中,我们发现了一些要素,这些要素将我们当前理解和在企业中实施企业社会责任的需求联系起来。显然,如果我们要促进个人、组织和社会的发展,我们就不能应用一种静态的观点,甚至不能接受道德与创造之间的分隔。人有一种天生的内在动力,如果善加利用,就能使这些发展最好地造福于人类。这种动力是普遍的。无论是在孟子的哲学思想中,还是在西方思想史中,我们都可以找到关于其存在的定义和讨论。在上面的论述中,我们大胆地将这种内在的动力与组织中创造性学习过程的尝试联系起来。在我们的案例中,目标是建立一种对企业社会责任及其何以需要一个过程的更深层次的理解。创造与道德、实践智慧与艺术,并不是分离的人类能力。无论是对企业还是社会而言,两者的结合都是实现可持续发展目标的基础。重读中国哲学和西方哲学可以提供令人惊讶的洞察力。毕竟,所有文化的思想史都是丰富的信息源,我们应该更多地了解和欣赏。本文试图在过去找到一些有趣的联系,可用于创造我们都希望看到的未来。企业社会责任只是实现所有人的美好生活的一个重要部分。这是企业社会责任的规范要求。

参考书目

Argandona, A., and H v W Hoivik. 2009. "Corporate Social Responsibility: One Size Does Not Fit All. Collecting Evidence from Europe". [企业社会责任:一种模式不适合所有企业——从欧洲搜集证据] *Journal of Business Ethics* 89 (21 – 234).

Bouckaert, L. 2011. "Spirituality and Economic Democracy" ["精神性与经济民主"], in L. Zsolani Spirituality and Ethics in Management. Dordrecht, Springer. Second Edittion: 41 – 52.

Collier, J. and R. Esteban. 2000. "Systemic Leadership: Ethical and Effective." [系统的领导力:道德的和有效的] *The Leadership and Organizational Development Journal* 21(4): 207 – 215.

D'Amato, A., and N. Roome. 2009. "Leadership of organizational change. Toward an integrated model of leadership for corporate responsibility and sustainable development: a process model of corporate responsibility beyond management innovation" [领导组织变革——企业责任与可持续发展的综合领导模式:超越管理创新的企业责任过程模式]. *Corporate Governance* 9(4): 421 – 434.

Goodpaster, K. E. 1994. "Work. Sprirituality, and the Moral Point of View." [工作、精神性和道德观点] *International Journal of Value-Based Management* 7: 49 – 62.

Grayson, D. and A. Hodges. 2004. *Corporate Social Opportunity! 7 steps to make CSR work for your business*. [企业社会机会!7个步骤让企业社会责任为您的业务工作] Sheffield: GreenLeaf Publishing Ltd.

Henderson, R. M., and K. B. Clark. 1990. "Architectual Innovation: The Reconfiguration of Existing Product Technologies and the Failure of Established Firms" [建筑创新:现有产品技术的重组和老牌企业的失败]. *Administrative Science Quarterly* 35(1): 9 – 30.

Hoivik, H. von Weltzien. 2011. "Embedding CSR as a learning and knowledge creating process: the case for SMEs in Norway" [将企业社会责任作为学习和知识创造过程的嵌入:挪威中小企业的案例]. *Journal of Management Development*, 30: 1067 – 1084.

Jinglin, Li and Yongqiang, Lei. [李景林和雷永强] 2009. "On the creativity and innateness of the "strong, moving vital force": A discussion of Feng Youlan's "explanation of Mencius' chapter on the 'strong, moving vital force'" Front. Philos. China 2009, 4(2): 198–210. [参见李景林:"'浩然之气'的创生性与先天性——从冯友兰先生《孟子浩然之气章解》谈起",《社会科学战线》2007 年第 5 期, 第 12—16 页。——译者注]

Kristeller, P. O. 1983. "Creativity and Tradition" [创造与传统]. *Journal of History of Ideas* 44, 1: 105–113.

Nonaka, I 1994. "A Dynamic Theory of Organizational knowledge creation" [组织知识创造的动态理论]. *Organizational Science* 5(1): 14–37.

Nussbaum, M. 1993. "Non-Relative Virtues: An Aristotelian Approach" [非相对美德: 亚里士多德的方法]. In: A. Sen The Quality of Life. Oxford, Clarendon Press: 242–269.

Painter-Morland, M. 2008. "Systemic Leadership and the Emergence of Ethical Responsiveness" [系统的领导力与伦理反应的出现]. *Journal of Business Ethics* 82: 509–524.

Preuss, L. (2010), "Barriers to innovative SCR: the impacts of organisational learning, organizational structure and the social embeddedness of the firm" [创新供应链管理的障碍: 组织学习、组织结构和企业社会嵌入的影响], in Louche, C., Idowu, S. O. and Filho, W. L. eds, Innovative CSR, Greenleaf Publishing, Sheffield, pp. 331–352.

Pruzan, P. 2011. Sprituality as the Context for Leadership. Spirituality and Ethics in Management. [作为领导力背景的精神——管理中的精神和伦理] L. Zsolnai. Dordrecht, Springer. 2. edition: 3–22.

Rok, Boleslaw. 2009. "People and skills. Ethical context of the participative leadership model: taking people into account". [人们和技能——参与式领导力模式的伦理背景: 考虑人的因素] *Corporate Governance* 9(4): 461–472.

Senge, Peter M. 1990. "The Leader's New Work: Building Learning Organizations". [领导的新工作: 建设学习型组织] *Sloan Management Review* 32(1): 7–23.

Smith, A. 1975/1790. The Theory of Moral Sentiment. [道德情操论]. Oxford, Clarendon Press.

Visser, W. 2011 "The Ages and Stages of CSR. Towards the Future with CSR 2.0". [企业社会责任的年龄和阶段——迈向 CSR 2.0 的未来] *CSR International Paper Series*. 3.

Visser, W. 2011 "The Nature of CSR Leadership. Definitions, Characteristics and Pardoxes". [企业社会责任领导的本质——定义、特征和解法] *CSR International Paper Series*, 4.

von Krogh, G, K Ichijo, and I Nonaka. 2000. Enabling Knowledge Creation. How to Unlock the Mystery of Tacit Knowledge and Release the Power of Innovation. [使知识创造成为可能——如何揭开隐性知识的神秘面纱,释放创新的力量] Oxford: Oxford University Press.

Wall, J. 2003 "Phronesis, Poetics, and Moral Creativity". [实践智慧、诗学与道德创造性] Ethical Theory and Moral Practice 6: 317-341.

Werhane, P. (1999), Moral Imagination and Management Decision Making. [道德想象力与管理决策] Oxford University Press.

（陆晓禾译）

朝向一种人和生态福祉的经济学

［瑞典］海伦娜·霍奇斯（Helena Norberg-Hodge）[*]

【提要】 在人类历史的大多数时期,我们的生存取决于与他人以及地球紧密而持久的相互依存。但是今天我们似乎迷失了方向:我们彼此孤立,自然环境沦为维持消费者生活方式的遥远的资源之一。为了让我们离开通向毁灭的道路,我们必须仔细考察我们的社会问题与环境问题的根源:一种让我们彼此越来越孤立,也将我们和自然的距离越拉越远的经济体系。

现在,人们越来越意识到,一种全球性的银行与企业的投机正在威胁所有民族国家的持续发展,但是通往这个非理性体系的结构性道路在很大程度上还没有引起人们的足够注意。如果想离开今天威胁我们后代的身份认同、健康和工作,事实上也威胁地球上所有生命的经济道路,我们需要考察一直缺乏管制的全球企业与银行之间的关系。

另一方面,本地化关乎缩短生产与消费之间的距离,鼓励更小范围和更加多元化的生产,在食品业、农业、林业和渔业方面尤其如此。可以举出很多相关的例子:诸如本地食品运动,本地商业联盟,本地投资和融资策略,本地外汇交易系统（LETS）,合作企业,本地运营的农贸市场、信用社和市政债券等。通过本地化,我们能够以更加人性化的规模和步骤组织我们的经济。承认当我们放弃社群生活和更加多元化经济时我们失去了什么,我们能够拥抱我们的生态之根和共同的人性,从而重组我们的社会。

在人类历史的大多数时期,我们的生存取决于与他人以及地球紧密而持久的相互依存。我们进化为一个联系密切的群体,与植物、动物,这些我们周围的生物世界有很深的联系。但是今天我们似乎迷失了方向:我们彼

---

[*] ⓒ Helena Norberg-Hodge.

此孤立,自然环境沦为维持消费者生活方式的遥远的资源之一。所有的迹象都表明我们对生存越来越不满意。

为了离开走向毁灭的道路,至关重要的是,仔细考察我们的社会问题与环境问题的根源:一种让我们彼此越来越孤立,也将我们和自然的距离越拉越远的经济体系。

同大多数西方人一样,我在这样一种印象中长大,即经济增长意味着进步,经济增长带来的环境成本是不幸却不可避免的。第二次世界大战后,我的祖国瑞典的政府以及几乎所有其他工业化国家为了支持大规模农业,拆除了小型、多样化的食品生产;也为了快速城市化而削弱了社群生活。当人们发现自己独自居住在城市超高层的公寓里,土地上的生物多样性就减少了,家庭、社群和这片土地的深层关系也变弱了。到了 20 世纪 80 年代,超过一半的斯德哥尔摩居民一个人独自生活,与此同时,抑郁症、酗酒和自杀比例都在增加。

如果我不是有幸在还是年轻的时候住在拥有相对完整的区域经济的西班牙农村、不丹、拉达克(小西藏),我可能无法看到经济、社会和环境之间的这些联系。尽管这些社会都不是完美的,在过去 3 年中我经历的变化清晰地说明我们正朝着错误的方向发展。

1975 年,我到拉达克,我学会流利地说当地语言,和当地人生活在一起,我几乎成了他们中的一员。当时拉达克人仍旧住在繁衍的大家庭中。我目睹了他们培育孩子的方式,这种方式让孩子觉得自己被欣赏、被关注、被倾听,这一点反过来让孩子们获得一个积极的、自主的自我意识。代际关爱和交流是日常生活的一部分,对变老的恐惧远低于现代西方世界。拉达克不是天堂,但由于错综的相互支持网,个人关系少了些紧张,多了和平与合作,少了不和与冲突。

我也观察到,当有真正的经济依存关系时,在一个社群中能够彼此依存的益处大大增加。经济交往提供有来有往的结构关系,以提供原材料和心理安全的方式把人们紧密联系在一起。人们不仅彼此关联,而且与周围生活世界的其余部分相连。他们在当地生产和交换食物、衣服和住所。如果以本地自主感为条件的话,大部分生活必需品都在步行距离内就能获得。总的来说,拉达克人是我所遇到的最和平和满足的人——在他们身上闪烁着幽默和活力。

从我第一次抵达拉达克之后的 35 年里,我看到外界的全球经济如何破坏他们的经济、文化和内在的幸福。我目睹的变化让我认识到，经济体系与人口过密之间的关联，过度消费与人类健康以及生态健康下降的关联。我看到广告和媒体的信息如何影响幼童：如果你想要获得同龄群体的尊重，你必须有最新款的蓝色牛仔裤，最新款的 iphone 手机，你必须加入消费文化，否则你就一无是处。复杂的广告技术在世界其他地区开发，它们实际上正在扭曲人类真实的普遍需要，将归属感、感觉被爱和彼此关联的需要变为对消费的需要。当孩子走上这条路，就造成竞争和嫉妒，这反过来进一步刺激了消费。

同时我目睹了由公司领导经济造成的悲剧性心理影响，我也看到了对环境和就业的影响。从喜马拉雅山的另一边运来的产品，只卖当地产品价格的一半，破坏当地的农场主、建筑商和店主的市场，这当然摧毁了当地的工作机会，而且运输和包装污染了原始环境。这些经历打开了我的眼界，我研究了世界各地的这个过程，发现烟草巨头菲利普·莫里斯公司（Philip Morris）是瑞典最大的食品公司。可以举出许多这类蠢事，之前土豆通过陆路被运往意大利清洗，放入塑料袋，然后再运往瑞典。今天苹果从英国飞到南非清洗和打蜡，再飞回来。我同时发现这些都不是孤立的例子，而是地区经济被破坏的全球化过程的一部分。以黄油和奶油闻名的英国德文郡，其产自新西兰的黄油只是当地黄油成本的 1/3。

现在，人们越来越意识到，银行和公司的全球性投机正在威胁所有民族国家的持续发展。但是，通往这个非理性体系的结构性道路在很大程度上还没有得到关注。

我们的税款用于工业化和企业化的生产，使得利润集中在如可口可乐和孟山都这类巨型企业，以及摩根士丹利和高盛等大型银行的手中。为了增加全球贸易，建造交通和能源基础设施为大城市和蔓延生长的国际大都市服务，而忽视了小城市、城镇和农村地区。与此同时，左翼和右翼政府都签署了贸易协定，让他们的经济对海外投资开放，同时取消旨在保护国家和地方商业、工作和资源的法律法规。在这个过程中，国家主权让渡给了巨型跨国公司和不民主的超国家机构，例如世界贸易组织（WTO）、国际清算银行（BIS）。以增加贸易和比较优势获得增长的名义，政府盲目地掏空自己的经济。

如果我们想要离开今天威胁我们后代的身份认同、健康和工作机会，事实上也威胁地球上所有生命的经济道路，就要检查全球企业和银行持续性的放松管制,也即全球化。问题不是国际贸易本身,而是全球企业的规模和权力。无论是天然气压裂、二氧化碳排放、太平洋垃圾塑料岛屿、物种灭绝、雨林伐尽,或者贫困增长和社会动荡,我们的问题根源都在于破坏更加多元化和富有成效的地方及国家经济。

越来越多的人意识到,我们需要根本性的变化。政治左派怀疑大企业,而倾向于大政府和强有力的法规;政治右派则倾向于大企业,反对大政府。然而在最基层,两派都被拒绝,这造成一个真空和不确定的地带。通过加强社群的经济,正在成长的本地化运动开始提供一些解决答案。

本地化社群和环境

本地化的核心,在于缩短生产与消费之间的距离,同时鼓励较小规模和更多样化的生产,特别是在食品、农业、林业和渔业方面。所有形式的初级生产都是社会对环境的管理或者缺乏管理的表现。但它是我们生产食品的方式,它提供了一个理想的全球和本地经济差异的例子。

全球粮食系统能源极为密集,效率极其低下,在全球范围内运送相同产品的不必要行为浪费了宝贵的矿物燃料。全球粮食系统在陆地上系统地推动人们,在北部和南部均增加失业率和城市化。它导致荒谬的粮食分配,在世界一部分地区引起饥饿,却在另一部分地区引起肥胖。由于全球粮食系统在世界范围内让饮食和食品生产趋向同质,生物多样性受到攻击,粮食安全风险日增。

全球经济持续扩张意味着本地食物很少占总消费量的10%以上。这是一个危险的状况:据估计,任何在基础设施和运输燃料供应方面的重大故障,都会导致世界上大部分地区的人在三天后争夺食物。由于环境、经济和生存的原因,我们的目标应是满足60%—90%我们本地或区域的食物需要,这自然是依靠本地区的农业生产能力。

本地食品运动表明,重建本地系统对社群和环境都能提供巨大的好处。经济学家迈克尔·舒曼(Michael Shuman)与本地生活经济业务联盟(Business Alliance for Local Living Economies)合著的一份报告考察了全世界本土食品运动的实例。社区粮食企业不仅帮助建立本地技能和经济网络,而且提供更美味、更新鲜的食物和更便宜的运费。仅举一个例子,该研究发现,CSA(社区支持农业,Community Supported Agriculture)[①]提供的470美元的产品相当于商店购买的700美元的产品。这些项目进一步的益处包括生产者与消费者之间的密切关系,激励农民多元化生产满足消费者需求。

多元化的体系有助于保持大量的作物品种,确保长期的粮食安全。它们也更适合有机方法,在农场和周围的环境造成更丰富的生物多样性。它们能提供更多的就业机会,用人力取代化学物质的使用和耗油的机械。最后,消耗每英亩和单元的水,小而多样化的农场比大而单一的工业化栽培可以生产更多的粮食。因此很明显,本地的食物是健康的社群和生态管理之间极其重要的联系。

走向本地化

有一个振奋人心的运动,就是现在的年轻人选择自己种植食物。他们破除了农业是苦差事,需要不停地辛勤劳作的神话。当农场规模较小和工作更多元化时,农业劳作比整天坐在电脑前要更健康、有益和愉快。

还有许多本地化的例子:地方商业联盟、地方投资和融资策略、本地外汇交易系统、合作社、地方经营的农贸市场,信用合作社和市政债券。然而,许多广为流传的普遍假设(通常是由既得利益者栽培的),继续削弱本地化运动,包括提出孤立主义、精英主义、邻避主义(Nimbyism)的指控。我认为,非常需要思想智库或宣传教育活动来应对这些反对思想。

智库可以帮助拆穿这样一个破坏南北方本地化的流行神话:在发展中国家,通过越来越多的全球贸易可以减少贫困。在多年的殖民主义和债务奴役之后,让人民自由地使用他们的劳动和宝贵的自然资源来满足他们自己的需要将是更有意义的。不然,就仅仅符合那些从全球南部剥削廉价劳动力和资源的获利者的利益。

本地化运动的加强,还可以通过促进更深入和更广泛地理解我们目前

---

① CSA起源于20世纪60年代的瑞士和日本,因化学、石油技术在农业上的应用引发了消费者对食品安全的担忧,有些农场也同样担忧化学、石油技术会污染自己的农场,同时想为自己的农产品寻找稳定的市场,于是前者和后者展开合作,形成了经济伙伴。CSA拉近消费者和生产者的关系,缩短农产品销售渠道,促进提升农业供应端质量,促进城乡一体化发展,是国际具有人文主义精神的一种生态农业模式。——编者注

的危机与全球经济体系之间的关联。本地化提倡者非常注重行动,已在世界各地采取了成千上万种必要的鼓励措施。然而,投入资源提高对本地化的社会和生态效益的认识,并提醒人们注意全球体系的陷阱,有助于使我们的所有努力更具战略性和有效性。

　　走向地方化的社区不会对穷人置之不理;相反,它们正在给自己和其他人机会,让他们变得依赖社区,而不是依赖遥远的官僚机构和企业。生态与人类需求之间没有根本的平衡。通过本地化,我们可以围绕相互依存和多样性的理念,以更人性化的规模和步伐组织我们的经济。通过承认我们在放弃社区生活和更多样化的经济时所失去的东西,我们可以重新设计我们的社会——不是通过倒退,而是通过拥抱我们的生态根源和我们共同的人性。

参考书目

Altieri, M. 2008. "Small farms as a planetary ecological asset: Five key reasons why we should support the revitalization of small farms in the Global South"〔作为地球生态资产的小型农场:我们应该支持振兴全球南部小型农场的五个关键原因〕, published on *Food First* website〈http://www.foodfirst.org/en/node/2115〉retrieved 22/5/2012.

Mayer, F. and Frantz, C 2004. "The connectedness to nature scale: A measure of individuals' feeling in community with nature"〔与自然规模的联系:一种衡量个人与自然关系的方法〕, in *Journal of Environmental Psychology* 24 (2004) pp. 503－515.

Shuman, M., Barron, A. and Wasserman, W. 2010. "Community Food Enterprises". Business Alliance for Local Living Economies (BALLE).〔社区的食品企业。本地经济商业联盟〕〈http://www.communityfoodenterprise.org〉retrieved 22/5/2012.

(赵琦译　陆晓禾校)

提问和讨论

杨介生(主持人)：感谢 5 位发言人的精彩演讲。就我作为企业家来说，很有启发。我的理解就是，如何在经济活动中追求财富文明。很重要的是，我们现在很多商学院教很多企业家读书，就是教他赚钱，而不去教他们人文，不去教他们如何在赚钱的同时关爱他人。我们也经常和企业家讨论社会责任的问题，赚钱的最大意义在哪里呢？就是你的平台，你的公司，你拥有的资产的平台可能很大，因此，你做对社会有意义的事情，就可能得到人们的尊重。假如你做了非常没有意义的事情，即使你赚了很多钱，对你生活也没有多大贡献。我们已经完成 5 个嘉宾的发言，接下来是提问跟讨论的时间。

乔安妮·齐佑拉：海伦娜提到，城市化过程中很多人搬到城里去了，我想问一下，为什么年轻人离开乡土逃到城市，为什么他们更喜欢城市的生活，你也说城市化是趋势，关注本地化的时候，也需要有国际的视野，那么，对于年轻人离开农村进入城市这个现象，你怎么看？

海伦娜·霍奇斯：我了解的情况是，人们仍然在农村过着自主的生活，在小的农场要看农民自己的意愿，如果他们想去城市，他们也可以，他们的意愿也应该得到尊重。当然他们进入城市之前，要经过相关培训来适应城市的工作。我碰到所有的人，他们对于自己所在的地方，也是非常乐观的，并没有太多的忧虑。比如说，他们要照看自己的家人，男女之间的分工也是非常平衡，在农村这种关系非常明显。大的家庭的生活能够得到保留。另外，在农村，我看到也有一些剧院，还有一些娱乐设施。对于农村或者乡下的孩子们来说，他们也能够通过更多的信息渠道了解外部的世界。

在城市，可能要求更多的是就业，但是在农村，就业从来不是问题。如果我今天再去拉达克这个村，我也想去那个村生活，因为那个村很快乐。但是今天在这个地方，失业也是很明显的。我们这一代人，很多人在城市里感觉失败，他们会选择自杀，这个自杀率是上升的。我在拉达克这个地区进行调查的时候，很多人也表现出很多不满的情绪，也有改进的空间。也有有心理问题的人，我们看到这些人的态度还是很积极，他们希望改变自己的态度，很多年轻人进入农业生产当中来，这个也是我们在过去几百年、几千年所看到的这样一个创造。新的农民运动是完全不一样的,朝向分散式的方式去进行。它觉得100%的人都应该住在高层城市住宅里面,农村应该生产人工合成的产品。我是反对这种生产的,人应该住得低一点,和自然亲近,让城市里的人有了钱到乡下去,走向自然,接近自然。这种集中化也要适当创造中小型的居住地。我不是说让一个人住在一块大的土地上孤独地生活,而是说让他们在小范围聚居。

郝云:我这个问题要提给豪维克教授。全球化背景下的创新需要合作,但是由于不同的文化背景,不同的道德观念,不同的价值观,会影响到全球化创新的合作。可以看到,现在很多机构之间的合作都出现问题,不是技术上的问题,有很多是道德观念方面的障碍,比如说对自由的理解,对人的权利的理解,以及对安全的理解不一样,因而阻碍了合作的创新。我的问题是,如何通过道德创新来解决这样的问题。刚才您讲的还是比较乐观的,不同文化可以通过融合,但是有很多矛盾目前不能解决,怎么通过道德创新来解决这个问题呢?谢谢!

海蒂·豪维克:不同的公司有一些不同的价值观,这样的问题我也研究过。在我的工作中,我也很关注公司内部的多样性,当然我也非常关注公司之间的多样化。不同国家的企业,实际上都需要了解其他国家公司的状况。比如说,当中国公司要在北欧进行投资的话,也要了解那边的文化。反过来说,北欧的公司到中国来投资,也需要了解中国的文化。当讲到道德的时候,你也不能简单就假定一个公司完全了解其他国家,或者完全了解其他公司的道德情况。我想,如果西方公司把他们的很多规则拿到中国来,我觉得也会有问题。我在复旦教书的时候,我知道很多中方企业家甚至不知道西方所指的规则是指什么。因为中国显然要知道,比如说这样一些规则到底来自什么权威机构,它们意味着什么。这里面单纯翻译过来也是不清楚的,除非把有关的前后背景都解释清楚。还有,在西方,对于雇员的权利是非常重要的,但是对于中国公司来说,他的客户特别重要。所以这里面,我觉得还是有不同的侧重,大家对于这样的规则有不同的看法。

另外的问题是,你的规则到底是用来规范谁?你在西方规范的对象,到中国来是否同样规范这样的对象?这个使得我们公司相互之间都进入一个学习的过程。我们帮助人们,帮助中国公司,要让他们能够了解这些东西,有的时候他们并不知道他们不了解这些情况,我的一些中国同事告诉我一些非常有意思的例子。比如说有关评估表,评估在西方,完全是以个人为基础的评估,但是在中国实际上并不是这样的。对于个人在整个工作中的表现进行评估,可以说在西方是要与工资奖金挂钩的。而在中国,往往这样的个人评估不大多,更多的是个人的工作跟其他人连在一起的,评估的是整个大的系统,所以这个可以说明,西方的规则在这里并不是在其他地方同样可以运作的,所以是不一样的。

安唯复: 我的一个问题是问恩德勒教授的,另一个是问豪维克教授的。问恩德勒的是,为何有的国家是富有的?

乔治·恩德勒: 为何有的国家看起来是富有的,如同说为何有的国家是健康的,因为大多数人实际上也是健康的。例如,中国的国际健康排名比印度要高,因为中国人总体上比印度人健康水平要高。保健是非常重要的。奥巴马要推出医保,自由派觉得应该以个体主义的方式,靠个人来实现,但是很难这样做到。我们知道健康实际上包括了两个方面,一个是个人的健康,还有是整体的健康。这里意味着两点。第一点是市场的制度,它们往往对于一些私有的产品是非常能够有效地来保障的,但是对于公共产品就难以保障。如果你认为市场经济就可以提供医疗服务,实际上这个完全是胡说。我们不仅仅要看市场,还要看政府对于集体的行为。我做过研究,在20世纪80年代还是好的,当时中国能够把公共健康和个人的健康结合起来,然后再往前走,我觉得邓小平在这方面就是一位大师。

安唯复: 另一个是问豪维克教授的。看来,你非常了解中国的哲学,你也说中西哲学可以进行协作,这是非常好的想法。但是我有这样一种感觉,好像直到18世纪之后,我们才沟通起来了,但是我知道实际上在这之前,包括达芬奇这样的人,他们对东方的哲学问题也是有所了解的。

乔治·恩德勒: 我觉得人的创造因素非常重要,这个是启蒙运动高度强调的。当然在文艺复兴之前也确实有很多的成果。但是在启蒙运动时期是高度重视人的。

海蒂·豪维克： 我们说人也可以成为重要的创造主体，这个在文艺复兴时期已经得到很大的强调。而且在这之前也有很多伟大的艺术和文化的创造。但是我觉得，人能够在他个人的生活当中丰富多彩，包括创造的话，从体制上说，这个确实是在现在。

马文·布朗： 袁立先生讲到金融资本，恩德勒讲到有不同的资本，人力的、金融的。我在这里想问袁总的是，金融资本在企业创造中能够发挥什么样的作用？

袁立： 我做了20多年的老板。如果企业没有资本，首先它不能创业，然后它不能运作。所以我们把它作为创业资本和流动资本。我们中国的民营企业第一桶金是非常艰难的，因为所有的银行都不会给我们贷款。所以这个问题始终制约了我们中国民营经济的发展。但是我们今后的经济转型还是要靠民营企业来挑起这个重担。所以我认为，当今中国改革的红利，最大的这一块，第一金融改革，第二土地改革，第三才是体制改革。资本是我们民营企业的生命源泉。谢谢！

杨介生： 我们第二场论坛非常成功，它也告诉我们如何去寻找企业家精神和财富文明，同时也去寻找人类未来的幸福之路。本场的论坛先告一段落。谢谢大家的参与！

（陆晓禾整理）

三

科技信息伦理与创新

互联网发展背景下的道德与创新

陈　潜*

【提要】 本文基于对网络发展、网络道德和网德治理三方面进展和问题的系统考察和分析，认为网络道德治理是一项长期的艰巨的工作，不仅需要通过法制、机制和体制的完善，更需要全民网德的提高。作者并倡导：从我做起，人人守则，营造网络正能量，抵制互联网上的道德缺失行为。

一、网络发展

　　从发展来看，中国网络发展速度非常快。到目前为止，最新的统计数据，到 6 月底，我国网民数字已经达到 5.9 亿，互联网普及率达到 44.1%。特别要注意的是，在当今我国社会发展的过程中，手机网民在最近几年发展非常迅速。现在手机网民的数字已经达到 4.637 6 亿，它所占整个网民的比例达到 78.5%。同时我们也发现，整个国际出口宽带的增长率也是非常快，已经达到了 2,098,150 Mbps，半年增长率为 10.4%。我们现在发展的速度和宽带技术的支撑已经达到了一个相匹配的程度，这是我想简单地从数据来介绍一下我国现在的网路发展情况。

　　接下来介绍，上海作为信息化发展的前沿阵地，它的信息化程度到底达到什么状态。可以这样认为，经过三个五年建设，上海城市信息化整体水平明显提升，为构建面向未来的"智慧城市"奠定了良好的基础。回顾这三个五年建设可以分为三个阶段。第一阶段"九五"期间，我们是"基础先行"，从 1995 开始，上海主要是加快互联网基础设施建设。第二个阶段是"十五"期间，我们"重点突破"，着重推动信息技术应用和信息产业发展。第三个阶段"十一五"的时候，我们是"协调发展"，主要是通过协调发展来综合

---

* 原文为提要。本文根据会议速记整理编辑而成。——编者注

推进上海城域网的建设，包括信息通信设施、信息技术应用、信息产业发展、信息安全保障和信息化环境的协调发展。对未来"智慧城市"的建设，是"十二五"规划建设，上海将聚焦八个重点专项即：智能电网、大规模集成电路、云计算、物联网、新型显示、下一代网络、新能源汽车与汽车电子、卫星导航。这八个重点项目中大部分都是和互联网有关联的重点产业领域。

上海整个智慧城市框架分成四个方面。第一个方面是信息基础设施体系，包括5个专项和3个重点任务。5个专项是：宽带城市、无线城市、通信枢纽、三网融合、功能设施。比如说，我们在高架上随时可以发现整个上海交通状况、拥堵状况，都可以通过大屏显示。3个重点任务是：完善规划体系、规范建设管理和强化机制建设。第二个方面是新一代信息技术产业体系，包括8个专项：云计算、物联网、TD－LET、高端软件、下一代网络、车联网以及更广泛的信息服务。第三个方面是信息感知和智能应用体系，这个领域对我们整个社会生活、商务活动、政务领域各项活动带来很大影响。我们主要通过融合强业行动、电子商务行动、智能城管行动、数字惠民行动、垫支政务行动这5个行动来发展这个体系。第四个方面是信息安全保障体系，有3个专项，即：基础建设、监管服务、产业支撑，由技术发展到监管模式和产业联动，重点任务有3个：信息安全综合监管、完善的网络空间治理机制，还有提高全民信息安全意识。以上就构成了上海"十二五"规划建设智慧城市的一个缩影。

信息化正在朝高级阶段发展，为智慧城市提供了技术可能和有力支撑，主要体现在"三个化"：一是可视化，电子技术早期追求的是在全球任何角落都可以"听得见"，现在的目标则是在全球任何角落甚至是外层空间都可以看得见；二是泛在化，从一个点上到一个面上，有一个质的发展；三是智能化，我们通过信息系统早期的目标，做到对信息的采集和分析处理。现在在这个基础上，通过利用各种数据模型和算法，实现对象、目标和智能化的控制。

这里举个简单的例子，物联网的应用，现在应用的领域非常广，包括交通、环保、政务工作、公共安全、智能消防、环境检测、个人健康等。目前上海比较成功的案例，是在上海世博会和上海浦东国际机场，应用了感知技术，把一万个微小的传感器组成散布在整个墙头、墙角、墙面和周围的道路上，实现声音、图像、振动、频率信息分析判断，这样在系统视频上，可以发现爬上墙的究竟是人还是狗。这个在世博会保安系统实践过程当中取得了非常好的效果。

从技术的发展来看,大家现在讲的比较热的云计算,它是通过我们 PC 时代,以计算机为中心建立的 DOS 系统,这个时候技术上形成网络共享,达到第二阶段以软件为中心,实现的是网络时代信息共享。到第三个阶段,我们实现的是以目标服务应用为导向,实现云计算时代。最终目的是实现大数据信息的资源沟通,这是我简单讲的这样三个里程碑的互联网发展阶段。

二、网络道德

到现在这样一个阶段,我们已经发现,信息数据以用户为核心、以服务为导向、以产业化融合为最终发展目标这样一个状态。所以在我们新一代信息技术活跃方面,互联网社区服务,还有微博、微信,互联网的应用商场,还有互联网移动位置的服务等,得到了普及使用。

从互联网应用的角度来看,涉及个人、家庭、企业与办公、政府对社会的管理、教育学习的体系,以及其他社会各个领域。这是我对我们国家以及上海在建设智慧城市的发展状态的简单介绍。互联网上鱼龙混杂,有正能量的东西,也有负能量的东西,特别是今天讲的道德领域,在网络体系当中也出现很多缺失问题。所以需要讨论网络道德问题。

目前 5.9 亿网民,已经成为讨论公共事务、表达意见、进行舆论监督以及学习、工作、交往、政治经济活动等方面的一个重要公共平台。

但是,互联网快速发展的同时也是泥沙俱下,人们在享用互联网带来的便利时,也常常为网上大量不道德、不文明的行为所困,这些"网络不文明行为"所反映出的"网德缺失",影响了网络的正常秩序,已经成为时下网络上最为人诟病的痼疾。

互联网背景下道德缺失现象主要有以下十种:一是传播谣言、散布虚假信息;二是论坛、聊天辱骂现象;三是网络欺诈行为;四是网络色情聊天;五是窥探、传播他人隐私;六是盗用他人网络账号,假冒他人名义;七是强制广告、强制下载,强制注册;八是炒作色情、暴力、怪异等低俗内容;九是制作、传播等网络病毒,黑客恶意供给、骚扰;十是传播垃圾邮件;等等。

举个案例,木马作为黑客传播袭击网银案例,供给者通过互联网把木马通过互联网传递到一个 PC 机器上,然后 PC 再把木马的信息传送到网银服务器上,获取它的银行的口令和证书,再把这个传递给攻击者,攻击者把获得的口令和证书通过互联网进攻网络服务器。这样的话，就形成对我们每一个在互联网上实现网银功能的客户造成非常大的危害，每一个 PC 都有可能造成这样的损害。

面广量大的受害将会对我们网上正常秩序造成很大的影响。所以在网上，我们要讲网络道德。回忆起我们儿时有传统的教育，它是讲传统美德。因此要倡导良好的道德氛围，完善社会主义的道德体系，实现以德治纲的方略。但是在网络非常发达的过程中，对这一类道德传统理念，网上出现偏移。曾经微博上有一个小学生"我不会让梨"的言论引起关注，把这一张考卷拍下来传送到互联网上，微博发出去。发出去当天，就被转发近2 000次，评论400多条。孩子的父亲想不通，为什么老师批我的儿子这个题目是打×，他认为他儿子没有错，他的理由是，语文解决的是语法，主谓宾，你会怎么做？但是老师从道德理念来评判，传统的就教导小孩子"孔融让梨"。通过微博的现象产生了很多道德理念的探讨。

由此我们感受到，道德到底是什么？我们认为，道德是一种社会意识形态，是人们共同生活及其行为准则与规范，道德往往代表着社会的正面价值取向。道德作为善恶标准，通过社会舆论、内心信念和传播习惯来评价一个人的行为，调整人与人之间以及个人与社会之间的相互关系的行为规范的总和。所以在当今这个社会，我们不得不把什么叫道德再重申一下，它的作用发挥有待于道德功能的全面实施，道德具有调节、认识、教育、导向等功能，与政治、法律、艺术等意识形态有密切的关系。中华传统文化中形成了以仁义为基础的道德。我们要在各种场合传承我们优秀的传统道德。

三、网德治理

那么，在网络上出现这么多道德的缺失现象，怎么办？如何治理？方法有很多，主要有四个方面的措施。

第一，健全信息安全的保障体系。这是一个基础。整个架构体系有几个层面，一是国家信息安全的保障体系，它是全城全网的。二是城市的应急管理联动机制，这样才能构成一个完整的对安全起到保障作用的体系。这样一个体系的内容是什么？它有顶层设计，包括人才、资金、法制、标准、产业，以及全民意识。这样一个基础，通过三个体系来建立，一是建立网络信任体系；二是通过多元化的综合监控体系；三是要建立灾难备份安全保障体系。我们现在很多信息,万一保存不好,就会丢失,丢失以后就会造成很大的影响,所以我们现在要求每一个凡是为公共服务提供基础性的信息收集,必须在异地建立备份中心。有了这样几个体系,我们实现的是通过密码管理的方式,实现信息交流互换的安全性。发现网上出现缺失现象,我们可以打击缺失现象,甚至犯罪行为。第三,我们还要在不同的领域,比如,在商务领域保护好商业秘密。在个人的信息交往过程当中,要保护好个人信息。所以保密监管的系统是保障我们在互联网上有效实现信息交流的一个重要环节。另外,我们要对每一个不同的状态进行风险评估。这样在发生互联网上应急状态的情况下,我们才能采取有效的治理措施,形成整个以区域性的连通到国家大体系完整的内容,形成健全、安全的保障体系。

第二,加强推行信用惩戒机制。网上很多信息、很多人员,你也搞不清楚他到底是男的还是女的,老人还是小孩。所以我们在网上的行为要通过信用的机制来实现。就这样的机制实现,上海已率先建立了个人信用联合征信体系,对企业的信用交易过程中产生的信息,可以通过企业联合征信系统把它的数据汇集。在商务活动中,我们就可以知道对方到底是不是一个真实的企业,是不是一个可信的企业。截止 2012 年底,上海市个人信用联合征信系统入库人数是 1 171 万;截止 2012 年底,上海市企业信用联合征信系统入库企业 140 万家。

第三,建立完善的网络法律体系。有全国人大的、有互联网安全的决定、有国务院行政法规等信息安全保护。还有司法解释的,包括互联网道德缺失现象的制约。工信部又出来一个电信和互联网用户个人信息保护的规定和电话用户真实身份信息登记的规定,进一步对个人在网上行为,特别是网络道德缺失现象进行了规制,大家可以做进一步了解。完善网络法律体系,我们应该从顶层设计考虑,一直落实到具体的每一个领域。

第四,倡导全民网络道德意识。个体应该从我做起;社会应该呼唤整个网络社会道德的正能量。

网络道德治理是一项长期的艰巨的工作,不仅需要通过法制、机制和体制的完善,更需要全民网德的提高。借此我们倡导:从我做起,人人守则,营造网络正能量,抵制互联网上的道德缺失行为。

科技道德与技术创新中利益冲突的调控

王顺义

【提要】 本文从科技工作者职业发展的需求,分析了其在创新活动中的利益循环;从他们研究开发活动的网络模型,找出容易诱发潜在利益冲突的环节;从道德行为的四要素理论,分析他们行为越轨的原因。本文在此基础上进一步介绍了科技道德准则及其行为规范的内涵,并揭示了它们如何保护、协调和均衡科技工作者各方的利益,抑制技术创新活动中"潜在的"利益冲突发展成"实在的"利益冲突的可能,以及消减实在的利益冲突被尖锐化的可能,从而促进创新资源的公平竞争、优化配置和创新人才的合作共荣,避免创新活动的无序和低效。

创新驱动,在我国已成为国家的发展战略。技术创新在国内经济发展和国际经济竞争中起着决定性的作用。在我国有相当一批企业重视技术创新的今天,如何搞好技术创新?如何提高技术创新绩效?已成为大家关心的热点议题。要回答这两个议题,会涉及方方面面的问题,其中就有一个科技道德对技术创新活动有序、高效运行的调节作用问题。它既涉及科技工作者在技术创新中研究开发活动的过程与环节,又涉及他们在职业发展中多种利益追求及其冲突。本文仅就科技道德对科技工作者在技术创新中利益冲突的调节作用,阐述科技道德介入技术创新活动的切入点及其作用。

一、科技工作者在技术创新中的研究开发活动

从技术创新经济学层面上来看,技术创新实际上是一种包含科学、技术的研究、开发在内的经济活动,它的过程模式有很多,现在仅以下述"科技推动的技术创新过程模式"为例:

基础研究 → 应用研究 → 技术开发 → 产品化 → 商品化 → 企业利润

图1 科技推动的技术创新过程模式

我们可以看出它的认知主体是多元的。其中，基础研究，实际上就是科学研究活动，其认知主体是科学家，其成果就是做出对自然现象规律性的科学发现，其成果形式是科学论文。应用研究，实际上是技术发明活动，其认知主体是科学家或工程师，其成果是构思一个新技术的技术原理，其成果形式是理论技术模型。技术开发，实际上是前述技术发明活动的继续，是在前述新技术原理的基础上开发出新产品或新工艺，其认知主体主要是工程师、技术员和高级技工，其成果就是发明新产品和新工艺，其成果形式是样品、样机。产品化环节，实际上涉及中试和生产活动，其认知活动主体是企业家、工程师、技术员和工人。商品化环节，实际上是商业营销活动，其主体是企业家、营销人员等。由于产品化和商品化这两个环节是在企业中实现的，所以我们常常说，企业是技术创新的主体。

从哲学认识论层面上来看，科技工作者在技术创新中的研究开发活动涉及诸多要素和环节，可用网络型路径将它们连接起来。如图2所示：

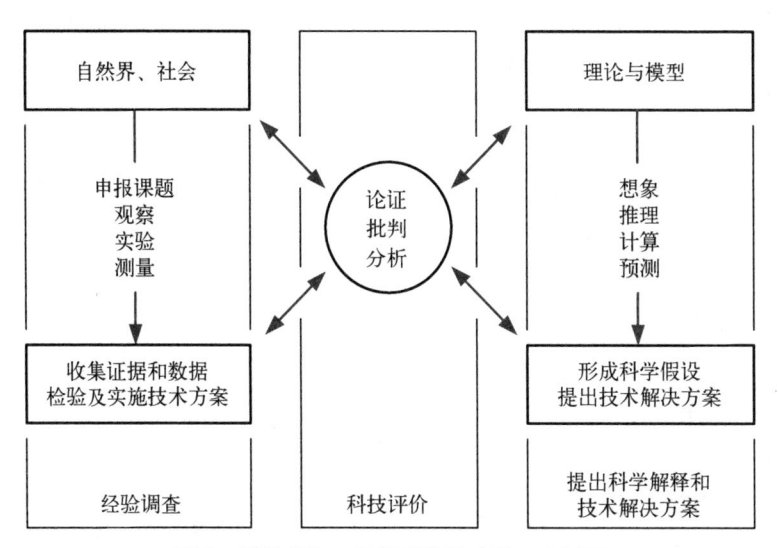

图2 科学家和工程师研发活动的三个侧面

图2中，涉及科学探究、技术设计的过程与诸环节；如果将其结果实施，这就是工程。所以工程将科学家的科学探究和工程师的技术设计诸活动融

洽在一起。图中的双箭头,实际上是一个反馈环路,诸反馈环路则构成了研究开发认知活动的网络模型。网络上的结节是研究开发涉及的认知要素或研发环节。其中,申报课题、科技评价和形成成果(即形成科学假设、提出技术解决方案)等环节是容易诱发利益冲突的环节。

二、技术创新研究开发活动中的利益冲突

从社会学层面上来看,科技工作者在技术创新中的研究开发活动还涉及各种利益及利益冲突。因此,便涉及道德文化的介入。

(一) 利益

追求利益是人类一切社会活动的动因,人们奋斗所争取的一切,都同他们的利益有关。科技工作者努力从事科研工作有其动机或利益,他们一般是接受过科学技术的高等教育和一定的人文教育,是讲究理性的;其经济地位一般处于社会的中层以上,按马斯洛的需求理论,他们个人的生存需求(即生理需要和安全需要)问题已经基本解决,他们理性地更关注的是更为高级的社交需求、尊重需求和自我实现需求,如增进知识的积累,做出造福于个人和社会的科学发现和技术发明,促进个人专业职称的晋级,导致个人经济利益的获得和满足,到更著名单位任职等,这些都是正当的。这就是我们通常说的科技工作者的职业角色认可和学术上的功成名就等个人"职业发展"的需求,以及由此带来的个人生活水平的提高。自近代以来科技工作者开始逐步地职业化,职业需求对科技工作者来说是核心利益需求。

(二) 利益循环

科技工作者从事技术创新活动中,在个体层面上存在着一个研究开发活动循环,并由此带来利益循环。他们首先需要在一个企业或研究机构中任职,以得到科研任职的受聘,获得研究工具、仪器、设备和场所;同时还要申请科研课题,以获得科研经费,否则他在科技研发活动中动弹不得。在科技研发活动早已职业化的今天,受聘上岗是科技研发的前提;在科技研发进

入大科学时代的今天,申报课题、获得科研经费才是科技研发活动开展的真正起点。这些就是所谓"科研资源"获得。在此基础上才能进入"科技研发"环节。在此环节,科技工作者可以获得就业、任职、工资和科研经费等利益。通过不断地学术研发、合作、交流,科技工作者形成了自己的研究成果,然后进入了"科技成果认可"环节。它包括学术交流、论文发表、社团举荐和政府评奖等形式。当一个不知名的科技工作者获得上述若干种形式的认可后,这表明科技共同体对他的研究能力的认同,对他作为一个科技工作者社会角色的确认。由此科技工作者便进入"信誉提高"环节。科技工作者很在乎同行们对自己科技社会角色的认同,它们实际上是科技工作者从事科技研发活动的原动力之一。正如达尔文曾经指出的那样:"我对自然科学的热爱……因有心要得到我的自然科学家同行们的尊敬而大大加强了。"当科技工作者获得上述若干种形式的认可后,他的学术"知名度"就会得到提高,从而就可以增加他在科技共同体内的学术"信誉度",从而又使他更容易申请到更多的科研经费、更高一级的学术职称或在更著名研究机构的任职机会,由此科技工作者便进入"效益获得"环节,因此又获得进一步开展科学研究的"资源",并开始下一个类似的循环。这种伴随着研究开发活动循环的利益循环(见图3)就导致了科技工作者的"职业发展"。

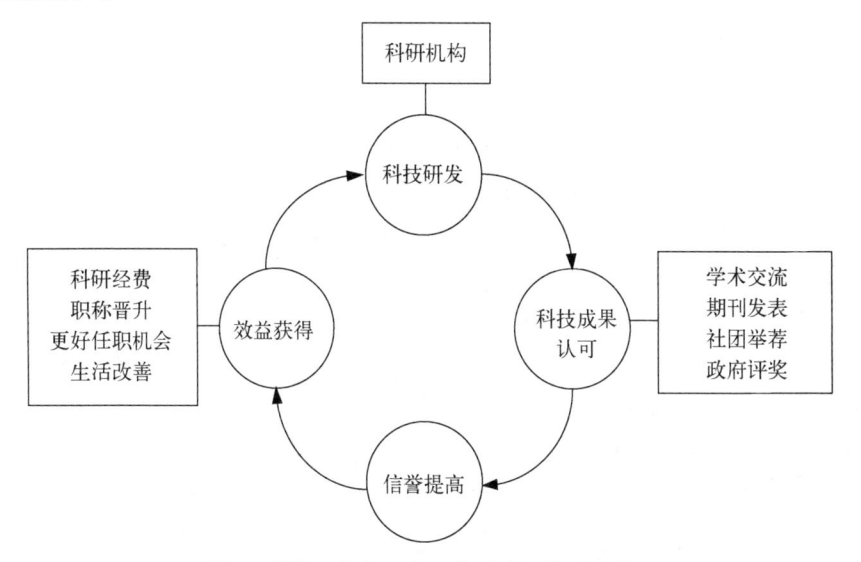

图 3　科技工作者研究开发活动及其利益循环

(三) 利益冲突

由于在市场经济体制下科研资源的稀缺及其获取具有竞争性,这样就会导致科技工作者之间因竞争在经济利益上、工作职责上和个人关系上产生"潜在的"冲突。譬如,科研项目经费的申请、科研成果的评价或奖励、科技服务的报酬、任职单位的更换等途径,都会影响科技工作者个人的经济收入,但是这些资源均需要通过同行竞争才能获取,由此导致同行之间"潜在的"经济利益冲突。例如,科研项目经费的申请,以2012年国家自然科学基金会面上项目申请与资助情况为例,受理申请87 778项,批准资助16 891项,资助率19.2%,落选率80.8%,可见竞争性之大。又如,科技工作者常常会兼任诸如导师、外单位顾问等多种工作职责,这会引起时间分配、资源利用和成果归属等职责冲突。科技工作者在对他人成果进行评价时,因与被评价人的利益关系而与评价工作需要维持客观、公正的要求相冲突。研究开发中的利益冲突无法避免,也没有必要避免,更无法消除,但是科技工作者需要正确面对、妥善处理。

三、技术创新活动中对越轨行为调控的必要性

(一) 越轨行为

科技工作者处理研究开发中"潜在的"利益冲突必须受到科技道德的约束,应避免利益冲突对研究开发产生负面影响。科技工作者对其不当处理,是产生越轨行为的原因之一。一旦个别人出现越轨行为,则"潜在的"利益冲突便发展为"实在的"利益冲突。

在科学共同体内存在着学风浮躁、学术不端和学术失范三种越轨行为,虽然它们的发生频率在总量上只占少数。"学风浮躁",是指研究氛围的不正和研究群体的精神文化追求以及行为习惯的沉沦现象。它包括:论文粗制滥造;对自己学术成果水平任意夸大,对科研成果谋求新闻炒作;等等。学风浮躁会导致短期行为和片面追求数量而不追求质量等现象,导致本已稀缺研究资源的浪费和科技整体创新能力的下降。"学术不端",是指科研人员在涉及专业技术职务的评聘、研究项目的申请和实施、论文署名和成果

发表、荣誉获取和分配、科技评价和奖励、科研成果宣传等科技活动中所发生的伪造、弄虚作假或剽窃等不道德行为。科研不端行为不仅会造成研究经费的浪费,损害研究记录,歪曲研究过程,影响科学进步,而且还会冲击科学共同体长期以来形成的整套科学伦理准则,败坏科学信誉,腐蚀科学事业。"学术失范",是指在科研管理活动中的不规范现象。如研究机构在科研管理上发生行政干预、权力垄断、官学一体、权学交易、学术霸道、暗箱操作、流于形式等制度失灵现象。

关于我国科技界学术不端行为发生的现状,例如 2009 年 7 月 10 日中国科协发布的《全国科技工作者状况调查》报告称,分别有 43.4%、45.2% 和 42.0%的科技工作者认为当前"抄袭剽窃""弄虚作假"和"一稿多发"现象相当或比较严重,认为"侵占他人成果"现象相当或比较普遍的比例更高达 51.2%,55.5%的科技工作者表示确切知道自己周围的研究者有过至少一种学术不端行为[①]。

由于课题申报、成果形成和科技评价三个环节(见图2),对科技工作者获取利益密切相关,产生利益冲突的可能性较大,因此这三个环节诱发越轨行为的频率较大,特别是课题申报这个环节。例如,从 2010—2013 年 6 月 30 日国家自然科学基金委受理的科研不端行为的统计数据来看,申请者在课题申报过程中发生的不端行为占被举报科研不端行为总数的比例约为 80%,项目执行和结题过程中发生的不端行为占科研不端行为的比例约为 20%。

什么条件下少数科技工作者会产生越轨行为?从主观因素来看,这与其道德自律不够有关。从客观因素来看,一是与大社会道德环境的影响有关;二是与学术制度转型的影响有关。

首先,关于"道德自律不够"的问题。一个科技工作者面临利益冲突时,如要按道德行为规范来正确处理,按雷斯特(Rest)道德行为理论,一般需要同时具备如下四个素质:一是具有"道德敏感性"素质,即能意识到自己的行为会影响到他人,因此在决定自己如何行动时也要考虑到他人;二是具有"道德判断"素质,即明道德之理,即在意识到自己行为有多种可能时,他必须弄清哪一种行为在道德上更能站得住脚;三是具有"道德动力和决心",即将道德价值置于个人的其他价值(如职业、经济、情感、审美、享乐

[①] 美国科学三院:《科研道德:倡导负责行为》,2007 年版,第 108—109 页。

等)之上,即将"做一个有道德的人"作为做人的第一原则;四是在实践中具有"道德人格和能力",即面临冲突能遵循道德准则及其行为规范,有自我约束能力,能控制冲动,排除干扰,持之以恒地履行自己确立的道德信仰。雷斯特认为,这四项道德素质只有同时具备,一个人的道德行为才会出现;否则就会出现道德上的越轨行为,其中遵循"木桶效应"。

其次,关于"与大社会道德环境的影响有关"的问题。如果在大社会中,人们已经内化了诚信品德,社会成员就都能自发地保持诚信,则科技人员在学科共同体内越轨行为的可能性就会小一些。但是,如果在大社会中欺骗成风而且其风险成本很低,各类主体就会终日揣摩在眼前的情况下自己是否能骗人而不受惩罚,则科技人员在学科共同体内越轨行为的可能性就会大一些。1966年之前,我国全社会都在"学雷锋",人人都在诵读"老三篇",竞相争做"一个高尚的、纯粹人,脱离了低趣味的人",在这种社会道德氛围下,很少听说有科技人员有不端行为,浮躁学术风气也很少见。时下,大社会市场上制假、造假、坑蒙拐骗的事件时有发生,不少单位做假账、报假数据,在这种社会道德氛围下,科技人员学术作风浮躁、不端行为发生率上升,也实属必然。

再次,关于"与学术制度转型的影响有关"的问题。从现实的情况来看,学风不正、学术不端行为事件的多发领域往往是学术制度正在发生转型的领域。这并不是说,学术制度转型是学术不端行为的直接原因。随着国家技术创新系统的转型,一些学术制度的转型也是必要的、正常的,问题在于相应的配套措施的不健全(也不可能一开始就健全,健全需要有一个过程),加上社会道德环境和科技人员道德素质的状况等原因,致使学术不端行为事件的多发。例如,科研资源获取方式的制度性变化,由原来政府部门单一性"计划性拨款",转变为计划性拨款与"跨机构、竞争性项目申报"相结合的混合制度。从现实的情况来看,学风不正、学术不端行为事件的多发领域,往往涉及学术经费制度正在发生转型的领域。"跨机构、竞争性项目申报",是学术不端行为事件的多发领域。计划性拨款也有一部分向"重点学科""重点基地"倾斜,导致个别基层机构不择手段地去争取当"重点"。这也是学术不端行为事件的多发领域。又如,研发机构和科技出版机构的制度性变化,如事业性研发机构可以自主创收,学术杂志可以出售版面,出版社可以卖书号等,在一定程度上诱发了越轨行为。

（二）越轨行为对技术创新的负面影响

科技工作者上述越轨行为会导致科技共同体内实在利益冲突的频发，这对提高技术创新绩效会造成负面影响。一般来说，技术创新活动有四个层面：科技工作者个人；研究团队；企业或机构；国家技术创新系统。技术创新经济学家的研究结果表明，导致技术创新绩效提高的因素很多，与这四个层面均有关联。

例如，在科技工作者个人层面，提高个人的创新积极性，是提高技术创新绩效一个重要因素；但是如果在项目经费的获取和成果评价中的道德失范所导致的利益冲突及尖锐化，就会阻碍前面所述科技工作者研究开发活动及其利益的正常循环，进而严重挫伤他们的创新积极性。

在研究团队层面，团队内部的高效合作是提高技术创新绩效一个重要条件；但是如果在知识产权分配上道德失范所导致的利益冲突及尖锐化，就会使这种合作难以进行。

在国家技术创新系统层面，完善对科技工作者和研究团队的各种激励制度，是提高企业技术创新绩效一个重要措施；但是如果在职称晋级和评奖活动中的道德失范所导致的利益冲突及尖锐化，就会使得这种制度形同虚设。营造公平竞争、实现创新资源的优化配置，是提高国家技术创新系统有序运行的一个重要基础；但是如果在基金申请和成果评价中的道德失范所导致的利益冲突及尖锐化，就会导致创新资源的配置不合理、国家技术创新系统运行的无序和低效。

四、科技道德在科技工作者行为自律中的维系作用

科技共同体也是一个小社会。要使科技这个小社会正常而有效地运行，科技工作者的行为也需要由一些社会化的规范来约束，否则就会产生种种越轨现象而不利于科学事业健康、有序地发展。科技道德告诉科技工作者如何合理地争取和保护自己的利益，如何正确地处理个人与他人、个人与团队、个人与共同体、个人与社会利益间的关系。科技道德在科技学共同体内的存在和弘扬，也使个别科技工作者的越轨行为相形见绌，形成强烈的反差，并对后者起了鞭挞和制止的作用。科技道德在科技学共同体内的存在

和弘扬,更重要的是去调整研究开发活动中的各种利益关系,以期最大限度地保护、协调和均衡各方的利益,抑制技术创新活动中"潜在的"利益冲突发展成"实在的"利益冲突的可能,消减"实在的"利益冲突被尖锐化的可能,从而最终体现创新资源的公平竞争、优化配置和创新人才的合作共荣,避免创新活动的无序和低效。可见,科技道德对于引导科技工作者健康成长,维系科技这个小社会的有序运行,维系技术创新成功,起着重要作用。

(一) 科研道德建设

克服科学技术共同体内的上述三种越轨行为,只有依靠"科研道德建设"来实现。科技人员科技道德建设遵循文化建设的一般规律,它具有图4的一般过程和环节。这对我们认清科技道德建设过程中的制度安排有帮助。

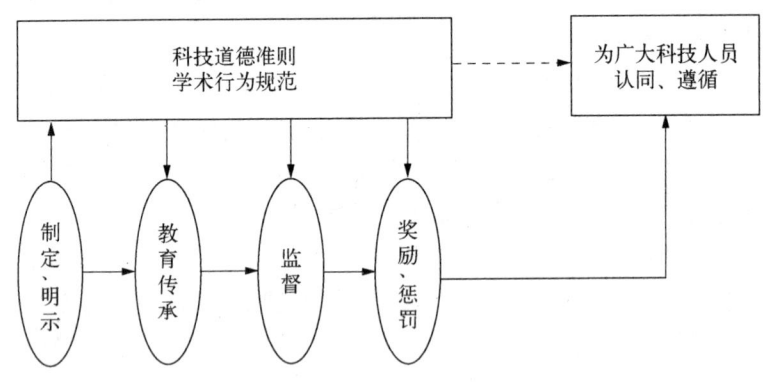

图4 科技道德建设的过程与环节

其中,科技道德准则和学术行为规范的"制定、明示"是科技道德建设的前提和基础。对学术行为准则的"教育传承"是科技道德建设实施的必要条件。对个体学术行为是否遵循准则和规范的"监督"是科技道德建设做到"知行统一"的保证。积极的"奖惩"是科技道德建设的有效机制。

科研道德建设实质上是指科学技术共同体内关于倡导科研人员遵循良好道德规范的种种制度安排。它分为科研机构和外部环境两个层面。在研究机构层面,机构要筹建科研道德建设办公室,致力于营造一种伦理文化氛围,建立一套有效的规章制度及其监控措施,提供有关科研道德建设的教育培训机会,鼓励、指导和奖励科研人员的负责行为,预测、公布和管理个人间以及机构间的利益冲突,及时调查对科学不端行为的投诉并给予适当的行政处罚,等等。在外部环境层面,政府有关部门要制定一系列有关供科研机构和科研人员必须遵守的科研行为规定,并在实施过程中加强监管和对不端行为的处罚;颁发科研经费的机构在项目申报和评审过程中要加强道德监管;科学期刊要严格审稿程序和恪守科学评价标准;科学社团要针对不同学科特点为会员制定职业准则或道德守则。这些制度安排,实际上是将科技道德制度化的结果。

图4中科技道德的"制定、明示",是科技道德建设的前提和基础。科技道德,是科学技术人员在长期的科学探究和技术研发活动的实践中逐步形成的一类正确、合理的伦理价值取向和行为规范的结晶和总和。它的内涵可以分为两个层次:一是伦理或道德的价值取向,它是上位的、抽象的,在本文中我们称之为"学术道德准则";二是由这种道德价值取向派生出来的"行为模式或规范",它是较为下位的、具体的,我们称之为"学术行为规范"。

(二)学术道德准则在于启动符合道德的行为

现在科学技术共同体内提倡的"学术道德准则"的基本内容,一般来说为六项:诚信、公正、公开、尊重、严谨、责任。它们是科技工作者对人类的一般伦理价值取向在科学技术领域的运用和发展,并在科学技术共同体内被社会制度化。科技工作者并不是这些价值取向的发明者,而是人类一般价值取向的发扬光大者,他们也不是唯一具有这些价值取向的人。下面我们将逐项诠释这些学术道德基本准则。

(1)诚信准则。诚信,是千百年来人类普遍提倡的最基本的道德准则之一。在我国,诚信被确立为每一公民应遵循的社会主义核心价值观的重要内容之一[①]。在科学技术研究开发活动中,诚信准则主要是指科技工作者在研究开发活动中实事求是,诚实地提供信息,言而有信;遵守规则,实践成约。具体来说,是指科技工作者在项目设计、数据资料采集分析、科研成

[①] 2012年在党十八大报告里面对社会主义核心价值观分三个层次进行了概括:在国家层次上提倡富强、民主、文明、和谐的价值取向;在社会层次上提倡自由、平等、公正、法治的价值取向;在公民层次上提倡爱国、敬业、诚信、友善的价值取向。

果公布以及在求职、评审等方面,必须实事求是;对研究成果中的错误和失误,应及时以适当的方式予以公开和承认;在评议评价他人贡献时,必须坚持客观标准,避免主观随意。

(2) 严谨准则。严谨,是千百年来人类普遍提倡的最基本的道德准则之一即"敬业"的具体表现。在我国,敬业被确立为每一公民应遵循的社会主义核心价值观的重要内容之一。在科学技术研究开发活动中,严谨准则主要是指科技工作者在科研活动中细心地设计和进行实验,准确无误地记录和报告结果,注意避免错误;在科研活动中用事实说话,避免不适当的偏见;科学论证和理论推导应具有逻辑性和科学性;在研究中追求卓越,强调首创性。

(3) 尊重准则。尊重,是千百年来人类普遍提倡的最基本的道德准则之一即"友善"的具体表现。在我国,友善被确立为每一个公民应遵循的社会主义核心价值观的重要内容之一。在科学技术研究开发活动中,尊重准则主要是指科技工作者相互尊重,强调尊重他人的知识产权,通过引证承认和尊重他人的研究成果和优先权;尊重他人对自己科研假说的证实和辩驳,对他人的质疑采取开诚布公和不偏不倚的态度;要求合作者之间承担彼此尊重的义务,尊重合作者的能力、贡献和价值取向。相互尊重是科学共同体和谐发展的基础。

(4) 公开准则。在科学技术研究开发活动中,公开准则主要是指科学工作者在基础研究(纯科学研究)中一旦取得成果应该立即公布,让全人类享用,这样有利于避免科学研究中的重复劳动,从而有利于科学知识的迅速普及推广;当科研人员遇上重大利益冲突时,要注意办事的透明度,应完全披露所有的利益,以使他人了解潜在的冲突,并能采取相应的行动;对研究进行监督或对研究结果进行检查,以保证其准确和客观;在研究进程的关键环节,如解释数据或参加特定的评价决定时,要求那些具有冲突的人员回避等。

(5) 公正准则。公正,是千百年来人类普遍提倡的最基本的道德准则之一。在我国,公正被确立为在社会层面上应体现的社会主义核心价值观的重要内容之一。在科学技术研究开发活动中,公正准则主要是指科技工作者在同行评议中要力求公正,在评价别人的成果时应一视同仁,任何种族、民族、性别、年龄、社会地位等因素均不能作为评价标准;对科学知识,无论是新的还是旧的,都应该用科学理论的评价标准去持续地对其进行仔细地检查,看其是否有错误,一旦发现错误便可以对其进行质疑。公正性还要求科学家客观地评价别人的成果,具有合理的批判精神,对他人的研究成果不能盲从。

(6) 责任准则。责任,是千百年来人类普遍提倡的最基本的道德准则之一。科技工作者在职业工作中承担种种社会责任,则是他们"爱国"的具体表现。在我国,爱国被确立为每一公民应遵循的社会主义核心价值观的首要内容。在科学技术研究开发活动中,责任准则主要是指科学工作者具有强烈的历史使命感和社会责任感,将科学研究与满足国家和社会需求结合起来;在科研活动中珍惜资源,力戒浪费,对社会和公众负责;遵守人类社会和生态的基本伦理,珍惜与尊重自然和生命;更加自觉地规避科学技术的负面影响,承担起对科学技术后果评估的责任;珍惜自己的职业荣誉,避免把科学知识凌驾其他知识之上,避免科学知识的不恰当运用。

从上述学术道德基本准则的内涵来看,当科技工作者面临着研究开发中的利益冲突时,尊重准则可以启动他们的"道德敏感性",让他们意识到自己的行为会影响到他人,因此在决定自己如何行动时也要考虑到他人,处处留心不给他人造成伤害;诚信准则和严谨准则可以启动他们的"道德判断",让他们明白在各种研究环节中自己行为应遵循的道德价值取向;责任准则可以启动他们的"道德动力与决心",让他们能够将本人生活的价值取向与其职业领域的价值取向结合起来,并能够适当地将职业价值取向摆在个人其他价值(如职业、经济、情感、审美、享乐等)取向之上,即将"做一个有道德的人"作为做人的第一原则;这六项学术道德基本准则的集合则可以铸造他们的"道德敏感人格和能力",让他们在课题申报、成果形成和科技评价等环节面临冲突时,能遵循道德准则及其行为规范,有自我约束能力,能控制冲动,排除干扰,持之以恒地履行自己确立的道德信仰。

(三) 学术行为规范在于正确处理潜在利益冲突

学术行为规范是指由学术道德基本准则派生出来的、针对某一具体研究环节的种种行为模式或规范。以科学为例,其研究过程大体上包含如下环节:研究选题、课题申报、获取数据、合作交流、形成成果和成果发表等研究环节。限于篇幅,下面我们仅以其中的"课题申报"为例,列举由上述六项学术道德准则针对这一环节派生出来的四条"学术行为规范"。

(1) 在设计研究内容、研究方法和技术路线时,要科学、恰当和切实可行;不应沿用形式化和虚假套路、夸大其词、故弄玄虚,更不能抄袭他人申请书。

(2) 在说明研究基础时,要客观、真实、清晰和准确;不虚报个人或课题组成员学术成果,不夸大自己或课题组成员的研究水平和能力,不混淆自己和他人的成果,不伪造单位证明,不伪造合作人员姓名,不冒他人签名等。

(3) 为了避免研究中可能出现的利益冲突,课题组成员之间在经费分配、人员分工、设备使用、成果归属和署名次序等事宜上,应事先协商、形成契约,做到公开透明、公平公正;不应暗箱操作、分配不公。

(4) 在课题申报期间,对项目评审人员和管理人员要避嫌;不应拉关系、走后门,更不能采用贿赂、威胁的手段去企图获取课题。

从上述四条"学术行为规范"的内涵来看,它告诉科学工作者在课题申报环节中,在正面应遵循哪些正确的行为规范;在反面应避免哪些错误的做法。从而避免了课题申报过程中的夸大其词、故弄玄虚、拉关系、走后门等"学风浮躁"行为,避免了剽窃、制假、伪造等"学术不端"行为。这样就使得在课题申报过程中的潜在利益冲突得到妥善的处理,而没有变成实在利益冲突,更没有尖锐化;同时,也消除了课题制管理工作中的障碍,使创新资源分配达到公平竞争、优化配置和创新人才的合作共荣。

五、科技道德建设的两种途径

在科技道德建设中,对学术风气不正的问题,主要通过教育、批评来解决;但是,对学术不端行为的问题,则必须通过惩罚来解决。

(一) 正面教育

具体来说,有下面三个措施:一是加强科技道德的宣传和教育,要准确而完备地讲清学术道德准则的含义,要具体而深入地介绍学术行为规范。现在的问题是,国内科技界对科技道德的宣传和教育强度不够,在内容上也流于空泛。二是营造正面舆论监督的氛围。对学术风气浮躁的科技人员纠正的前提,是首先有舆论监督这种浮躁行为,接着有人对这种浮躁行为嗤之以鼻,进而使他受到羞辱,最后使他感到"内疚"。问题是谁来舆论监督?

主要是两类人：他所在研究机构中的身边同事和他所在学科领域中的同行。现在的问题是，在基础研究机构中已形成这种氛围的单位为数很少。三是在社会舆论层面上组织正面学术批评，正以压邪，否则浮躁之风就会像传染病那样继续扩散。这种社会上的舆论监督，可由学科共同体内的同行进行。学科共同体的社会分层是一个"金字塔"结构，富有权威和杰出科学家的人力资源，他们的意见具有较高的权威性和公信度，可以充分发挥他们在学术批评中的作用。由于学科共同体是跨科研机构的，这项工作最好由科技社团组织。因为科协和学会有跨机构的组织优势，它们可以在这项工作中发挥积极作用。

(二) 惩罚违规

在科技道德建设中，对学术不端行为的问题，则必须通过惩罚来解决。制度总是依靠某种惩罚而得以贯彻。没有惩罚的制度是无用的。只有运用惩罚，才能使个人的行为变得较为规范，进而创立起一定程度的社会秩序。科研机构中必须有专门的部门组织来负责处理学术不端行为的问题。例如，设立"科研道德组织"，负责科研道德建设和科学不端行为处理。

对学术不端行为处罚应遵循一定的程序，对科学不端行为处理的前提是，对不端行为的发现、举报或"投诉"。在符合一定要求的投诉被机构道德建设组织"受理"后，便进入处理程序，它一般包括初步调查、正式调查、公布结论和处理意见等环节。处理决定应包括：视情节轻重给予科学不端行为人的相应处分，对科学不端行为所造成的不良影响采取必要补救措施。被处理人对认定结论不服，并能提供新的证据，可向所在院属机构提请复议。

当前我国学术界对不端行为惩罚中存在的主要问题：一是部分科技道德建设部门工作不力；二是部分单位处理科研不端行为不够公开透明；三是一些投诉到了所牵涉到具体人就没有下文了；四是对科研不端行为处罚太轻，使人感到造假成本很低，致使处罚没有震慑力；五是一些学术机构、期刊单位、造假者单位怕影响自己的声誉，奉行家丑不可外扬，对学术造假行为纵容和包庇，造成惩罚的不力。

六、小结

从本质上来说,技术创新是包含科技研究开发在内的一种经济活动。研究开发活动对科技工作者来说,是一种职业活动。其中涉及科技工作者的职业发展需求和核心利益,并导致科技工作者职业生涯中的利益循环。由于在市场经济体制下研究开发资源的稀缺性和获取资源的竞争性,由此诱发科技工作者之间"潜在"利益冲突的存在。当个别科技工作者不能正确对待并表现出道德上的越轨行为时,这种利益冲突就由"潜在"变为"实在",由此负面地影响研究开发活动的有效进行和技术创新的绩效。解决这个问题,就需要道德文化的介入和实施科技道德建设。其中,科技道德准则的功能在于启动科技工作者符合道德的行为,科技道德规范的功能在于告诫科技工作者正确处理潜在利益冲突;对学术风气浮躁的问题,主要通过教育、批评来解决;但是,对学术不端行为的问题,则必须通过惩罚来解决。科技道德建设的目标,在于引导科技工作者健康成长,维系科技共同体的有序运行和促进技术创新提高绩效。

参考文献

G. 多西等:《技术进步与经济理论》,经济科学出版社 1992 年版。

R. K. 默顿:《科学社会学》,商务印书馆 2003 年版。

美国医学科学院、美国科学三院国家科研委员会:《科研道德:倡导负责行为》,北京大学出版社 2007 年版。

美国科学、工程与公共政策委员会:《怎样当一名科学家:科学研究中的负责行为》,北京理工大学出版社 2004 年版。

N. H. Steneck:《科研伦理入门:ORI 介绍负责研究行为》,清华大学出版社 2005 年版。

M. W. 马丁等:《工程伦理学》,首都师范大学出版社 2010 年版。

美国科学促进会:《普及科学:美国 2061 计划》,载《发达国家教育改革的动向和趋势(第四集)》,人民教育出版社 1992 年版。

National Research Council. 2011. A Framework for K-12 Science Education: Practices, Crosscutting Concepts, and Core Ideas. Committee on Conceptual Framework for the New K-12 Science Education Standards. Washington, DC: National Academy Press.

《中华人民共和国专利法(2008 年修订)》,《中华人民共和国专利法实施细则(2010 年修订）》。
朱贻庭主编:《应用伦理学辞典》,上海辞书出版社2013年版。
中国科学院:《关于科学理念的宣言》,科学出版社2007年版。
科学技术部:《科研活动诚信指南》,科学技术文献出版社2009年版。

创新：或一种新型的垄断

安唯复　吴　琼[*]

【提要】　学界普遍认为，知识是一种公共物品，但我们认为，在现代的市场制度下，知识具有资本属性，这具体表现在三个方面：第一，信息资本具有收益递增效应；第二，信息资本可以形成垄断；第三，信息资本导致知识霸权，知识霸权往往导致发达国家与发展中国家之间的不平等。因此本文认为知识共享对于发展中国家至关重要。

一、关于知识作为资本：马克思、布尔迪厄和利塔奥

在《资本论》中，马克思就预见到知识作为资本的发展趋势。"自然因素的应用——在一定程度上自然因素被列入资本的组成部分——是同科学作为生产过程的独立因素的发展相一致的。生产过程成了科学的应用，而科学反过来成了生产过程的因素即所谓职能。每一项发现都成了新的发明或生产方法的新的改进的基础。只有资本主义生产方式才第一次使自然科学为直接的生产过程服务，同时，生产的发展反过来又为从理论上征服自然提供了手段。科学获得的使命是：成为生产财富的手段，成为致富的手段。"[①]

虽然科学技术在资本中的地位获得了高度重视，但在马克思的资本理论体系中，科学技术只是一种依赖资本的"手段"。

从学说史看，布尔迪厄应该被看作是从哲学角度将马克思的资本概念推向新高度的第一人。正是布尔迪厄把资本区分为三种类型。他认为，资本依赖于它在其中起作用的场，并以多少是昂贵的转换为代价，这种转换是

---

[*] 原文作者为安唯复。2020年1月应作者安唯复的要求，增加其博士生吴琼为第二作者。——编者注

[①] 《马克思恩格斯全集》（第47卷），人民出版社1979年版，第570页。

它在有关场中产生功效的先决条件,资本可以表现为三种基本的形态:(1)经济资本,这种资本可以立即并且直接转换成金钱,它是以财产权的形式被制度化的;(2)文化资本,这种资本在某些条件下能转换成经济资本,它是以教育资格的形式被制度化的;(3)社会资本,它是以社会义务("联系")组成的,这种资本在一定条件下也可以转换成经济资本,它是以某种高贵头衔的形式被制度化的。[1]

所谓文化资本,又称为信息资本。布尔迪厄曾经说过,"我已分析过文化资本的特殊性,事实上,为了充分展示文化资本这一概念的普遍性,我们应该称其为信息资本。文化资本是以三种形式存在的,即具体化、客观化和制度化这三种形式。"[2]在布尔迪厄看来,文化资本可以以三种形式存在:(1)具体的状态,以精神和身体的持久"性情"的形式;(2)客观的状态,以文化商品的形式(图片、书籍、词典、工具、机器等),这些商品是理论留下的痕迹或理论的具体显现,或是对这些理论、问题的批判等;(3)体制的状态,以一种客观化的形式,这一形式必须被区别对待(就像我们在教育资格中观察到的那样),因为这种形式赋予文化资本一种完全是原始性的财产,而文化资本正是受到了这笔财产的庇护。

布尔迪厄不仅区分了三类资本,而且还指出了三类资本之间的转化关系,特别是其他两类资本对经济资本的转化关系,当然我们感兴趣的是布尔迪厄对文化资本或信息资本的提出与分析。但是,在布尔迪厄那里,文化资本或信息资本似乎只能通过转化为经济资本才能发挥社会功能。

法国著名后现代理论学者让-弗朗索瓦·利塔奥在《后现代状况——关于知识的报告》中,深刻揭示了公有知识被资本主义生产方式所异化。"没有财富就没有技术,而没有技术也同样没有财富。技术装置需要投资,但由于使用技术装置,就会增加工作效率,改善生产,剩余价值亦随之增加。现在必须将这些剩余价值物质化,换言之,必须把这些产品变为商品。这一套运作体系能用以下的方式来证明:用卖出后得到的部分钱作为改善生产运作的研究基金。只有这样,科学才成为生产的动力,换言之,这也是一个资金流通的时代。促成生产运作改善的科技及其产品商业的原动力,与其说

---

[1] 布尔迪厄:《布尔迪厄访谈录:文化资本与社会炼金术》,包亚明译,上海人民出版社1997年版,第192页。

[2] 同上,第166—167页。

是从知识中获致,毋宁说是从追求财富而来。这种介于科技和利润之间的'有机关联',是用科学来充当媒和之媒妁的。唯其对一种普遍化的生产运作精神加以多方面考虑后,科技才能变成当代知识的重要环节。即使在今天,知识的进步仍然不仅仅完全受科技投资的制约。资本主义用自己的方法解决了科学研究基金的问题:其一是直接资助私营公司中的研究部门,首先要求公司做生产运作和商业化向导的研究,应用技术有优先权;其二是间接凭借设立私营、国营或公私合营的研究基金,并将研究计划交付大学所属的系所、研究实验室和独立的研究团体,但不求其研究工作能得到及时的回报。"[1]

如果说布尔迪厄认为文化资本或信息资本只有转化为经济资本才能发挥作用,那么利塔奥则认为经济资本与文化资本或信息资本至少具有同等的社会意义,甚至文化资本或信息资本在一定条件下具有"优先权"。

从马克思到布尔迪厄,再到利塔奥,我们看到了资本理论的进化过程,特别是知识作为资本的产生与发展过程。

二、知识作为资本:一个乐观主义的描述

对于知识成为资本(相当于文化资本或信息资本),基本得到共识。但对于知识资本的社会性质却众说纷纭,其中占主流的观点是,知识资本是一种追求社会公正的积极力量。

早在20世纪70—80年代,著名未来学家托夫勒就指出,在以知识为基础的经济中,最重要的国内政治问题已不再是财富的分配(或再分配),而是信息和产生财富的传播手段的分配(或再分配)。社会公正和自由这两者现在都日益取决于每一个社会如何处理三个问题,即教育、信息技术(包括传播手段)和表达意见的自由。因此,"正在消失的是各色脑力工作底端的纯体力工作。随着经济中体力工作数目的减少,'无产阶级'现在成了少数,我们日益成为'知识阶级'(cognitariat)所取代。更确切地说,随着超符号化经济的逐步实现,无产阶级成了知识阶级"。[2]

世界银行在其1998/1999年的发展报告中指出,知识有两个特点:首

---

[1] [法]让-弗朗索瓦·利塔奥:《后现代状况——关于知识的报告》,岛子译,湖南美术出版社1996年版,第137—138页。

[2] 托夫勒:《力量的转移》,刘炳章等译,新华出版社1996年版,第85页。

先,某一个人利用此点或彼点知识并不妨碍他人对此点或彼点知识的利用——用经济学家的话来说,它是非竞争性的。其次,当某一点知识被公众所掌握以后,该知识的创造者很难阻止其他人利用该知识——知识是排他性的。一个新的数学定理或对表面物理学的新理解,一旦发表,则基本上可由任何人利用,比如用于改进一个软件,或用于开发新的洗涤剂生产线等。"①现代知识更是如此。

维娜·艾莉在《知识的进化》中指出,"信息时代之前的旧方程式是'知识=力量——所以保存它'。管理者和工人们为了个人利益掌握使用信息进而获得力量。技术性知识的激增使得旧的方程式不再适用了。没有人还能成功地保存知识。实际上,如果他们这么做,可以肯定他们所保有的知识会在几小时、几天、几星期或最多几个月内贬值。更进一步,封锁知识的企图将妨碍系统赖以生存的信息交流,使之丧失自我组织和自我更新的能力。现在,新的知识方程式是'知识=能力——所以共享它并使它倍增'。这是新的知识社会的经济现实。"②

知识作为公共物品只有在共享中才能增值。正如戴布拉·艾米顿所说,知识已经成为需要管理的资产与以往的主要资源(土地、劳动力、金融资本)不同,通过共享它会成倍增长(戴布拉·艾米顿,1998)。詹姆士·奎恩和乔丹·巴洛奇进一步指出,"知识是少数在分享的情况下才能取得快速(一般是指数的)增长的资产之一。通讯理论指出,一个网络可能的收益与所能连接的节点数呈指数关系。当一方与其他单元分享知识时,这些单元不但可以获得信息(线性增长),而且能够和另外的各方进一步分享这些信息,将问题反馈回来、放大和修正,从而提高了原始发送者知识的价值,造成了总体知识的指数增长。合理利用外部的,特别是专业企业、客户和供货商的知识资源,可以达到更陡的指数增长"。③

这些思想家们尽管有不同的思路,但一个共性的问题是,知识是一种具有可共享性的公共物品。

---

① 1998/1999年世界银行发展报告《知识与发展》,蔡秋生译,中国财政经济出版社1999年版,第16页。
② 维娜·艾莉:《知识的进化》,刘民慧译,珠海出版社1998年版,第27页。
③ 詹姆士·奎恩和乔丹·巴洛奇:《创新爆炸》,惠永正等译,吉林人民出版社1999年版,第8页。

三、知识的资本属性

进入20世纪90年代,发达的资本主义国家进入"知识经济时代":所谓知识经济就是"以知识为基础的经济",据有关资料显示,"OECD主要成员国国内生产总值的50%以上现在已是以知识为基础的"。[①] 在美国经济增长来源中,资本占24%,劳动力占27%,技术进步占49%。[②] 正如著名经济学家舒尔茨所说:"经济学家正在最新安排经济增长舞台上演员的角色,他们指定劳动力和资本扮演二、三流的小角色,而让技术扮演主角。"[③]因此,当代资本主义的生产函数已经发生了革命性的变革:"传统的生产要素——土地、劳动、资本和企业,已经变为新的生产要素——核心能力、客户和知识。"[④]

(一) 从生产函数看,当代资本主义经济中的有形资本逐渐让位于知识资本,知识资本具有收益递增效应

实际上,所谓的知识经济或信息经济等"新经济",是由摩尔法则、吉尔德法则和梅特卡夫法则所支配的。在过去50年里,技术变化速度大大地增加了。三大法则结合起来解释了这种信息经济学(1995年,吉尔德)。摩尔法则指出,微芯片的最大处理能力在给定价格下大约每18个月提高一倍。换言之,计算机变得更快,但一定水平的计算能力的价格减半。吉尔德(Gilder)法则是,通信系统的总带宽每12个月扩大2倍,说明了网络的单位成本有类似的下降,但用户却越来越多。梅特卡夫(Metcalfe)法则断言,一网络的价值与节点数的平方成正比。所以,随着网络的扩大,联入该网的价值呈指数增长,而每个用户的费用不变甚至减少。

W. 布赖恩·阿瑟教授认为,在高科技社会,即使只有两个或三个可以推

[①] OECD:《以知识为基础的经济》,杨宏进、薛澜等译,机械工业出版社1997年版,第1页。
[②] http://www.ta.dog.gov/(电子版)美国技术政策办公室:技术与国家利益,第一章,第12页。
[③] 西奥多·W. 舒尔茨:《人力资本投资——教育和研究的作用》,吴珠华等译,商务印书馆1990年版,第13页。
[④] [美]萨尔坦·科马里:《信息时代的经济学》,姚坤等译,江苏人民出版社2000年版,序言第3页。

翻收益递减而获取收益递增的特征,都意味着你领先的优势越大,进一步领先的优势也就越大。你可以称之为"积极的反馈",没有人会利用现在的规模收益递增——这不是一种规模现象。收益递增就是无论谁取得了优势,就能取得进一步的优势;而无论谁失去了优势——如苹果电脑公司——谁就会进一步失去优势。不列颠百科全书公司、10 年前的 TWA 公司、IBM 公司都是例证。一旦你开始失去优势,就会陷于更糟的境地;你获得了优势,就会变得更好。

为什么?原因有三:

首先,成本优势。高科技产品——如微软公司的 Windows 95,设计十分复杂,而且需要巨额的 R&D 成本。拿 Windows 95 软件来说,第一张盘片花费了 2.5 亿美元,但是第二张盘片的成本仅几美分,第三张也是如此。这就是说,你在这一产品的生命周期内生产得越多,单位产品的成本就越低。换言之,你拥有的成本优势越大,获得的市场份额也就越大。

其次,因为经济学家们所谓的网络效应。意即网络的范围越大,我们需要加入网络的可能性就越大。例如,当使用 Java 语言——一种因特网的下载语言——的人越多时,我们在电脑上使用它从网上下载的可能性就越大;而使用其竞争产品 Active X 的人越少时,我们使用 Active X 的可能性就越小。

再次,我们称之为束缚用户和消费者的常规效应。也就是说,我们对一件产品使用得越多,就越熟悉该产品,它对我们来说也就使用越便捷。我使用的是微软的 Word 软件,也许还有更好的软件可供选择,但是多年来我已经熟练掌握了 Word 的全部技巧,便会非常不情愿放弃它而使用另一种产品。[①]

这告诉我们,与资本主义的"工业经济"或"有形资本"的经济相比,当代资本主义的"新经济"具有技术更新越来越快、市场越来越大、占有的剩余价值也越来越多的特点。知识资本逐渐取代有形资本后,给当代资本主义经济活动和社会政治生活带来了深刻的变化。

[①] [美]萨尔坦·科马里:《信息时代的经济学》,姚坤等译,江苏人民出版社 2000 年版,第 23—24 页。

(二) 知识资本的收益递增必然导致少数公司的市场"锁定",从而形成知识垄断

卡尔·夏皮罗和哈尔·瓦里安在《信息规则——网络经济的策略指导》一书中论证了技术领先者的锁定概念。收益递增使少数具有强大知识创新能力的公司通过"锁定"占据市场的统治地位。所谓锁定,就是当一种品牌的技术转移到另一种品牌的成本非常高时,用户就面临锁定。信息技术的用户们越来越明显地受制于转移成本和锁定(lock-in):一旦你选择用某种技术或格式存储信息,转移成本将会非常高。我们中的大部分人都体验过从一种电脑软件转移到另一种电脑软件的代价:数据文件很可能不能完好地转换,出现与其他工具的不兼容——最要命的是,你得重新接受培训。

这种锁定必然导致正反馈或所谓的马太效应:"正反馈的概念对理解信息技术经济学至关重要。正反馈使强者更强、弱者更弱,引起极端的结果……当两个或更多的公司争夺正反馈效应很大的市场时,只有一个会成为赢家。经济学家说这种市场是冒尖儿的(tippy),意思是只有一家公司可以出头。不太可能所有的公司都生存下来。以对 56k 调制解调器标准大战的所有方来说,多种不兼容的调制解调器很明显不可能长期共存;唯一的问题是哪种协议将会取得胜利,或是否会达成一种折中的标准。其他冒尖儿市场的例子包括 80 年代的录像机市场(VHS 对 Beta)和 90 年代的 PC 操作系统市场(Wintel 对苹果)。在最极端的形式中,正反馈可以导致赢家通吃的市场,单个公司或技术击败了所有的对手,我们可以找出好几个例子。"[1]

我们同意卡尔·夏皮罗和哈尔·瓦里安的观点:锁定可以出现在个人层面、公司层面,甚至社会层面。许多消费者被锁定在 LP 中,至少他们不太愿意购买 CD 唱机,因为它们不能播放 LP。许多公司被锁定在 Lotusl-2-3 电子表格中,因为它们的雇员受到过高度的 Lotus 命令结构的培训。事实上,Lotus 公司指控 Borland 在它的电子表格产品 Quattro PrO 中复制 Lotusl-2-3 的命令结构;这桩官司一直打到了高级法院。今天,在社会层面上,我们中的大部分人被锁定在微软的桌面操作环境中。

---

[1] 卡尔·夏皮罗/哈尔·瓦里安:《信息规则——网络经济的策略指导》,张帆译,中国人民大学出版社 2000 年版,第 154—155 页。

四、知识垄断必然导致知识霸权

知识霸权也可以称为知识产权垄断，是指知识产权拥有者凭借其知识产权的优势或绝对优势地位滥用知识产权、损害其他主体正当权益和社会经济秩序的行为。如果说，物权社会的垄断是垄断者依靠资源优势和资本优势来实施的话，那么知识经济社会的垄断必然依靠知识优势来实现。因而，反对知识霸权是知识经济社会反垄断的主要任务。知识霸权的出现可能表现为如下形式：(1) 没有竞争者时凭借知识产权谋取暴利；(2) 针对不同客户实行价格歧视；(3) 出现或可能出现竞争者时低价倾销或者以其他种种手段扼杀竞争者；(4) 知识产权拥有者之间通过卡特尔协议横向限制竞争谋求垄断化；(5) 纵向限制竞争，即限定批发商、零售商有关知识产权产品的销售价格、销售地域或销售数量等；(6) 在转让知识产权时违背受让方的意愿搭售商品或者附加其他不合理的条件，如在转让技术时硬性搭售其他技术或服务、通过合同条款限制受让方在合同标的技术基础上进行研究开发或限制受让方从其他渠道吸收技术、限制受让方的产品产量、产品价格、销售价格、销售区域，等等。我国是发展中国家，我们面临着发展机遇，但也面临着知识垄断和知识霸权的不利局面。例如，1998年8月31日，中文版的 Windows98 开始在中国发行，其销售价格定为1 998元，而在美国的价格是109美元(折合1 000元人民币)，在日本的价格也不过折合人民币1 200元。据保守估计，我国一年的计算机销售量为200万台(比尔·盖茨称有300万台)，以100 fi 台新售出的品牌机捆绑销售的 Windows98 计算，与在美国销售的差价就达10亿元人民币。这也就是说，我国消费者因为微软公司的差别价格一年就要多支出10亿元。再如，微软公司为了剿灭我国国产软件 WPS97，在 WPS97 发布前夕，匆忙推出97元超低价格的 Word97 版本。不管是 word97 的低价还是 Windows98 的高价，其目的都是相同的。那就是利用知识产权行使知识霸权。[①]

第一，从发达国家情况看，虽然知识和信息对经济增长的贡献率达到50%(据OECD)，经济的长期持续增长已达100个月以上，但是，为了追求

---

① 倪振峰：《知识经济与知识产权》，载《上海大学学报(社会科学版)》2000年第3期，第84页。

利润最大化,企业在赢利时期也裁员减薪,例如,在 1991—1995 年,IBM 公司把工资开支削减了 1/3,并解除了 12 200 人的工作。这并不是公司不景气造成的。自 1995 年以来,IBM 公司的股票行市和红利都打破了以往的纪录。[1]

第二,从社会结构看,"赢家通吃"的分配体制必然导致收入的两极分化。"1973 年到 1995 年中期,除去通货膨胀的因素,美国真实的人均国内生产总值增长了 36%,但普通基层职工(指劳动者中的大多数,他们不担任任何监督管理工作)的实际小时工资却下降了 14%。在 80 年代,所有的收入增额都归于占职工总数 20% 的那一部分人,而职工中顶级的 1% 更是占去了收入增额的 64%。"[2]这样,社会结构被划分为"知识阶级"和"非知识阶级"。

第三,发展中国家既面临着发展机会,但也面临着巨大的挑战。联合国的一份报告指出,1995 年世界信息技术市场(包括计算机、软件、外围设备及客户界面服务等)估计在 5 140 亿美元,市场份额集中在 G7 集团国家,大约占全部市场的 88%(OECD,1996)。尽管增长是普遍的,但是不平衡。对于转型国家、中东地区和非洲国家来说,全球发展的速度如此之快,使得它们 10.06% 的年增长率还不足以阻止其市场份额的损失,而在过去的 7 年间,这已从 30.1% 下降到 2.6%。[3] 世界银行在一份报告中也指出:穷国和富国以及穷人与富人之间的差别不仅在于穷国和穷人获得的资本较少,而且也在于他们获得的知识较少。[4]

第四,由于收益递增的正反馈、市场"锁定"和"赢家通吃",必然导致发达国家和发展中国家之间的两极化。"这些趋势的结果是世界也许会逐渐变化,并被分割为'头'和'身'的国家,或综合两种功能的国家。澳大利亚和加拿大强调指挥部(或'头')的功能,而中国将是 21 世纪'身体'国家的模式。虽然中国还没能自然地或及时地了解为世界市场生产什么成品,但它已经发现与外国公司合资是成功的。目前中国将是最有吸引力的制成品生产地,但这只是由于它所制造的产品是由其他国家的企业设计、营销和投

---

[1] 斯-彼得·马丁等著:《全球化陷阱》,张世鹏等译,中央编译出版社 1998 年版,第 166 页。
[2] 莱斯特·瑟罗:《资本主义的未来》,周晓钟译,中国社会科学出版社 1998 年版,第 2 页。
[3] 联合国科技与发展委员会:《知识社会》,科学技术部国际合作司编译,机械工业出版社 1999 年版,第 15 页。
[4] 《知识与发展——世界银行发展报告 1998/1999》,中国财政经济出版社 1999 年绪论第 1 页。

资的,眼下的中国还不能绘制自己未来的工业。"①

面对知识的资本属性,我们想起了马克思的一段话:"在我们这个时代,每一种事物好像都包含有自己的反面。我们看到,机器具有减少人类劳动和使劳动更有成效的神奇力量,然而却引起了饥饿和过度的疲劳。新发现的财富的源泉,由于某种奇怪的、不可思议的魔力而变成贫困的根源。技术的胜利,似乎是以道德败坏为代价换来的。随着人类愈益控制自然,个人却似乎愈益成为别人的奴隶或自身的卑劣行为的奴隶。甚至科学的纯洁光辉仿佛也只能在愚昧无知的黑暗背景上闪耀。我们的一切发现和进步,似乎结果是使物质力量具有理智生命,而人的生命则化为愚钝的物质力量。现代工业、科学与现代贫困、衰颓之间的这种对抗,我们时代的生产力与社会关系之间的这种对抗,是显而易见的,不可避免的和毋庸争辩的事实。"②

我们或许可以猜测:知识是公有性与私人性的统一,但这需要探索,更需要共识。

---

① 达尔·尼夫:《知识经济》,樊春良等译,珠海出版社1998年版,第70页。
② 《马克思恩格斯全集》(第12卷),人民出版社1965年版,第3—5页。

关于专家的道德问题[①]

成素梅

[提要] 日常生活中,专家观点起着十分重要的作用,因为人们在许多问题上习惯于遵从专家的建议或相信专家的观点。这也意味着,存在着我们大家不可能拥有的专家级的知识与技能。如果是这样,那么,专长赋予它的拥有者具有普通人所不可能成功地控制、获得或分享的权力。一般情况下,我们会认为,在小科学时代,专家观点通常代表了当时最权威的认知。然而,随着我国经济的发展和改革开放的深化,专家在向我们提供建议时会受到许多因素的影响。有时,专家为了满足个人的私利,会失去职业道德。在这种情况下,专家的观点将会失去可信性。因此,如何理解专家观点的可靠性就成为我们需要研究的一个重要问题。本文就专家观点的可靠性问题展开讨论,主要聚焦于下列三个问题:专家的认知可靠性问题;社会评价与专家观点问题;专家的道德自律问题。

在我们的日常生活中,专家的观点和见解起着十分重要的作用。这不仅因为普通百姓在许多问题上都习惯于相信专家的学识,而且还因为有些专业知识是普通百姓难以理解和掌握的,只能听从专家的建议或忠告。这意味着,普通人不可能具备专家所拥有的知识和技能。如果是这样,那么,专家所拥有的知识和技能或专长就有可能变成专家占有的特殊资源,因而具有了普通人所没有的行动能力和无法有效控制、获得或分享的特殊权力。然而,专家有时在提出建议或忠告时,不可避免地会受到诸多因素的干扰,包括各种价值诉求或利益关照的影响,这就对专家的道德素养提出了更高的要求,期望专家们能够坚守道德立场,具有人类、自然、社会、生态和文明的大视野。也因此,专家的道德问题就成为一个迫切需要深入研讨的伦理

[①] 本文基于笔者在"道德与创新"研讨会上的发言记录,于2020年2月修改而成。

议题。本文将简要讨论有关专家道德问题产生的背景、根源及其在个人、群体和社会三个层面可能带来的具体问题。

一、产生背景

关于专家的道德问题不是从来就有的,而是历史的产物。从法国历史学家和社会学家埃吕尔(Jacques Ellul)的观点来看,有关专家的道德与伦理问题是人类生活于"技术环境"(milieu of technology)中时才产生出来的,是人类社会与科学技术高度纠缠发展的结果。

埃吕尔在《技术社会》[1]一书中对上述观点作了详尽的阐述。在这本书中,他把人类历史的发展划分为三个时期:前历史时期、历史时期和后历史时期,这三个不同时期分别对应于人类生存的三种不同环境:自然环境、社会环境和技术环境。在埃吕尔看来,环境对人类的影响是最直接的,人类不仅能够从中获得生活所需要的衣、食、住、行等物质性的基本资料,而且能够从中追寻生命意义等精神价值。但与此同时,环境也会对人类的生存带来极大的威胁,比如瘟疫、饥荒、毒品、政治冲突、战争和污染等。因此,对人类而言,环境的价值并不是绝对的,反而是不确定的,既有令人感到幸福或幸运的一面,也有令人感到威胁或恐惧的一面。历史地看,人类生存环境的变迁是不以任何个人的意志为转移的,是社会历史发展的产物。当人类生存的环境向着越来越远离自然和越来越人化的方向发展时,一方面,技术专家的道德问题就成为重要的社会问题而变得越来越突出,另一方面,人对自然的掠夺或改造,也必然会对生态系统造成很大的破坏,从而遭到自然界的无情报复。当前正蔓延于全球的新型冠状病毒疾病的爆发,显然已经表明了这一点。

史前时期通常是指从人类出现到创造出文字之前的这段时期,是指有历史记载之前的时代。在这个时期,地球人口密度低下,群体规模很小,人们分散而居,群体内部没有经济不平等现象,也没有形成中心化的权力结构,个人的权威通常是其才华或能力的真实反映。埃吕尔认为,这样的群体不是亲属关系的组织,而是功能性的组织。那时,人类只是自然界的参与

---

[1] Jacques Ellul, *The Technological Society*, Trans. by John Wilkinson, New York: Vintage, 1964.

者,而不是统治者,是众多神灵之一,或者说,人类和其他动物一样,完全受制于自然,社会形式和技术的影响极其微弱。这时的人类,彼此之间的关系是无功利性的互助与友爱,同时人与自然的关系也非常直接。人类是整个自然生态系统中的一个普通成员,在人与人之间和群体与群体之间,还没有形成善恶意识,生老病死和天灾人祸都被看成是自然现象。因此,敬畏自然是当时人类的生存之道和最高法则。

随着人类文明的演进,人类的生存环境逐渐地从自然环境向社会环境变迁,人类的发展也随之进入历史时期。在整个历史时期的演化过程中,人类首先把自己从自然界中分离出来,开启文明之旅。此后,自然界似乎越来越变成了由人来主导的场所,人与自然的关系由原先的整体性关系变成了对象性关系,人的行动方式越来越从敬畏自然向着控制自然和利用自然的方向转变。特别是,随着社会规模的不断扩大和分化以及社会制度的变迁,人们开始有了社会意识和善恶意识,以扬善惩恶为基础的道德规范、规章制度、法律法规以及传统的文化习俗,越来越成为解决社会冲突和维护社会秩序的有效手段。埃吕尔认为,社会环境有很多具体特征,其中,最值得关注的特征之一是形成了社会等级。在埃吕尔看来,历史时期形成的社会等级,把社会设想为一个有秩序运行其中的整体。在这个整体中,贵族与平民百姓之间形成了一种互补关系。从意识形态的意义上来看,贵族主要关心其家族世袭的社会地位,而不是关注社会权力。他们的家族发展史提供了社会记忆与社会历史,是社会发展的有力缩影。而且,相比之下,出身于贵族家庭的人通常比出生于普通家庭的人更有素养、更有社会责任感和社会使命感。这种现象表明,在更大程度上,贵族精神是社会地位的象征,而不是社会权力的表达。

然而,生产力的低下与生活物资的匮乏,以及人们对自然规律的探索,迎来了以哥白尼的"日心说"为标志的科学革命。近代自然科学诞生以来,人们不断地揭示出自然界运行变化的规律、人类社会变化发展的规律,以及人类自身的生理与心理变化的规律。规律通常被认为是客观的或与人无关的。这样,在社会环境中,随着科学影响力的日益强大,科学与技术越来越渗透到人类生活和社会运行的各个层面,并且,越来越成为人类解决一切问题的有力手段和推动社会发展的主要动力。最终,科学和技术凭借自己的力量,越来越拥有了超级权威,科学和技术的标准也逐渐地变成了人们评判其他事情的标准,从而把人类的生存环境从社会环境逐步引向技术环境,开启了后历史时代。

在技术环境中,人的自主性越来越让位于技术的自主性。技术成为人类活动的中介,自然界被整合为巨大工业体系的一部分。一方面,在科学技术面前,人被降低为抽空了精神内核的对象性存在和抽象的概念;另一方面,拥有一技之长的专家队伍在人类生活、社会治理和政治决策中发挥的作用越来越突出。相比之下,个人阅历和经验智慧则越来越遭到冷落或边缘化。最终,人类养成了无限信任技术的行为习惯和治理体系。而这种技术化的社会发展和治理模式,也使得从前在社会环境中形成的社会等级结构随之消失,取而代之的是社会分层结构的形成。然而,社会分层所关注的不再是世袭的社会地位,而是被赋予的社会权力。这就无情地切断了曾经连接具有互惠与互补关系的不同社会等级之间的纽带。处于社会高层的精英阶层越来越不再扮演文化传承者的角色,而被异化为对政治权力和经济权力的追求和占有。这样,人类社会价值观的改变和专家群体的崛起,就成为技术环境的一个重要特征。

在技术环境中,人们不仅越来越被技术或各种形式的人造物所包围,而且人们在做决定时通常需要从专家那里获得建议与忠告。可是,人们在听从专家的建议与忠告时,事实上已经隐含了一种潜在的期待,即期待专家能够对自己的建议负有责任,因为只有这样,人们才能信任专家。如果专家只负责提出建议,却不对其建议所产生的后果负责,那么,人们就会对专家失去信任。可是,专家并不是博学家,他们的知识是不全面的,他们只能对与自己专业相关的建议负责,超越专业领域的界限所提出的决策建议,不仅会面临透支被信任的风险,而且将有可能导致社会恶果。

因此,人们之所以心甘情愿地听从专家的建议或忠告,实际上,潜在地隐含了专家是道德高尚之人的假定,即假定专家是在求真或实事求是之基础上提出建议或忠告的。然而,这种假定其实只适用于处于小科学时代和生活于社会环境中的人类,而并不适用于生活在技术环境中的人类。因为在技术环境中,技术已经与权力、经济等因素结盟,乃至使权力潜藏在技术背后,成为无形之手来掌控一切。因此,在技术环境中,专家的建议或忠告在很大程度上是各种因素相互制衡或相互作用的结果。在这种情况下,如果我们依然坚信技术是客观的,是"伦理中立"的观点,那么,这种假象将会诱导人们放弃道德标准,转而接受表面上看起来客观的技术标准,从而导致被认为是"伪善的"现象。

在埃吕尔看来,在这三种前后相继的环境关系中,后面的环境不是对前面环境的全盘否定,而是提供了重新对待前面环境的视角、方式和方法。生活于社会环境中的人通常会基于嵌入利益关系的社会价值来重新看待自然,而不是基于敬畏自然的价值观来对待自然。同样地,生活于技术环境中的人通常也会基于技术价值来对待社会和自然。因此,技术价值越突出,人为的设计因素就越容易融入社会与自然之中,在社会环境中确立起来的善恶意识就越来越容易被遮盖。

埃吕尔的这种观点是在20世纪60年代提出的,而在近60年之后的今天,以人工智能技术为核心的当代科学技术,已经把人类社会塑造成了人工自然的社会,从而为埃吕尔理论的合理性提供了事实的依据。

二、问题根源

在基于技术的社会中,随着专家作用的日益强大,专家的道德问题就愈益凸显出来。在专家群体中,最令人敬仰的专家当然首先是科学家。科学家是指以揭示事物变化发展规律为目标的专家级的研究者。"科学家"这个术语是近代科学诞生之后,由英国科学哲学家惠威尔于19世纪中叶提出来的。在此之前,科学研究者被称为自然哲学家。但是,从"自然哲学家"身份向"科学家"身份的转变,不只是改变称呼,更重要的是职业意识的改变。从科学发展史来看,科学家的社会角色是随着科学规模与运行机制的变化而变化的。在小科学时代,科学家从事科学工作的目标是为了求真,即揭示自然界的内在规律,从事科学研究的动力主要源于个人兴趣,即受个人内在动机所驱使,而很少受经济、政治、社会等因素的影响。比如,20世纪的大多数量子物理学家都来自富裕家庭,他们从小接受良好的科学教育,把揭示量子世界的变化规律看成是自己的崇高理想。因此,这样的科学家群体的观点是非常值得信任的。虽然他们在量子力学的解释问题上争论不断,但这些争论本身依然是为了更好地理解世界,是以求真为目标,没有利益冲突。科学家直接面对自然界,拥有第一手资料,经过严格的学科训练,具备了相应的研究技能,有能力辨别科学事实,也有能力评价共同体成员的研究成果。他们是本学科的权威人士。因此,在小科学时代,科学与当时的政治、经济、社会之间的关联还不十分密切,有关科学家的道德问题并不十分突出,因而也很少引人注目。

第二次世界大战之后,科学的地位越来越高,成为各个国家提高竞争力的有力抓手,科学研究进入大科学时代。在大科学时代,科学研究的对象越来越高深、科学研究队伍的规模越来越庞大,科学研究的跨地区和跨国家之间的合作现象越来越明显,跨学科和交叉学科的研究越来越普遍,科学研究的成本与风险越来越高,科学研究的项目也只有获得各类基金的资助才能进行下去。与此同时,科学与技术的关系也发生了改变。在小科学时代,科学是第一位的,技术被认为只是对科学原理的应用,是为了解决问题而需要提供的有效方法与路径。因此,科学和技术被认为既是客观的,也是价值中立的。但在大科学时代,人工智能技术、纳米技术、量子技术、基因技术、航空航天技术等,已经不再只是科学原理的应用,而是反过来成为推动科学的原动力,使当代科学成为基于技术的科学。另一方面,许多发达国家和发展中国家纷纷把大力发展科学与技术提升到国家战略的高度,从而使科学与社会、政治、经济、军事等各个方面深度纠缠在一起,出现了相互依存、共同发展的局面。

在这种背景下,科学家和技术专家除了专心从事自己的研究工作之外,为了自己科研事业或科学领域的发展,他们还不得不担负起超出自己专业领域之外的责任,例如,为争取科研资助或研究经费,充当劝说者,来争夺社会资源。这种劝说体现在各个方面,从撰写各类申请书的项目设计到各类答辩会上的修辞劝导等,比如,诺贝尔物理学家获得者李政道先生曾经在华东师范大学做报告时讲到,为了自己能够申请到大型科研项目,他曾在美国白宫用5分钟时间向议员们展示其研究工作对美国,甚至对人类文明发展的重要性,并渴望获得政策上和经济上的支持。不仅如此,在大科学时代,科学研究与技术活动早已变成了科学家和技术专家的一种职业和谋生手段。当科学家的科研动机变得越来越复杂时,当科学家和技术专家的个人兴趣和求真目标不可避免地要受到其他因素的干扰时,或者说,当科学家和技术专家的科研动力是由求真以外的其他动力因素来驱动时,科学家和技术专家本人的诚信与道德问题就凸显出来。

与当代自然科学越来越向着远离社会现实的发展趋势恰好相反,技术发展从来都是与社会需求密切地联系在一起的。技术设计不仅蕴含着技术专家的价值取向,而且要满足社会需要和符合市场导向。技术的普遍应用,极大地改变了人类的劳动方式、生活方式、交往方式等各个方面。人类到目前为止所经历的四次技术革命就是最好的例证。从宏观上看,以蒸汽机技术为核心的第一次技术革命把人类带向了机械化时代,标志着农耕文明向工业文明的过渡,以电力技术为核心的第二次技术革命把人类带向了电气时代,标志着工业文明的崛起与发展,以计算机和信息技术为核心的第三次技术革命把人类带向了自动化和信息化时代,标志着工业文明向信息文明的过渡,以人工智能技术为核心的第四次技术革命正在把人类带向数字化、网络化和智能化时代,标志着正在拉开智能文明的序幕。从社会与技术的这种发展趋势来看,在埃吕尔所阐述的技术环境中,社会与技术已经形成了内在纠缠的整体,人类正生活在一个基于技术的社会中,进入了后历史时期。这时,人类在社会环境中形成的道德法则正在失去从前具有的约束作用和应用条件。

比如,关于转基因食品是否安全的争论,把伦理、认知、经济和政治等问题捆绑在一起;关于基因编辑技术能否应用于编辑胚胎基因的争论,把道德、人性、社会乃至人类文明走向等问题关联起来;关于人工智能如何发展的争论,成为伦理学、认识论和本体论问题联系起来的话题,也使认知过程中的认识关系变成了权力关系。因此,在技术环境中,技术专家的伦理道德问题成为突出的社会问题,变得越来越尖锐,越来越多元,越来越值得关注。这个问题涉及多个方面,既包括专家与专家之间的道德分歧,也包括专家与大众之间的道德分歧,甚至包括政府与公众、专家等之间的道德分歧。这样,几乎所有的社会角色都成为利益相关者内在地缠绕在一起。

除了上面提到的最为普遍的科学家和技术专家之外,还出现了三类新兴的专家:第一类是由于受到政府机构的重用而获得专家身份,比如,那些被政府机构选定为有资格参与制定各类决策的专业人员,以及那些为政府决策的正确性或合理性作出辩护或论证的专业人员。第二类是由于得到某个重要的基金组织或企业的资助而拥有专家身份,比如,那些受企业资助从事药物研发的研究者。这两类专家的学识是被雇用的,他们之所以成为专家,是因为他们符合委托者的特定利益诉求或有助于达到委托者的既定目标。因此,这两类专家的建议和研究成果从一开始就嵌入了某种价值取向,他们要么是为既定结论寻找论据,要么是为了获得利益来引导或劝说公众。第三类专家是借助于受大众信任的平台来传播自己的理论之后获得的专家身份,比如,"养生专家"张悟本就是典型事例。张悟本号称"营养大师",他借助电视平台来宣传食疗"经验"。当时,国内很多人按照他的忠告来调整饮食,并跟着他的理论通过食疗来治病,甚至还因此一度出现过绿豆脱销的现象。但不久之后,他就被揭露为是一名伪专家,他宣讲的理论被驳斥为是伪科学。而张悟本之所以能够获得专家身份,除了电视台提供的平台之外,还有让人听起来望尘莫及的许多虚假头衔、证书和身份等。大众之所以相信并热衷于具体践行他的理论,部分原因是他的理论迎合了大众心理,部分原因是他利用了大众对电视节目平台的信任。

由此可见,当人类生活在完全由技术营造的环境中时,关于专家的道德问题既源于科学技术发展的复杂性,也源于认定专家身份本身的社会性与政治性。

三、道德问题的三个层面

道德是社会文明的起点。在技术环境中,我们在探讨关于专家的道德问题时,至少要考虑三个层面:一是个人层面,二是群体层面,三是社会层面。

从个人层面来讲,专家首先是技术社会中的普通人员,应该遵守作为普通社会成员应该遵守的道德规范和伦理准则。但是,专家又是拥有特殊技能和学识之人,而普通社会成员通常难以辨别专家的建议或忠告的真伪。因此,这就迫切要求专家必须自觉遵守职业道德规范。然而,专家的职业道德规范并不是先天存在或一成不变的,而是随科学技术的发展而不断变化的。同一行业的人,在不同时期,应遵守的职业道德也会有所不同。

就专家个人而言,关于他们的道德与伦理问题至少在客观与主观两个层面表现出来。从客观伦理的角度来看,由科学与技术的社会应用所导致的道德与伦理问题,是外在于专家的。这方面的事例有很多,但情况却不完全相同。比如,在第二次世界大战期间,美国向日本投放原子弹的行为,就不能指责说,这是由于核物理学家的不道德行为造成的,而应当归罪于国家领导人和军事决策者对原子能技术的不当应用。当时,以爱因斯坦为代表的许多科学家都曾联合起来谴责美国当局滥用科学成果和技术产品的行为,提出了关注科学伦理和科学家责任的问题。再比如,随着人工智能技术的发展,临床医生可以把芯片植入病人的大脑中,医生通过深度脑刺激来治疗帕金森等病,甚至可以把人脑与计算机相连,使患者通过思维操来控制外部设备,这些都会带来很多伦理道德问题。然而,病人在多大程度上可以靠牺牲隐私或冒着受他人控制的危险为代价,来使用人工智能技术这样的问题,却不是技术研发者可以单方面决定的。这些都属于外在于专家的客观伦理问题。从主观伦理的角度来看,当专家为了实现自己的利益或满足利益相关者的诉求或兴趣,有意借助于技术和专家的建议来诱导或欺骗他人,则构成专家的主观伦理道德问题。可以说,科学技术研究越尖端、越高深、越有风险,对研究者和专家的道德要求也就会越高。

从群体层面来看,一个群体的领袖对于该群体或组织具有主导性的领导作用。领袖个人的道德与伦理素养会在很大程度上影响整个群体本身。比较极端的例子是,类似于纳粹时代的希特勒之类的领袖人物已经成为其群体成员的道德权威或道德模仿者,领袖的信念就是群体成员们的信念,整个群体组织中只有一个大脑,随从者只是盲目而狂热地服从。然而,当这位领袖的信念不是导向正义,而是为了落实或实现某些不人道的邪恶理念时,问题将变得更加严重。除此之外,当由专家群体组成的社会群体就某个问题发出集体倡议,而这种倡议本身又过于超前,或还没有经受实践检验时,一个专家群体与另一个专家群体之间就会出现争论,而这种争论恰好折射出有关专家群体层面的伦理道德问题。比如,曾经有60余位中国科学院院士联名向政府建议说,吃转基因食品是安全的,号召大家都来推广转基因食品。但也有许多同样级别的专家持反对意见。这说明,这个倡议本身还没有得到实践的检验,只是类比性的论证,肯定含有许多不确定的信息。在技术社会,当许多经营性的组织或机构借助于专家层的社会引导力来获得自身的利益时,就不得不使得有关专家群体的伦理与道德问题变得更加复杂。

从社会层面来看,当专家群体的建议产生了普遍的影响力时,就从单个组织或群体扩展到整个社会,乃至成为一个国家或一个国际商业组织的价值导向,从而可能会产生社会道德与社会伦理问题。社会道德与社会伦理问题,同专家个人的道德与伦理问题一样,也是在人类文明演进过程中产生出来的,或者说,是社会中各个组织或群体之间互动发展的结果,是内生于社会的,我在这里称之为"内生道德与内生伦理"。其中,专家群体的伦理与道德在个人与社会之间起到了承上启下的作用。并且,社会各个群体之间相互关系的密切程度越高,内生道德与内生伦理的问题就越多。比如,我们在讨论新手与专家的关系问题时,通常潜在地预设了专家知识的可靠性与专家技能的有效性。但是,当不同的专家对同一个问题提出相反的建议或忠告时,新手与专家之间的关系问题就转化为新手与两个专家群体或两位专家的关系问题。当新手没有能力在两个专家群体或两位专家提供的相佐建议或忠告之间作出选择时,他或她将会借助与咨询内容无关的其他因素来选择,比如,根据专家的文凭、口碑、获奖、成果、业绩、名声等外在因素,这样就把专家对外在标签的追求纳入目标之中。而专家所拥有的这些标签是由社会赋予的,社会为专家的这些外在标签的合理化与合法化应当负有怎样的责任？这可能又需要进一步求助于另外的专家群体,这就从专家道德问题进一步引申出社会道德或伦理问题。

四、结论

综上所述,在基于技术的社会中,并不是每个专家都是值得信赖的。我们需要改变无条件依赖专家的传统观念。而改变这种观念还需要从认识论出发。关于专家的道德问题,并非仅仅诉诸道德规范就能解决。从前文论述中可以看到,专家的道德问题已经与认知问题密切联系在一起。专家之间的认知是相互依赖的,他们的知识既来源于自己,也来源于项目组,还来源于其他相关文献,乃至跨学科或跨国家之间的合作。大科学时代,已经使得专家问题与社会、政治、经济和军事等各方面深度纠缠在一起。如果我们能够基于这种社会认识论来认识专家道德问题的复杂性,重新理解真理性认知的多维度性,那么,我们或许能够基于社会认识论的维度,立足于社会道德和社会伦理的高度,来重新认识和理解专家及其相关的道德问题,在有助于促进专家道德问题改善的同时,促进社会道德和伦理状况的改善。

提问和讨论

王泽应(主持人)：非常感谢 4 位专家的演讲，都非常有自己的见解。尤其是陈潜处长的报告，从网络道德到网络道德治理，这是我们当今道德治理的一个热点、难点问题。王顺义教授对科技道德和技术创新中利益调整提出了自己非常有特色和有新意的见解，我觉得很有价值。安唯复教授和成素梅教授的发言，也给我们很大的启示。下面进入提问和讨论阶段。

乔法容：刚才听了成教授的发言，很有启发。刚才你谈到领导提出来，然后有一个专家论证，之后决策。因为他有这么一个位置，有专家的权威，这个影响就很大。这个程序现在在中国的生活当中，就我们所掌握的资料来看，恰恰是有一些问题的，在有些问题上正好出现在这个程序上，也就是说，有一些地方的，比如说省委省政府一个领导到一个新的省份，提出一个新的决策，提出来之后，他就要请一帮专家去论证，专家一般是持一个肯定的态度，应该说提出不同意见的，但还是基本上依照这个领导的意图去走。过了几年之后，换了一个领导，马上就认为前期领导的决策不够科学，不够符合省情。我就想请教成教授，这么一个程序是否产生合理的，特别是在伦理上，能对社会有一个正确的价值引导作用吗？谢谢！

成素梅：我举一个例子，不仅仅是领导的问题，还有一个如在英国医学杂志上曾经刊登过一篇案例研究所提出的问题，它讲的是两个研究组关于一个药品成效的研究报告。一个是没有受任何资助做出的研究报告，一个是受某一个制药集团资助做的研究报告。这两个报告是完全不同的。受了谁的资助，有可能就为谁说话。这个在中国政策领域当中尤其严重。为了避免这个问题，涉及决策伦理的问题，在决策伦理上，我们在程序上如何规范这个程序，这个是非常复杂的问题。

王珏：刚才 4 位发言者的发言都很精彩，时间有限，我问成教授一个我最感兴趣的问题。你刚才讲的反馈机制和退出机制纠正专家的行为，可否再给我们补充讲一些这方面的内容？

成素梅：我不是做这方面研究的，从我自己做科学哲学这个角度来讲，我认为在专家第三方评审这个里面规制他的行为应该有程序化的。比方说我们多组织一起做，但是多组织去做，就会产生资本的消耗。就像我们说民主决策带来的问题，就是决策老做不出来。你在决策过程当中，一方面要民主，但是另一方面还要有进一步集中的问题。在这个问题上要完善体制应该是一个怎么立法的问题，应该在法律上做一个更好的完善。

王泽应：精彩的报告肯定一次聊不够，谈不尽的，以后可以通过各种形式进一步交流。这一场就到这里。谢谢！

（陆晓禾整理）

四

道德创新与创新道德

价值观念分歧、公民对话和创造性

马文·T.布朗(Marvin T. Brown)[*]

【提要】 如果有哪个时代需要创造性观念,那么就是现在。持续的全球变暖从未令我们如此近切地注意到目前总体性的气候破坏,这似乎意味着世界的末日。这一趋势很大程度上根植于企业界:它促进的是机灵而非创造,正如最近"自觉的资本主义"(Conscious Capitalism)这一最新思潮所表明的。然而,企业界不是一个只涉及自身的领域,而是一个有赖于公民机构,包括法律和公民道德的领域。如果我们想要改变企业界,我们就需要开展公民对话,在这样的对话中,分歧将能够推动产生关于如何改变世界的创造性观念。我们就有可能改变企业界,使它们能够推动生态繁荣发展,而不是造成经济破坏。

今日是否更需要创造性的观念?倘若你一直对此有所关注,那么你可能知道,目前全球经济体系已经对地球造成了不可持续的负担。其中的一个迹象是:地球生物圈能处理的碳排放量是350 ppm,但2011年我们已达392 ppm,2013年达到了400 ppm。当然,问题还不仅仅是地球正在逐渐地遭到破坏。我们在发展可持续社会时,还被大量的观念和经验淹没了。在察看全球经济趋势时,我们经常看到,那些拥有权力的人在按一些好的理念改善事物,但并没有改变事情。也许,对享有特权的人抱太多的期望过于天真了。用创造性的观念来改善目前的制度仍然有点像火上加油。我们已经尽可能多地经历了"创造性的破坏"。我们需要某些创造性的转变。也许,我们能够通过思考创造与分歧之间的关系更好地把握这种转变的必要条件。

---

[*] © Marvin T. Brow. 中译文曾刊登于《上海师范大学学报》(哲学社会科学版)2014年第4期。作者曾多次修改了原文,译者在编入本书时据最新版对全文作了新的校译和修改。——译者注

在很大程度上,创造需要你去体验一些你还不知道的事情。如果你想要窒息创造性,招募一组有着同样背景和专长的人就可以了。他们也许对某一件事情知之甚多,但不太可能创造任何新的事物。换句话说,创造性需要多样性,也即要邂逅差异性。多样性可能来自不同的经验、不同的观念或不同的人们。没有多样性,人们可能会改善事物现在存在的方式,但不太可能改变它们,更不用说创造新的事物了。

当然,创造需要的不只是赞赏多样性。多样性是必要的,但还是不够的。创造还需要行动,而且当我们转向个人或集团应当做什么这个问题时,我们的多样性观念很容易使我们彼此发生分歧。因此这里,面对分歧时,我们有一个基本选择:是从彼此的争论开始呢?还是参加一种学习性的对话?如果我们发生争论,那么聪明的人很可能会赢,尽管其结果可能更为聪明,但可能并不具有多少创造性。而如果我们参与对话,通过愉快的对话过程,我们可能说一些我们以前从未想到的话。我们可能会用一种新的方式来看待事物,这种方式将不仅改善事物,而且还将引导我们改变事物。

如果我们选择对话而不是争论,那么我们就需要将我们自己所珍爱的观念暂时悬搁起来或加上括号,以便我们能够了解其他人珍爱其观念的原因。这种互相了解的过程会让我们探究造成我们分歧的三个不同根源,这些根源也可能是创造的源泉,即不同的观察、不同的价值判断和不同的假定。[①] 别忘了,创造,如我们这里所理解的,不是从我们已知的构建物中出现,而是从邂逅我们所不知道的不同事情的过程中产生。对如何表明这一点的问题,我们将从不同的观察开始,继之不同的价值判断和假定。

一、创造性的对话来源

不同的观察揭示的是对与一个特定提议有关的事实的不同认知。例如,对于"团队成员在奖金分配上应当有发言权"这一提议,可以获得"具有这种权利的团队成员生产效率更高"这一观察的支持。不同意这个提议的人可能观察到,有时给予团队成员这种权利确实会造成收入悬殊并破坏成员之间的和谐。这些不同的观察可以被看作是做决定的障碍,也可以被看

---

① Marvin T. Brown: *The Ethical Process: An Approach to Disagreement and Controversial Issues*[伦理过程:分歧和争议问题研究方法]. Upper Saddle River, NJ: Prentice Hall, 2003.

作是增进了解团队成员合作的条件。如果我们把这些观察看作是有关团队知识的增进,那么我们现在知道的就比以前知道的要多,这使得我们能够理解每个人的贡献。当然,对不同观察的理解,并没有解决我们的分歧,而是推进了我们的探究。为什么我们选择了不同的观察来支持我们的不同提议呢?对这问题的回答,部分地隐含在我们的观察与我们的提议之间的关系中:这种关系有赖于我们的价值观。

价值观是我们视为珍贵的东西,对我们至关重要。它们包括一切,从公平、同情到效率。人们也可能看重荣誉、财富和名誉。事实上,我们有着不同的价值观,在不同的情况下,我们肯定某些价值观,在其他情况下,我们肯定另一些价值观。我们在这里以更有限的方式使用价值判断的概念。例如,如果回到这一个提议:我们应该给团队成员在奖金分配上的发言权,因为这样他们的生产效率会更高。价值判断已经隐含在我们的论证中了。正如读者可能猜到的,价值判断是:"我们应当促进生产力。"这逻辑是十分简单的:提议、观察和价值判断构成了具有两个前提和一个结论的三段论。结论就是提议,而观察和价值判断就是支持这个结论的前提。

相反的观察也有其特定的价值判断。如果提议是:"我们不应当让团队成员分配他们的奖金,因为这样做会有损团队的和谐。"那么,隐含的价值判断就是:"我们不应当损害团队的和谐。"所以,我们现在有两个价值观:生产力与和谐。这两者对于一个运作良好的团队来说都是重要的。这意味着,通过观察,我们又一次增加了知识储备,我们可以利用这些知识来决定我们应该做什么。通过理解我们所选择的不同观察和价值判断来互相学习。我们也可以利用增加关于我们不同的立场的认识,来探究不同的世界观或不同的假定,关于立场的认识来自不同的世界观或假定。

2008年,美联储前主席阿兰·格林斯潘(Alan Greenspan)与众议员哈里·韦克斯曼(Harry Waxman)在国会听证会上作了如下对话,很好地说明了我们这里所讲的基本假定。

> 韦:这是你的声明(引用格林斯潘的话)"我确实有一种意识形态。我的判断是,自由、竞争的市场是迄今为止无可匹敌的组织经济体的方式。我们尝试过监管,但没有一个是有效的。"这是你的原话。你们有权阻止不负责任的借贷行为,这些行为导致了次贷危机。许多人建议你这么做。现在整个经济都在为此付出代价。你是否觉得你的意

识形态促使你去做那些你希望自己不要做的决定？

格：我要对你说，是的，我发现有一个缺陷。我不知道它有多重要，也不知道它有多持久，但这个事实让我很苦恼。

韦：你发现了一个缺陷？

格：可以这么说，我在我认为是定义世界如何运作的关键功能结构模型中发现了一个缺陷。

韦：换句话说，你发现你的世界观，你的意识形态是错误的，是行不通的。

格：非常正确。这正是令我震惊的原因，因为我已经研究了40年或更长的时间，有相当多的证据表明，这个模型是非常有效的。

这里称作的世界观可以很容易地理解为是关于世界如何运行的基本假定。这种假定，也可以是关于人性或人的关系的假定，是不会轻易改变的。事实上，它们就是我们的现实，直到遇到另一个现实。我们的假定构成我们对于我们所生活于其中的世界的解释。

我们大多数人生活在多重世界中，我们在其中穿梭自如。事实上，它们的界限非常模糊，甚至相互重叠。尽管如此，我们仍然知道职业关系或企业关系与家庭关系之间的区别。我们知道，兄弟姐妹之间的期望与同事之间的期望是不同的。我们可能对消费者与公民之间的区别有一些模糊的认识，但我们可能不知道如何清楚地表达这种区别。

考虑这些不同世界的一种方式是使用肯尼思·博尔丁（Kenneth Boulding）的整合、交换和威胁三位一体作为我们如何维系体系的三个方面。整合是指共享的价值观，交换是指奖励和激励，威胁是指规章制度。不同的世界有这三种情况，但比例不同。例如，教育的世界是由共同的价值观以及一些奖励和少数规则所主导的。另一方面，牢狱的世界主要靠规则和管制、一些奖励和一点融合来维持。如果我们看企业，我们看到的大多是交易，有一些规则和一些共同的价值观，例如繁荣的梦想。在我们考虑这些不同的世界时，它们并非只是我们的规划。它们是由持续的交流方式和期望社会地构建起来的。我们投入这些世界中，并且通过参与其中，使它们持续存在。

那么，在关于是否应当由团队成员来分配奖金的分歧背后，究竟是什么假定呢？搞清楚这一点的一种办法是，想想我们必须根据什么假定才会赞成这些不同的观点。要赞成应当由团队成员来决定奖励分配这个提议,你必须采取什么样的假定?你是否必须假定,团队精神或友情会为有区别地奖励不同团队成员提供基础呢?或者,你是否必须假定,团队中的个人具有类似的公平和正义的观念吗?如果你不同意团队应当有分配他们自己奖金的权力,那么什么样的假定符合这种情况呢?也许,你假定,即便同一个团队的人,实际上首先关心的是他们自己,因此那些收到较少奖金的人会责备团队的其他成员。为了团队的和谐,将这种责备转移到团队之外是否比在团队之内更好呢?

所以,我们看到,为对立的观点发展不同的假定是可能的,但即使这样,也不会导致我们采取行动,导致世界的创造性转变。

这里,我们遇到了困境。我们生活在不同的世界。我们是世俗的动物。那么,我们怎样才能改变我们所处世界的某些事情呢?一种方式是等到出现危机,比如让阿兰·格林斯潘震惊地承认他的世界观是有缺陷的金融危机。那些享有特权的人——那些从这个世界中受益的人——可能决定等待这样的危机。他们可能有足够的资源来忍受。世界上大多数人都没有。如果我们考虑到这些问题,我们就会迫切需要找到一个答案,来真正改变世界。

我想说的是,我们并非完全封闭在不同的世界中,我们不仅可以通过体验其他世界来体验这一点,还可以通过认识到我们不仅是生活在我们的世界中的社会生物,而且是生活在地球上的自然生物。我们拥有共同的人性。从我们不同的社会世界中认识到我们共同的人性,这样就能提供一种空间,这可以为我们提供一个参与对话过程的空间,从而有可能发现我们需要的创造性的解决方案。

二、我们共同的人性

因为大卫·亚伯拉罕(David Abraham)所说的我们的"惊人的分裂——永远忘记了我们人类活在一个不只是人类的世界里"[1],我们很容易忘记我们共同的人性。换言之,我们的共同之处在于,作为地球的一个物种,我们

---

[1] David Abraham: *The Spell of the Sensuous: Perception and Language in a More-Than-Human-World*[感官的符咒:超越人类世界的感知和语言]. New York: Vintage books, 1997, p.260.

都依赖于同样的太阳能,面临着同样的生命周期。

如果我们进入我们的不同世界,意识到我们共同的人性,我们可以看到,我们的不同世界实际上依赖于与人类和非人类共同体以及地球的关系。我们在这个空间中,在我们共同的人性与不同的世界之间,找到了一个真正的创造性的空间。我将它命名为公民空间,因为我们都是基于我们的共同之处的成员,作为公民成员,我们在关于如何修补和恢复我们日常生活的交谈中道德上都是平等的。

公民空间不仅仅是空间,而且还是一种活动。像语言一样,公民空间也存在于公民的交谈中,公民交谈是关于如何共同生活的对话。为了理解这一点,我们可以通过区分商业争执与公民对话,来扩展我们上面关于对话和争议之间区别的讨论。

三、商业争执与公民对话

在商业争执中,我们对某物的价值讨价还价,试图说服对方相信我们的产品或想法是最好的。这发生在通常被称为"思想市场"的地方。这样的争执符合我们的利益,我们试图找到我们能够同意的利益一致——双赢的局面。在商业争执中,我们把自己的想法当作财产或商品,试图卖给别人。这与公民对话有什么不同呢?看图1。

在左边,我们看到人们互相交换想法。每个人都是独立存在的,他们互相推销自己的想法。在右边,我们看到人们在共同的公民环境中解决分歧。

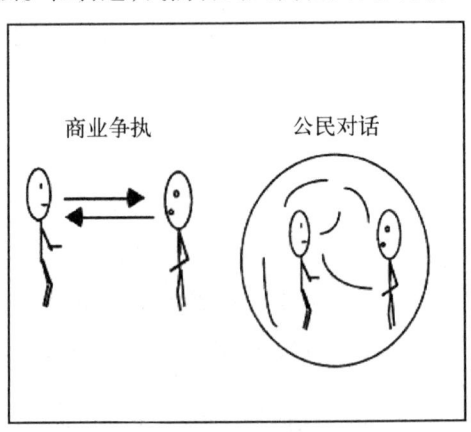

图 1　商业争执与公民对话

就像我们现在用英语我写你读这篇文章一样,公民通过参与而加入公民对话中。在这些对话中,参与者不是试图推销商品一样推销自己的想法,而是花时间提出新的想法,推动对话向前发展。

推销思想与共同创造思想之间的这种区别是理解公民对话的关键。如果我们认为我们拥有自己的想法,那么我们就像保护我们的财产一样保护它们,或者我们以合适的价格出售它们(晋升、加薪或至少得到一些认可)。如果我们把自己看作是公民的一员,那么我们就可以享受不同思想(我们的不同的观察和价值观)的进一步发展,正如我们与其他人一起参与思考如何表达需要表达的东西。

作为公民的一员,我们可以相互承认对方是全球公民。这一成员资格并不会取代城市或国家公民身份,而是将其扩大到包括那些与我们共享这个地球、共享这个时代、共享一个类似星球未来的人。成为其中的一员就意味着承认,我们相濡以沫,作为成员,我们都有平等的道德地位。所有成员的这种道德平等带有第二个隐含的公民规范:正义或互惠的规范。这里的主张很简单:所有成员都应该善有善报。成员之间的关系应当是互惠的。实际上,互惠在证明差异是正当的过程中也起着作用。正如恩斯特·贝克(Ernst Baker)指出的那样,互惠能促进"平衡的社会关系"[①]。平衡的社会关系并不意味着每个人都拥有同样多的东西,而是意味着成员之中是有差异的,但这种差异并不是成员与非成员之间的差异。在这种公民对话中,我想说的是,我们有真正的可能性去创造从不同世界观的碰撞中产生的新思想。

那么创造需要改变假定吗?我想说的确如此。如果没有这样的改变,我担心我们不会变得有创造性,而是变得更聪明;不会有转变,而是仅仅改善。[②] 这种差异的一个很好的例子可见于最近两大美国公司首席执行官接口公司(Interface Inc.)雷·安德森(Ray Anderson)和全食超市(Whole Foods Market)约翰·麦基(John Mackey)的报告。

---

① Lawrence Becker: *Reciprocity*[互惠]. Chicago, Il and London: The University of Chicago Press, 1986, p.26.
② "改善"(improvement),意思是变得更好些;"转变"(mansformation),意思是整个、彻底的变化。——译者注

四、创造是改善还是转变

全食超市(Whole Foods Market)首席执行官约翰·麦基(John Mackey)在其《自觉的资本主义》一书中写道:"我们需要重新发现,是什么让自由企业资本主义成为现在的样子:有史以来最强大的社会合作和人类进步的创造性体系。"[1]按照爱德华·弗里曼(Edward Freeman)的理念,找到解决方案,使所有主要利益相关者更好,麦基认为,自觉的企业可以为每个人创造双赢的战略。诀窍其实很简单:让企业实现其真正的目的。"总的来说,普通的商业交易是整个世界最大的价值创造者。这种价值创造是企业社会责任最重要的方面。"[2]

在麦基看来,企业的世界是一个"自愿互惠交换"的世界。据我所知,他这本书的目的是说服读者相信这种商业的世界观。他的观点实际上与之前阿兰·格林斯潘震惊于2008年金融危机的观点非常相似。对麦基来说,金融危机并没有迫使他重新审视自己的世界观,而是如他所说的,"一种正在侵蚀更大企业体系中较健康部分的癌症"。[3] 自由市场没有缺陷,只是需要某种药物来康复。事实上,自觉的资本主义似乎没有意识到任何真正的"其他"会质疑它的自由市场意识形态。雷·安德森(Ray Anderson)说了一个非常不同的故事。

雷·安德森是全球地毯公司(Interface, Inc.)的首席执行官,他对资本主义的理解与约翰·麦基截然不同。你们中有些人可能知道安德森的故事,讲述了阅读保罗·霍金(Paul Hawkin)的书《商业生态》(*The Ecology of Commerce*),如何改变了他的生活的故事。作为业界领袖,安德森发觉自己被指控为"地球的掠夺者"。

> 我被指控为一个掠夺者,地球的破坏者,一个小偷,偷走了我孙子们的未来。我想,"天哪,总有一天我在这里做的会是违法的。总有一

---

[1] John Mackey and Raj Sisodia: *Conscious Capitalism: Liberating the Heroic Spirit of Business*〔自觉的资本主义:企业英雄精神的解放〕. Boston, Mass.: Harvard Business University Press, 2013, p. 23.

[2] Ibid. p. 37.

[3] Ibid. p. 100.

天,他们会把像我这样的人送进监狱。"①

雷·安德森做了什么呢?他把地毯公司的经营目标从销售产品转变为提供服务——铺地服务。这允许地毯公司有可能集成地毯的生产、分配、处理,并回收一切可能的东西。此外,他让他的公司不仅朝着可持续发展方向发展,而且朝着恢复性的方向发展。他想让企业恢复它所破坏的自然。他之所以能够做到这一点,是因为他读了保罗·霍金(Paul Hawkin)的书,让他用一种新的方式看待商业世界,从而改变了他的公司的参与方式。

那么这两个商业领袖之间的关键差异是什么呢?首先,尽管麦基主张他所谓的"体系智能",但他从来没有研究过体系不同部分之间的因果关系。事实上,正是经济增长与环境破坏之间的因果关系打击了安德森,如他所说,使他"如鲠在喉"。另一方面,对麦基来说,环境恶化是资本主义只要是自觉的就能解决的问题。下面是麦基对企业体系的看法:

> 任何复杂的、进化的和自适应的组织都不可能仅仅通过分析其各个部分而忽视整个体系而得到充分的理解……当我们完全理解这个更大的企业体系的运作时,它包含了所有的相互依赖和自愿互利合作的机会,它可以是美好的,甚至是令人惊叹的。②

他对自由市场的狂想曲可能会让我们想起亚当·斯密的《国富论》。如我在《公民化经济》一书中所记载的那样,斯密也忽略了这样一个事实,即自由市场,正如他所知道的那样,依赖于欧洲、非洲和美洲之间的大西洋奴隶市场。③ 很难相信麦基和其他自觉的资本主义运动的人会如此不了解资本主义的遗产。像斯密一样,麦基将真正的财富创造者的痛苦与自觉性分开,然后表达了一种对市场动力的虚假的乐观。把这称为"自觉的资本主义"是极端的虚伪。任何自觉的人都不会把奴役数百万人、摧毁文化、如今正在摧毁地球的经济体系称之为"令人惊叹的"。

---

① Ray C. Anderson with Robin White: *Confessions of a Radical Industrialist: Profits, people, and Purpose — Doing Business by Respecting the Earth*[一位激进工业家的忏悔录:利润、人和目的——通过尊重地球做生意]. New York: St. Martin's Press, 2009, p.14.
② Mackey, p.168.
③ Marvin T. Brown: *Civilizing the Economy: A New Economics of Provision*[公民化经济:新供应经济学]. New York: Cambridge University Press, 2010.

在麦基看来,诸如全球变暖或环境破坏这样的问题,企业可以通过将其纳入利益相关者名单来解决。换言之,资本主义不是问题,解决方案才是问题。雷·安德森对环境问题提供了不同的解读。在阅读保罗·霍金的书时,他体验到了也超越了商业世界的领域——一个生气勃勃、充满活力的星球。这个星球不属于利益相关者的企业,而是企业在其中经营的环境。对安德森来说,商业世界之外的其他现实,如"活的星球",对商业世界有限制,也有界限。意识到这些限制和界限——他者的差异,促使安德森改变了他的企业。

在一个制造和贸易的世界里,人们可能会说,适合这个世界的思维方式是战略思维或聪明思维。聪明的思考者利用他们所拥有的部分,聪明地重新安排它们以获得最好的结果。当然,在一个更多地由交换而非共同价值观或规则和规定维系的世界里,聪明并没有错。

但是,考虑到我们目前的情况,仅仅改善交流是不够的。如果一个体系不能正常工作,那么你最后想做的就是不让它更好地工作。我们需要有创造性的观念,使我们走上真正改变当前经济秩序道路。我认为,如果我们参与公民空间的对话,就有可能实现这些可能性。如果我们真的是自觉的,那么我们就知道我们生活在多重世界中,我们也知道,我们是行星生物。这种对我们自身差异的自觉意识为我们提供了我们与他人进行公民对话的可能性:能够改变我们世界的对话。

(陆晓禾译)

"互联网+"时代的公民道德建设

李兰芬[*]

【提要】 在"互联网+"时代,公民道德建设的主体、路径、方法既得到了技术系统的创新支持,也遇到了亟须应对和化解的问题与挑战。把握时机、应对挑战是需要政府、社会和公民协同担当的共同使命。以社会主义核心价值观为引领,借"互联网+"的文化理念、思维方式和价值取向,建构"互联网+榜样示范"平台,以优化榜样人物和先进事件的表达方式、展现形式、发布时空,聚焦影响网民大众对榜样选树、传播和示范的移情力、认同度和践行场等关键因子,在榜样示范磁场中推进和引领公民道德建设的健康有序发展。

公民道德建设是一项承载培育和践行社会主义核心价值观使命的实践活动。在"互联网+"时代,公民道德建设的主体、路径、方法既得到了技术系统的创新支持,也遇到亟须应对和化解的问题与挑战。如何更好地把握时机、应对挑战,是"互联网+"时代深化公民道德建设不可回避的一项时代议题,是需要政府、社会和公民协同担当才能完成的共同使命。榜样示范,作为公民道德建设的有效手段之一,在促进大数据发展的"互联网+"时代,其自身的示范逻辑,包括榜样的选树路径、传播机制、社会影响力等在呈现不同程度的优化、创新和强化的同时,也出现了一些消极、偏激、情绪化的民粹问题。应在理论与实践上,以社会主义核心价值观为引领,以"互联网+"的文化理念、思维方式和价值取向,建构"互联网+榜样示范"的表达方式、展现形式、发布时空,聚焦影响社会公众对榜样选树、传播和示范的移情力、认同度和践行场等关键因子,在榜样示范磁场中推进和引领公民道德建设

---

[*] 原文标题为"探寻公民道德建设的中国道路",作者后就这个主题发展为现在的这篇论文并发表于《社会主义核心价值观研究》2016年第1期。——编者注

的健康有序发展。

一、"互联网+"时代公民道德建设的机遇与挑战

"互联网+"作为一个具有崭新的时代性特征的概念,其内涵并不仅仅是互联网信息技术的渐趋成熟、虚拟平台搭建能力的日臻完善以及互联网参与者几何级数的增长等显性因素,而是《促进大数据发展行动纲要》所体现出的更具思想张力的文化理念、思维方式及价值取向。"互联网+"并非物理学意义上互联网与各领域产业的简单拼接,而是互联网的云计算、大数据以及新媒体的客户端,以在线化、互动化以及功能叠加化的形态,糅合互动于现实与虚拟之间,深刻地改变人们的传统行为方式,建构起涵盖经济、文化、日常生活等方方面面的"互联网+"的时代精神。彰显"互联网+"文化理念、思维方式及其价值取向的技术系统,促使公民道德建设操作平台的创新。

第一,"互联网+"催生了公民道德建设主体和载体的多元创新。伴随移动互联网信息技术的普及,公民道德建设主体和载体变得比以往任何时候都更加多元化。一方面,"互联网+"的文化理念和思维方式使公民道德建设主体趋于多元协同,在传统的国家、社会、公民三维主体基础上融入了诸如依托互联网技术、以虚拟人格参与互动的虚拟道德社区等非政府组织。参与主体的多元协同,不仅拓展了公民道德建设的内涵与外延,也为公民道德建设引入了新的功能与社会活力。另一方面,"互联网+"的文化理念和思维方式,促进了公民道德建设载体的多元创新。"互联网+"时代的微博、微信等平台成为第一时间向大众发布重大事件,特别是突发事件现场信息的第一载体。"互联网+"的超时空、超文本、互动性、多终端等特点极大地降低了网络发声的门槛,塑造了"人人皆可发声""人人皆是焦点"的话语格局。所谓"最美司机"吴斌、"最美女教师"张丽莉等都是由源自生活、来自群众、血肉鲜活的"草根"网民传播的。微博、微信、虚拟社区等新媒体的运用不仅便利了网民参与在线发帖、评论、互动等线上公民行动,也鼓励与带动了网民参与线下公益性、慈善性的公民行动。

第二,"互联网+"深化了公民道德建设路径与方法的多样创新。公民道德建设路径与方法选择适宜与否在很大程度上决定了能否达到"内化于心、外化于行"的公民道德建设成效。"互联网+"以前所未有的技术系统深

化着公民道德建设的路径与方法的多样创新,尤其是 Web2.0 时代以来,"志愿服务 App""雷锋超市"等网络平台每天坚持更新,推介身边的好人好事以及践行公民道德的模范事迹等。多层级的"点赞模范""文明征集"等活动也都借助多种移动互联网终端设备如火如荼地开展起来。正是这种"互联网+"的文化理念和思维方式,支持着我国公民道德建设始终走在时代前沿,担当引领社会道德风气的使命和责任。

第三,"互联网+"提升了公民道德建设的价值有效性。公民道德建设的价值使命就是通过道德的精神力量优化社会风气、养成公民个体德性,以实现公民的和谐幸福生活。公民道德建设最根本的价值有效性就表现为优化社会风气、养成公民个体德性,最大限度地满足公民的幸福生活诉求。榜样示范的这种价值性指向在以人民利益至上为逻辑建构起来的中国特色社会主义制度中体现得更加直接,也更加明显。然而长期以来,传统的依赖于公民心理意愿以及自律精神的柔性道德建设,由于缺乏必要的显性手段而难以遏制诸如潜于人性的失信、冷漠、闯红灯等不道德行为的发生。"互联网+"的文化理念、思维方式及其价值取向则为破解公民道德建设难题提供了新的技术支持系统。互联网的大数据、云计算功能以极其便捷的技术手段,将人们的失信、冷漠、闯红灯等不善行为纳入一个虚拟却又真实的网络存储空间,有效储存、建构、共享着人们的"道德档案"。互联网所建构出的虚拟数字化空间"不仅为当代人类提供了一种先进的信息传输手段和开放式的信息交往平台,而且也提供了一种独特的社会文化生活空间。网络既体现为一整套信息技术和技术规则的集合体,也体现为一种社会文化建构的产物"[1]。"互联网+"的时代张力在于用网络信息技术手段让人们更加注重与珍惜自己的道德资产。

诚然,公民道德建设在适逢"互联网+"时代的诸多机遇的同时,也遇到了问题与挑战。有人将"互联网+"带来的问题与挑战视为对传统文化、传统价值观的一种颠覆、冲突与替代,认为其直接或间接地造成了公民道德建设主体的虚拟化以及榜样的认同危机等。一方面,互联网信息技术可能导致公民道德建设主体的虚拟化、虚假性。互联网信息平台"强调言论自由与人际的虚拟沟通",鼓励对"真实"与"个性"的追求和张扬。[2] 重大事件

---

[1] 冯鹏志:《数字化的泡沫:网络社会张力及其表现形式》,载《天津社会科学》2000年第3期,第28—32页。

[2] 李兰芬:《论网络时代的伦理问题》,载《自然辩证法研究》2000年第7期,第39页。

或突发事件的亲历者借助手机微博即时传递的现场信息,在一定程度上是未经核实的、片面的甚至有可能是虚假的表象信息。在这样的网络舆情情境中,公民道德建设主体不再是现实生活中可闻可见的人,取而代之的是虚拟化的人格以及各种被网络群体赋予不同含义的开放式的符号。如吉登斯指出的:"在互联网上,没有人可以知道其他人的真正面貌,知道他们是男性还是女性,或者生活在哪里。"①当网络空间交往的这种匿名性、多元性、间接性文化特权,被缺乏必要的自律精神、理性精神、公共意识的参与者占有或滥用时,就很容易成为公共道德的灰色地带,为公民道德建设带来复杂的不确定性。安德鲁·基恩曾指出:"互联网就像打开的潘多拉盒子,它……诱使我们将人类本性中最邪恶、最不正常的一面暴露出来,让我们屈从于社会中最具毁灭性的恶习;它腐蚀和破坏整个民族赖以生存的文化和价值观。"②可见,互联网信息技术可能导致公民道德建设主体的虚拟化或"不在场",腐蚀着公民道德建设主体的道德定力和责任担当。另一方面,互联网信息技术也可能加剧公民道德建设的榜样认同危机。这种认同危机的实质源于网络空间交往的匿名性、多元性、间接性,模糊、混淆了榜样选树、传播和示范引领作用的真实性及有效性。按照丹尼尔·贝尔的观念,依托于互联网的现代大众传媒在现代社会共同营造了一种平面化、标准化的"快餐文化",这种文化消解了传统文化的深度模式,"产生出一种距离的销蚀现象,其目的是为了获得即刻反应、冲撞效果、同步感和煽动性。审美距离一旦销蚀,思考回味也没有余地,观众被投入经验的覆盖之下"。③也就是说,人们无法或来不及辨别接触信息的真伪、善恶,更难以形成理性、客观、独立的价值判断与价值观,更多的是人云亦云。关于"雷锋的真实性""黄继光烈士的真实性"等网舆质疑均缘于此。这种道德虚无主义不仅是对榜样的质疑与否定,更是对传统的颠覆、冲突与替代,严重侵蚀着"互联网+"时代公民道德建设中榜样示范的合法性与正当性。

"互联网+"时代给公民道德建设带来的诸多问题与挑战并不可怕,可怕的是缺乏对这些问题与挑战的科学研判、理性界定以及有效应对。马克思认为:"问题就是公开的、无畏的、左右一切人的时代声音。问题就是时

---

① 吉登斯:《社会学》,北京大学出版社2009年版,第597页。
② 安德鲁·基恩:《网民的狂欢:关于互联网弊端的反思》,南海出版公司2010年版,第159页。
③ 沙红:《浅析现代大众传媒对青少年的影响》,载《当代青年研究》2001年第1期,第16页。

代的口号,是它表现自己精神状态的最实际的呼声。"①人类自身以及社会的发展处于不同的时代语境中,这就意味着必然会面对不同的时代问题,而不同问题的背后也就隐喻着不同时代的特征和精神,这不仅是时代发展的必经过程和题中之意,也是符合马克思历史唯物主义规律的。因此,在厘清问题与挑战之余,更重要的是要尽快寻找到应对之策。

二、建构"互联网+榜样示范"公民道德建设新平台

建构"互联网+榜样示范"平台,是对"互联网+"时代建树、传播和示范榜样人物和先进事迹的表达方式、展现形式、发布平台的一种创新,也是发挥公民道德建设中榜样示范引领功能的一种公民行动。

榜样示范作为公民道德建设的有效路径之一,不论是将其理解为"以他人的高尚思想、模仿行为和卓越成就来影响学生品德"②的教育方法,还是一种对个体角色和行为有直接示范作用的角色模型,抑或更直接的是能够引导人们产生积极效果与意义的好人或好事,都鲜明地体现出榜样示范自身所具有的先进性、真实性、可模仿性等特征。"互联网+榜样示范"平台作为公民道德建设的新平台和新高地,将以一整套信息技术为支撑,多面式、立体式地优化榜样选树路径,创新榜样传播机制,强化榜样示范影响力。

(一)"互联网+榜样示范"平台能够优化榜样的选树路径

榜样选树是"互联网+榜样示范"平台建构的逻辑起点。选树一个榜样,就在社会中树立起一面旗帜、建立起一个精神标杆、倡导一种价值取向。一般而言,自上而下和自下而上是榜样选树的两种基本路径。自上而下的榜样选树路径,一般是由国家或上级地方政府部门制定榜样选评资格和条件,通过政府发文、创评活动和表彰形式运作的选树榜样过程,属于政府主导的榜样选树。这种比较成熟的榜样选树路径在当前正面临两方面的挑战:一是复杂多元的社群分化和价值立场,自上而下选树的榜样人物不易获得大众的认同和敬畏;二是网络信息技术给网民大众提供了选择性发声

---

① 《马克思恩格斯全集》(第40卷),人民出版社1982年版,第289页。
② 王道俊、王汉澜:《教育学》,人民教育出版社1989年版,第399页。

的机会和可能,榜样人物已经无法实现在网络信息技术系统中的单向建树。在"人人皆可发声"的网络舆情语境中,网民往往根据自己的道德认知、道德体悟,自愿选择参与的内容和形式,借微博、微信等新媒体平台,以文字、图片、漫画、微电影等新媒体的音、形、意方式,快速、生动地表达、展现和发布看得见、摸得着、信得过、可学习的身边的凡人善举,形成了一个自下而上的"草根"榜样选树路径,属于群众认同的榜样选树。这种榜样选树的过程或结果,因社会公众广泛地自觉参与,极大地提高了榜样的真实性、生动性和感召力。正是众多来自群众生活的"草根型"榜样人物和先进事迹,激活了人们的同理心,最终形成了以榜样示范为核心的公民道德建设现象。由网络舆情自下而上传播推介、后被政府认可并自上而下建树的榜样人物和先进事迹,一经群众认同和政府倡导,就会成为强烈的主流社会心理,优化"互联网+"时代的榜样选树路径。

(二)"互联网+榜样示范"平台能够创新榜样的传播机制

在一般意义上,传播机制的创新更多地是由新兴传播媒介、传播手段来推动的。正如麦克·卢汉所说,任何一种新媒介的出现都会引入一种新的尺度,从而引发信息传播、社会结构和行为模式的转变。"互联网+"时代崛起的第三代移动互联网便是"一个新型的融合型网络,在该环境下,用户可以用手机、Pad 或者其他手执(车载)终端通过移动网接入互联网,随时随地享用公众互联网上的服务",[①]它最大的创新之处在于突破了时空场域的限制,真正实现了所谓的"4A"状态。移动互联网络机制对于榜样传播的意义和价值,不仅在于加快了榜样传播的速度,还在于拓展了榜样传播的载体和方法,提升了榜样传播的效果。

(三)"互联网+榜样示范"平台能够强化榜样的示范影响力

根据人民论坛问卷调查中心关于"对网络宣传报道评价的问卷调查"数据,分别有 61.65%和 56.58%的受访者认为"不同的表达方式""不同的

---

① 卢汉:《国内外移动互联网发展现状及问题分析》,载《现代电信科技》2009 年第 7 期,第 28 页。

展现形式"影响着人们对人物事件报道和网络文章的认同感;65.27%和62.04%的受访者认为"贴近生活""平凡的人和事"更能引起人们的感动。这种网络舆情的强大示范影响力,一方面来源于先进的网络技术深度挖掘了榜样人物或先进事迹的生动细节,真实地再现了榜样人物与先进事迹的形象情境,极大地契合了社会大众的情感体悟和接受认同的心理;另一方面,互联网大数据、云计算的扎实数据、丰富素材、图文并茂、画面设计、叙述旁白、严谨逻辑,增强了网络宣传报道评价的真实性、权威性和可看性。2015年6月,中国网民已达6.68亿,手机网民也已突破5.94亿,这意味着建构"互联网+榜样示范"平台,借助网络 BBS 讨论、App 推广、弹窗效应等形式,可在瞬间将身边的好人好事、凡人善举推介和传播给数亿受众,能够强化榜样示范的影响力。

其一,"互联网+榜样示范"平台拓展榜样示范的"移情力"。作为一种"理解他人情绪状态以及分享他人情绪状态的能力",[1]"移情"泛指人们面对他人道德情境、道德行为,在心理上产生的情绪性体验和感受性反应。榜样的示范移情表现为榜样人物或现实事件在建树、传播过程中对受众产生的感染力、共鸣度和引导性。恰如拉康镜像理论所言,人类在镜子中、在他人身上,看见了另一个自我。榜样移情就是受众在榜样身上看到了一个"可能自我,它们是可以实现的,代表了个体想要或能够成为的一类人"。[2] "互联网+榜样示范"平台以艺术建构和电子版式编码、再现的榜样人物和先进事迹为"榜样移情"的实现拓展了广泛的文化场域。

其二,"互联网+榜样示范"平台增强榜样示范的"认同感"。"在绝大多数情况下,认同都是建构起来的概念。人们是在程度不等的压力、诱因和自由选择的情况下,决定自己的认同。"榜样示范认同是一种榜样示范的辨识过程,榜样示范认同感是指网民大众对网络舆情选树、传播的榜样人物和先进事迹发自内心、比较稳定的认同感和归属感。公民道德建设不能没有榜样示范和引领,认同榜样示范是公民道德建设的情怀气节和责任担当。网民大众对榜样示范认同感的强弱,直接影响公民道德建设的推进和落实。

其三,"互联网+榜样示范"平台建构榜样示范的"践行场"。榜样示范贵在知行统一。如何在知行统一层面上提升网民大众对榜样人物和先进事

---

[1] Farrington D P, Jolliffe D. Personality and Crime//Smelser N J, Baltes P B. International Encyclopedia of the Social and Behavioural Sciences. Amsterdam: Elsevier, 2001, pp.11260-11264.

[2] 乔纳森·布朗:《自我》,王伟平、陈浩莺译,人民邮电出版社2004年版,第32页。

迹的认同度,是实现"互联网+榜样示范"平台建构意义的首要问题。"互联网+榜样示范"平台是社会主义核心价值观与具体的榜样人物和先进事迹辩证融合的"知行场",也是社会风尚习俗积淀、更替、更新的"发布场",还是网民大众对自身价值观反思与追问的"比对场"。"互联网+榜样示范"平台的建构反复证明了一个道理:榜样人物和先进事迹并不是遥不可及的"高大上",也不是虚无缥缈的"道德乌托邦",而是"三人行必有我师",只要我们愿意关注、认同和践行,人人皆可为榜样。

三、社会主义核心价值观引领"互联网+榜样示范"平台的建构

"互联网+榜样示范"平台提供了多主体、互流动、低成本的榜样信息传播和榜样精神移情平台,以往被浪费的榜样传播盈余和榜样精神溢出迅速得到分享,从而实现公民道德建设中榜样示范效应的最大化。然而所有技术工具的发明都是"双刃剑",互联网技术的时代意义在于它是社会信息传播、公共精神弘扬的加速器和放大器,同样,它的最大风险也在于将因为公共精神的缺失、社会信息的误传而成为破坏性的加速器和放大器。因此,"互联网+榜样示范"平台建构是一项需要以社会主义核心价值观引领,通过培育网民公共精神来有效规避网络技术风险的价值工程。

首先,以社会主义核心价值观引导"互联网+榜样示范"平台建构的价值取向。学界关于互联网技术价值的解读主要分"工具性"与"目的性"两种。"工具性"观点将互联网技术视为一种给人类生存、发展和交往带来更多便捷的简单、有效的工具,即使由其建构起来的虚拟社会及其对线下社会生活的影响也只是一种具有技术革新性的工具价值。"目的性"观点则主张互联网技术的根本意义不止于自身的工具价值,而在于以互联网技术为手段为人们提供了另一种空间意义上的生活可能性,进而改变着、丰富着人们的生存、发展、交往及其存在意义。例如,微信、微博就顺势超越和统合了血缘、地缘、业缘等弱关系,形成了一个排除财富、学历、身份、肤色、性别歧视的,活跃度高、互动性强、不受时空阻隔的平等的新型网络社交关系。作为一种社会技术现象,互联网最基本、最直接的功能是工具价值,如交际工具、思维工具。但当这种工具价值被注入了人的某种情感和意义而生发为一种动能时,它就会超越工具价值,向悄然打开的"目的性"价值领域迈进,互联网技术就不再是传统意义上的工具,而成为结构化的现实社会关系的

"存在之家"。当我们不再仅仅把互联网技术看作一种工具或一种技术,而更视为当下人们必要的存在样态时,以社会主义核心价值观引领的"互联网+榜样示范"平台建构就成为一种理性选择。以倡导富强、民主、文明、和谐,倡导自由、平等、公正、法治,倡导爱国、敬业、诚信、友善为基本内容的社会主义核心价值观,构成了"互联网+"时代榜样选树、传播和示范的基本价值取向。

其次,以社会主义核心价值观培育"互联网+榜样示范"平台建构的公民自律精神。公民自律精神是建构"互联网+榜样示范"平台的主体人格资质。建构"互联网+榜样示范"平台属于公民行动,而非互联网技术的本能所为。互联网作为一种技术工具,如何被利用,完全取决于以人的需求、信念及心智能力为思想基础的自律精神。这种自律精神,系指个体的人依靠自我的需求、信念及心智能力,对其生存地位、社会角色和行为方式在道德心理上的自我认知、自觉确信、自我教育和自我发展的精神境界。自觉性、自为性、自教性、自管性等构成自律精神的人格特征。作为人类道德基础的自律精神,其规范力度和适用范围远大于依靠制度强制、社会奖惩等的他律力量。这种自律精神在"互联网+"时代尤为重要。一方面,网络信息的开放性降低了公众发声以及信息准入的门槛,在多元身份和海量信息的虚拟世界中如何进行甄别与选择,没有任何主体机构告知网民,而需要网民主体依靠自身的心理定力和掌控能力。另一方面,网络信息的自主性在方便人们自在随性地表达自我、品评他人、追寻最纯粹自我的同时,对于如何尊重社会与他人的公共利益,即使法律法规、社会规则已明文规定,也得仰仗于网民主体自我的价值心理、选择能力。因此,建构"互联网+榜样示范"平台,需要以社会主义核心价值观培育、调动和提高网络公民之间彼此尊重、平等相待、相互合作的自律精神。自律精神的培育不仅使网络公民冲破他律清规的禁锢,张扬人的自由激情,实践人的"自由自觉的活动",而且更有助于"互联网+榜样示范"平台的文明健康发展。换句话说,建构"互联网+榜样示范"平台,不仅需要选树、传播榜样人物和先进事迹,更需要网络公民崇尚榜样、学习榜样的自觉自为的自律精神。

最后,以社会主义核心价值观引领"互联网+榜样示范"平台建构的舆论场。舆论引导是建构"互联网+榜样示范"平台的基本策略,谁掌握了舆论导向,谁就握住了"互联网+"时代的精神命脉。舆论作为一定社会信念、态度、情绪倾向的总和或汇集,总是在公众对社会各种现实问题和现象所表达的公共议论、意见、评价和看法的传递流动中不断地被构成和延展。舆论的类型有正向和负向之分：正向舆论是一种既正确表达人民群众意愿诉求，又还原事实真相，更能在党和政府与人民群众间架起沟通桥梁的舆论场域；负向舆论则背离、伤害党和人民群众的根本利益，以偏激、谣言、情绪化的民粹方式传播信息，让困难的局面更趋复杂。舆论引导作为建构"互联网+榜样示范"平台的基本策略，最重要的是对社会主义核心价值观的认同和坚持。"互联网+榜样示范"平台建构的舆论场，就是由党政机构及民间组织等多元主体，以社会主义核心价值观为引领，坚持采用情感共鸣、分类推进和综合治理策略协同营造正向的舆论场，抵制负向舆论，占领舆论导向制高点。第一，以社会主义核心价值观引领的正向舆论场影响"网络推手""网络意见领袖""公民记者"的动机结构和信息编辑的价值偏好，以最大限度地减少鱼龙混杂和良莠不齐的民粹信息。第二，面对某些重大事件和不可预见的突发事件，要正确研判，制订预案，在第一时间先声夺人，抢发真实权威信息，掌握正向舆论的引导先机，以有效遏制、破解各类蛊惑性的谣言。第三，以社会主义核心价值观加强各类舆论监督，坚守"富强、民主、文明、和谐"的国家价值目标，"自由、平等、公正、法治"的社会价值取向和"爱国、敬业、诚信、友善"的公民价值准则，理性监督网络舆论环境，使网络空间充满"真善美""正能量"和"好声音"，以增强网络舆论引导的针对性、说服力和感染力，提升网络舆论引导的传播力、公信力及价值感召力。简而言之，坚持以社会主义核心价值观引领"互联网+榜样示范"平台建构的舆论场，是"互联网+"时代公民道德建设价值自信的体现。

论变革世界的道德创新——兼论道德评价的新纬度[①]

乔法容

【提要】 自然在变化,世界在变革;自然界的变化不以人的意志为转移,世界的变革则是人类主动选择的结晶。变革世界的显著特征是:从全球范围看,经济仍是各国各地区竞争的焦点与基点;从一个国家看,经济从根本上主宰着社会生活,由此形成经济价值主导下的道德世界。面对变革的世界和道德世界,可持续性是当今道德思维和道德创新的一个新纬度。论文从三个方面展开论述:不可持续性经济发展观带来的危害;不可持续性经济发展观存在的若干缘由;可持续性:创新经济发展观的道德维度。

在当今人类生存的自然生态和社会文化生态遭受人类自身破坏的现实面前,有必要创新道德思维和道德评价标准,客观审视当下经济发展模式的缺陷,选择走绿色发展的可持续之路。

一、不可持续性经济发展观带来的危害

至2013年,中国改革开放走过了30多年的历程。回溯我国的经济增长方式,其中存在着一些值得深思的问题。不可持续性的短期行为,即以当下的利益得失为行动和决策的出发点,未能较好地兼顾其长远利益。经济生活中的短期行为带有一定的普遍性,它表现在三个层面:经济决策层面;企业层面;个人经济行为层面。

在经济决策层面,唯GDP至上的发展观在一个时期内有所表现。我国进入改革开放以来,在确立以市场为配置资源的基础性手段的同时,也出现

[①] 作者基于"道德与创新"研讨会的发言提纲,于2020年2月写成此文。——编者注

了以市场为主要甚至为单一导向的经济增长理念和价值观,出现了以 GDP 多少来评价经济成就大小的政绩观。在"以 GDP 论英雄"的时期,一些地方政府最关心的就是经济数据,甚至盲目追求 GDP(经济增长速度),忽视了发展质量,忽视了环境、资源与生态的承载力,忽视了人民对生存健康与美好生活方面的需要。《人民日报》曾发文:"不要带血的 GDP"。在增长模式上,追求数量型扩张的传统线性经济。其特点是,在开发与节约的关系上,重开发轻节约,单一追求 GDP 增长;在速度与效益的关系上,重速度轻效益;在发展的外延与内涵关系上,重外延扩张轻内涵提高,"三高一低"(高开采、高利用、高排放、低效益)造成了环境污染、资源紧缺、生态破坏,重蹈一些国家"先污染后治理"的覆辙。在经济决策层面,改变评价政绩的价值尺度,选择经济结构调整、经济发展方式转型,走科学发展、绿色发展之路,势在必行。

企业、公司层面存在的短期行为更加典型。美国外交政策聚焦研究计划网站于 2013 年 9 月 12 日刊载约翰·博格尔(Jack C. Bogle)《西方患上"短期主义"病》一文。文中指出,金融领域发明次级抵押贷款新金融工具的银行业者并不关心他们发明的长期效应,他们只看到高风险的短期利润。金融上市公司的业绩月报、季报等,都在强化人们对短期利润率的重视。尤其是 2008 年发源于美国的金融危机更是让全球人,无论成人、小孩,还是老人、女人等都为此买单。在中国,企业短命现象普遍存在。2013 年 7 月 31 日《人民日报》"经济聚焦"栏目发表国家工商总局绘制内资企业"生命周期表",以《半数企业"年龄"不到五岁》为题,其中谈到,作为市场经济活跃细胞的一家家企业,其存活情况如何?企业的年龄层次是什么结构?2013 年 7 月 30 日国家工商总局发布的《全国内资企业生存时间分析报告》指出,对 2000 年以来全国新设立企业、注吊销企业生存时间进行综合分析,绘制了一份企业的"生命周期表"。报告显示,目前中国近五成企业生存时间不足 5 年,企业成立后的 3—7 年死亡率较高。其中,与行业有关,与规范有关,但也不乏伦理上的缺陷。从道德的角度思考企业的短命现象和短命企业为什么短命背后的原因,可以发现,企业奉行的是一种缺乏长久价值或说可持续性价值的发展观。一些短命企业奉行的价值观就是"一锤子买卖"、期望"一夜暴富"的赌徒心理。光明网 2013 年 7 月 11 日发表国家发改委在其官方网站上公布的一份《2013 年上半年节能减排形势分析》。报告指出,我国节能环保产业发展潜力巨大,但节能减排形势严峻。今年初以来,我国发生大范围持续雾霾天气,影响区域包括华北平原、黄淮、江淮、江汉、江南、华南北部等地区,受影响面积约占国土面积的1/4,受影响人口约6亿人。报告指出,雾霾天气存在持续时间长、污染物浓度高等严重问题。如1月份北京市只有5天达到二级标准,而在开展监测的74个城市中,部分点位的小时最大值达到900微克/立方米。企业避开各级检查,偷偷排污就是其中的一个重要原因。因此,要实现全年单位GDP能耗下降3.7%以上,二氧化硫、化学需氧量、氨氮、氮氧化物排放总量分别下降2%、2%、2.5%、3%的目标,形势依然严峻,任务十分艰巨。显然,推动当前中国经济发展方式的转变,首先是经济发展价值观的转变。

在个体层面,短期主义与利己道德的表现也是触目惊心。一些人为追逐高额利润和回报,不惜牺牲社会公共利益和他人利益甚至生命。2013年5月3日《新京报》报道,《公安部:大量老鼠肉冒充羊肉流入江苏上海》,2013年5月6日新华网发表《山东种植毒姜,姜农称自己都不吃》消息引起国民震惊,报道称有人置国家法律与人民健康于不顾,明目张胆滥用叫神农丹的剧毒农药。这些姜他们卖给消费者,另外种没有使用该剧毒农药的姜自己吃。甚至卖烧饼的为了多赚钱,加有毒物致人伤命,等等,不一而足!

二、不可持续性经济发展观存在的若干缘由

迄今为止,人类已经和正在品尝经济行为短期主义之苦。短期主义盛行的主因是市场经济主体追求利益最大化,是资本逻辑不断增值自身的内在本性使然,也是人类发展的阶段性所带来的认知理性与价值理性的有限性缺陷所引致。因此,不可持续性发展价值观的根源需要我们认真挖掘。

满足快速积聚财富的资本本性,不惜牺牲同代人的利益甚至后代人的利益是其主因。在经济发展方式上,传统经济增长方式奉行经济第一主义发展观,在带来物质财富充裕的同时,牺牲了资源、环境,甚至以人类健康为代价,这种偏狭的发展价值观破坏了经济与人类生态系统的协调,破坏了人与自然之间关系的共生、人与社会之间关系的和谐。马克思指出:"生产剩余价值或赚钱,是这个生产方式的绝对规律。"[①]资本的剥削表现为"对剩余

---

① 《马克思恩格斯选集》(第2卷),第247页。

价值劳动的狼一般的贪欲"。① 资本家的目的"不是取得一次利润,而只是谋取利润的无休止的运动"。② 恩格斯讲道:"到目前为止的一切生产方式,都仅仅以取得劳动的最近的、最直接的效益为目的。那些只是在晚些时候才显现出来的、通过逐渐的重复和积累才产生效应的较远的,则完全被忽略了……支配着生产和交换的一个个资本家所能关心的,只是他们的行为的最直接的效益。不仅如此,甚至连这种效益——就所制造的或交换的产品的效用而言——也完全退居次要地位了;销售时可获得的利润成了唯一的动力。"③列宁曾经做过这样的分析:"商品交换表现着各个生产者之间通过市场发生的联系。货币意味着这一联系愈来愈密切,把各个生产者的全部经济生活不可分割地联结成一个整体。资本意味着这一联系进一步发展"。而金融资本的形成与活跃,更加紧密了这种联系,形成各种产业、各个地区和国家之间的联系网络。"金融资本特别机动灵活,在国内和国际上都特别错综复杂地交织在一起,它特别没有个性而且脱离直接生产,特别容易集中而且已经特别高度地集中,因此整个世界的命运简直就掌握在几百个亿万富翁和百万富翁的手中。"价值支配使用价值,金融支配实体经济,就成了发达市场经济的一个特征。从金融短期主义的危害看:一部分人一夜之间暴富,全球人利益受损;破坏经济生活秩序,破坏国际经济公正;虚拟经济脱离实体经济,给世界经济带来灾难性后果。这是一种不可持续性的经济发展观。当今发达国家的经济,资本呈现高度虚拟化特征。美国等发达国家的金融特别是少数金融寡头以赚取超额利润为目的,在牺牲全世界人民的利益中牟取暴利。美国原总统顾问布热津斯基都指责美国金融泡沫的制造者是少数从中牟利的富人。澳大利亚总理撰文强烈谴责美国的金融巨头打着新自由主义的旗帜大捞金钱。在资本逻辑的主导下,一些人奉行利润第一主义,牺牲公司(或组织)的长期价值观,诚信缺失、有损顾客、雇员和供货商的利益,置企业社会责任于不顾。

　　人或人类认知能力与眼界的局限性是不可持续性价值观泛化(普遍化)的又一原因。恩格斯讲,"事实上,我们一天天地学会更正确地理解自然规律,学会认识我们对自然界的习常过程所作的干预所引起的较近或较

---

① 《马克思恩格斯全集》(第23卷),第263页。
② 同上,第174—175页。
③ 《马克思恩格斯选集》(第4卷),第385页。

远的后果……"①"到目前为止的一切生产方式,都仅仅以取得劳动的最近的、最直接的效益为目的。那些只是在晚些时候才显现出来的、通过逐渐的重复和积累才产生效应的较远的结果,则完全被忽视了。"②恩格斯的思想可谓精辟和深刻。在科学日益快速发展的今天,人类对自然界的认知呈现出如此景象:一方面,人类越来越有能力认识更多的未知世界,并因而去主动控制最常见的生产行为所发生的较远的自然后果,另一方面,科学愈发展,如当今的高度信息化的数字经济,人类遇到的新问题新矛盾新挑战不是少而是多了,如人们常说的当今世界里,唯一可确定的命题就是未来的不确定性。随着科学技术已经深入融入经济生活且作为经济运行过程中的内在要素与变量,进一步增添了认知的难度,人类对经济行为后果的掌控日感缺乏与困惑。此外,不同时代人类道德认知方面的缺陷,也是选择经济发展方式的重要因素。意志自由是人类借助于对事物的认知而自主做出决定和自主选择行为的能力。"人为财死,鸟为食亡"的人性缺陷,急功近利,重当下轻长远、重己轻人的价值取向,也在不同意义上助推经济社会发展的片面化与畸形化。以牺牲环境与生态、损害人类健康为代价的传统经济发展模式之所以长期存在,就是道德主体缺乏对自然、对人类经济行为的必然性和目的性的认识。道德主体的主观任性和缺乏长远价值观的无限扩张,在证明人类强大的同时,也在不同程度上限制甚至约束了现实主体的自由和生存价值。价值判断总是以事实判断为根基的,但价值判断又不是无所作为的,所以,坚持两种判断的辩证统一,形成价值共识,才有可能驾驭经济社会的当下与未来,从而获得人类追寻的目的性价值。

割裂了经济发展、社会发展与生态演进之间的紧密关联。传统的线性经济增长模式是以资源消耗→产品工业→污染排放,形成高能耗、高开采、高污染以及大量生产、拼命消费的发展思路。在理论上,这种增长模式既违背了经济发展规律,也破坏了经济发展、社会发展与自然生态演进之间的内在关系。绿色经济模式要求人们的生产方式、生活方式、行为方式乃至空间布局等,从理念到行动,通过把经济活动组织成一个"资源—产品—再生资源"的反馈式流程,使资源能够得到合理持久的使用,从而保护环境削减污染,实现经济、自然生态和社会的可持续发展。绿色发展观是以地球生物圈

---

① 《马克思恩格斯选集》(第4卷),第384页。
② 同上,第38页。

的整体性为价值本位,追求地球生物圈的和谐,是一种"经济—社会—生态"良性运行的协调发展观。绿色发展观是以地球生物圈的自然生态阈限为本位,人类的经济实践活动及社会发展不能超越自然生态环境的承载能力,维系了经济、社会、发展三者之间内在的良性循环关系,形成了"经济—社会—生态"复合系统的整体优化、高度整合、良性运行和协调发展,从而实现可持续性发展的价值和意义。

三、可持续性:创新经济发展观的道德维度

评价经济活动及其行为,必须避免纯经济判断的标准与观念,应把可持续性作为道德思维的新维度,以此来评价经济行为的价值大小,以此来促进现实世界更加关注长远利益与人类发展的未来。可持续性原则,把能否促进经济社会的可持续发展作为判断经济增长的善恶标准,主张把利益的获得建立在人类的生存延续、人类长远的共同利益发展基础之上,拒绝急功近利,拒绝经济第一主义。可持续性价值原则体现在对生产、消费、自然等各个不同层面的伦理态度和要求。这一价值原则,是指既满足当代人的需求,又不对后代人满足其需求的能力构成危害的人类延续不断的发展,从而实现经济、社会、环境、资源的和谐发展。

首先,可持续性价值原则要求树立新的生产伦理观。可持续性价值原则要求发展经济的重要市场微观主体——企业,必须抛弃大量生产、大量消费、大量废弃型的传统生产模式,选择具有持续性的经济增长模式——绿色循环经济发展模式,尽量减少能源和资源消耗,把生产活动相关联的众多企业按照工业生态学的原理,在一定区域内将这些企业或部门联结起来,建立企业与企业之间废物的输入、输出关系,形成产业共生组合和企业间的工业代谢、共生关系,并要求生态工业园区内的所有企业严格坚持互动和谐的伦理原则,达到充分利用资源、减少废物产生、物质循环利用、消除环境破坏、提高经济发展规模和质量的目的。在传统工业经济模式下,人们为了最大限度地获取利润和创造社会财富,总是不顾自然的承载能力而最大限度地开发利用自然资源,以致对自然环境和资源造成了不可逆转的破坏。而可持续性价值原则要求企业遵循"3R"原则的生产观念,在充分考虑自然生态系统的承载能力的前提下,尽可能地节约、循环使用自然资源,不断提高自然资源的利用效率,并以此来追求经济效率的最大化。可持续性价值原则

下的生产伦理观不同于以往的生产伦理观,它要求企业在生产的全链条过程中,从生产的伦理性和道德性的角度来认识生产,并尽可能利用高科技,用智能投入来降低物质投入量,通过循环利用来达到经济、社会与生态的和谐。

其次,可持续性价值原则要求树立新的消费伦理观。马克思说过:"人从出现在地球舞台上的那一天起,每天都要消费,不管他在开始生产以前和生产期间都一样。"[1]消费不仅是一个经济问题,还是一个伦理问题。可持续性价值原则的消费伦理观基于人们的生态道德观和社会责任感而产生,它要求走出传统经济增长模式下"拼命生产、拼命消费"的误区,提倡适度、文明、健康、绿色的消费,在消费的同时就考虑到废弃物的资源化与再利用,建立循环生产和消费的观念。要求消费者必须选择一种与环境承载力相适应的生活方式——绿色生活方式,减少对自然资源的消耗和对环境污染物的排放;提倡从使用环境不友好的物质"品牌"向追求环境友好的生活方式转化;提倡购买耐用的并可循环使用的物品等。也就是说,可持续性价值理念要求人类的消费必须遵循生态系统的循环规律,并能够促进生态系统的良性、持久循环。可以说,可持续性价值原则是一种具有前瞻性的、虑及未来的理念,是建立在自觉的环境道德意识和绿色消费意识基础之上的科学观念。

再次,可持续性价值原则要求正确处理经济增长与自然之间的关系。与传统的经济伦理观相比,可持续性价值原则也是一种全新的自然伦理观。绿色循环经济就是可持续性价值原则倡导的一种与生态和谐的发展模式,既强调物质流也强调价值流,绿色循环经济运行模式不再像传统工业经济那样,将自然环境作为"取料场"和"垃圾场",也不仅仅视其为可利用的资源,而是将其作为人类赖以生存的基础,是必须维持的良性循环的生态系统。可持续性价值原则要求企业更加重视科学技术在生产中的运用,不仅考虑其对自然的开发能力,而且考虑到它对生态系统的修复能力,使之成为符合人类社会长远的整体的价值需要、有益于人类生态环境的技术;同时,它还要求人类在考虑当下自身的发展时,不仅考虑人对自然的征服能力,而且更重视人类利益与自然利益的平衡需要,考虑利益相关者的环境权益以及后代人的资源权益,从而建立人与自然和谐相融,促进人的可持续的、全

---

[1] 《马克思恩格斯全集》(第23卷),人民出版社1972年版,第191页。

面的发展。

与之相适应,可持续性价值原则对政府、企业和社会提出了相应的道德责任。它要求政府以制度约束来保障绿色循环经济的发展,为经济社会发展提供正确的价值导向;要求企业积极推行清洁生产、减少排污,树立生态安全意识,积极承担环保责任,更多地关注"利益相关者"和后代人的利益,以最小的环境影响来实现最大的经济效益;要求社会形成良好的道德舆论环境,要求消费者增强绿色发展意识,形成环境友好型的消费观念,增强生态道德责任意识,把对环境的污染和影响降到最低。可持续性价值原则尤其体现在对环境问题和后代人资源权益及发展问题的强烈关注。

总之,可持续性作为一种新的道德思维和道德评价维度,引导以市场力量为导向、以资本增值为内在冲动的经济发展观,转变为一种以生态法则为导向的、以人类共同体共享的绿色循环经济发展观,避免单一的以经济增长速度为判断标准的道德评价话语体系,摒弃急功近利的短期行为和损人利己的不可持续性价值观,确立面向未来的、整体的、系统的道德思维和评价尺度,以道德创新导引社会、企业(公司)、个人创造人类可共享的、人与自然和谐相处的长久价值。可持续性价值标准如同道德的属性一样,具有应然性和理想性,但它不是空想,不是一个伪命题,绿色经济、生态文明建设等就是将其转化为时代性实践运动的具体展现。

中国的阴阳学说与道德思维和创新

陆晓禾

【提要】 现当代哲学转向生活世界和横向超越,为经济伦理学和创新研究提供了新的哲学视域和基础,而中国古代的阴阳学说不仅为这种转向而且为经济伦理学的这种新的视域和基础提供了丰富和独特的资源。不仅食品安全问题、环境问题、腐败问题、虚拟经济的伦理问题,而且创新问题,都要求"极深而研几",考虑不在场的群体的权益,例如消费者、后代人、公众、纳税人、投资人的权益,考虑创新所涉及的群体的权益。这就要求当事人将伦理考虑用于未出场的群体,超越在场的当事人、当事人的权益,而进入不在场者的境况;要求超越按主客体关系来理解的"理性人—规范"模式,而代之以按主体间关系来理解的"在场与不在场者—关心"模式,考虑不在场的利益相关者的权益。这一转向对道德和创新问题的重要影响还在于,无论是创新的前提、标准还是创新能力本身,都需要有从在场到不在场的联想能力,要求在场者具有想象力,给予不在场者表达的机会,从而使不在场者得到显现,也从而与在场者达到相通。本文首先简要讨论现当代哲学的转向与中国的阴阳学说;然后,讨论阴阳学说对理解道德和创新问题的意义;最后将讨论这一视域对经济伦理学以及创新的启示意义。

唐代诗人王维的五言绝句《鹿柴》脍炙人口:"空山不见人,但闻人语响。返景入深林,复照青苔上。"这里:幽静的空山,人不在场,但同时又在场,太阳不在场,但同时又在场,从隐约听见的人语声,从青苔上的斑驳树影可想象而知,由此给出了一幅从在场到不在场的横向超越的图景。让我们来看现实中的一个场景:脏乱不堪的露天作坊,几口锅,正煮着地沟油,臭气冲天,污垢满地,几个赤膊工人面无表情地在昏暗晃动的灯光下忙碌着,不远处停着的一辆卡车旁,排放着几个已经装满地沟油的塑料桶。画面切换,在城市的一个饭馆里,欢声笑语,盛肴满桌,觥筹交错,前面提到的地沟油,现在装在厨房地上的油桶中。借助于记者的隐蔽摄像头,警察的端黑点行动和电视新闻报道,我们也现实地经历了一回从在场到不在场的横向超越。

对生活世界(我的理解是哲学所试图解释或改变的世界)的伦理问题,我们已经并且通常都是从道德规范角度来分析研究的。我们能否从思维方式,从研究方式上,对我们的伦理道德规范、对我们的社会行为规范提供些帮助呢?例如,无论是美的创造还是丑的揭示,都需要有从在场到不在场的联想能力,然后才有如何恰当地对待在场的问题。例如,那些地沟油工人如果能够从眼前的这种在场,联想到无辜的饭店顾客或者他们自己的亲朋好友吃下的是用这种有毒致癌的地沟油烹饪的菜肴,是否会幡然醒悟呢?

这个从在场到不在场的思维方式,是正在发生的现当代哲学的转向,而对这种转向,我们中国的阴阳学说也是可以采用的资源。所以,我想尝试一下,从这个更广阔深刻的转向,同时也作为生活世界的伦理问题、经济伦理问题研究的新思路,来做些探讨,期望中国传统思维能对今天的哲学思维、道德思维及其问题的认识和解决作出某种贡献。

一、现当代哲学的转向:从纵向到横向

中国哲学教授张世英对这一转向作了详细的论证和阐述。这里主要梳理和介绍张世英教授关于这一问题的研究并发表我的看法,分四点来概述。

(一) 对世界万物的哲学追问方式

按张世英的概括,对世界万物的哲学追问有两种方式。一种是纵向的,即由感性中的东西到理解中的东西。这种追问方式,以"主体—客体"思维模式为前提,以追求形而上的、永恒不变的、绝对的、抽象的本质、普遍性、同一性为根底,或者说,以恒常的在场为根底和目的,可称之为"纵向超越论"或"有底论",如柏拉图的"理念"、笛卡尔的"我思"、费希特的"绝对自我"和黑格尔的"绝对精神"。这种哲学所崇尚的把握事物的途径是思维。值得注意的是,西方现当代哲学的追问方式发生了转向,所追求的是在当前在场事物背后的不在场然而又是现实的事物,要求把在场的东西与不在场的

东西、把显现的东西与隐蔽的东西融合一起,认为哲学的最高任务是要达到天地万物(包括在场的与不在场的、显现的与隐蔽的)之相通相融,如海德格尔的哲学。这种哲学又可称为"横向超越论"或"无底论",它是以"万物一体"的思想境界为前提的,它所主张的达到事物相通相融的途径是想象力,即把未出场的东西与出场的东西综合为一个整体的能力,这就要求超越而不是抛弃思维,把想象力放在首位,不断地从在场的当前事物冲向不在场的事物。①

(二) 中国的阴阳学说:"极深而研几"

张世英认为,在中国哲学史上,与西方旧的"在场形而上学"相反而与现当代在场与不在场相结合的思想比较接近的,是阴阳学说。阴阳原义,阳为日出,阴为云遮日。中国古代的阴阳学说(包括老学、易学)将阴阳引申为宇宙万物生成变化的两个基本原理(有时指两种物质性的元气,即阴气和阳气),往往又指一切相反的方面,只要是一正一反,就可用阴阳来指称。阴阳学说不仅是关于万物由阴阳两种物质性元气构成的学说,而且是万物皆在正与反、阳与阴两面的哲学理论问题。所谓阴阳正反,用西方现当代一些哲学家的语言来说,就是在场与不在场。任何一个事物,当前显现在我们眼前的一面,称之为正面,也叫做阳面,隐蔽在背后未出场的一面,称之为反面,也叫做阴面。阴阳正反可以互换、转化,但总有一面是出场的,另一面是未出场的,一面是阳,一面是阴,不可能正反两面同时出场,如董仲舒所说"天道大数,相反之物也,不得俱出,阴阳是也。"(《春秋繁露》)阴阳学说所讲的阴阳正反两面都是现实的具体的东西,所以把握阴阳协和、万物一体的途径不是撇开具体性、特殊性,撇开在场与不在场的联系,以求得"纯粹在场"的抽象概念,而是始终不脱离现实的、具体的东西。《易·系辞上》云:"仰以观于天文,俯以察于地理,是故知幽明之故。"所谓"幽明"似即阴阳正反两面之意。但单纯的观察只是"知幽明之故"的一个条件,还需进一步把阴阳正反两面结合为一。故《易·系辞上》说:"圣人有以见天下之动而观其会通。""会通"就是把对立的阴阳两面加以结合。这里的关键是,能于当前

---

① 参见张世英:《哲学的新方向》,载《北京大学学报》(哲学社会科学版)1998年第2期,第172—180页;张世英:《哲学导论》,北京大学出版社2002年版。下同。

在场的东西中见到不在场的东西,能于阳处见到阴处。所以《易·系辞上》云:"夫易,圣人之所以极深而研几也。""极深"就是能穷极幽深难见的东西,"研几"就是审察将现(将出场)而尚未现(尚未出场)的东西,简言之,就是由阳以见阴。能达于此,就算是"精义入神""穷神知化"。想象不同于知觉的特点就是,要让不在场的东西出场、让想象中的出场(即不在场者之出场),阴阳学说所讲的"会通"近乎此意。

(三) 不同于西方在场形而上学的三个特点

张世英认为,与西方在场的形而上学不同,中国的阴阳学说有三个特点:一是否认有超感觉的理念或超感性的本质或本体世界存在,认为世界就是具体事物之阴阳两面的相互转化,所谓"一阴一阳之谓道"(《易·系辞上》);二是强调生生不息,所谓"日新之谓盛德,生生之谓易"(《易·系辞下》);三是认为变化有自己的常则,这就是由正而反,由反而正,所谓"物极必反",因而教人"见几而作""居安思危""知荣守辱"等,即使是大讲在场与不在场相结合的现当代西方哲学,也未见对此有所阐发。另一方面,与西方现当代不在场的形而上学相比较,中国的阴阳学说也有许多不同。例如,在太极与阴阳的关系问题上,大多是一些简短的断语;关于在场与不在场、阳与阴相结合需要依靠想象的道理,阴阳学说也多语焉不详,含而不露。所以,在他看来,中国古代的阴阳学说是闪现了西方现当代在场与不在场相结合思想的火花。但他同时还认为,对比近半个世纪以来我国哲学界所广为倡导的、与西方旧的"在场形而上学"相近似的哲学观点来说,中国阴阳学说关于阴阳正反相会通的思想,虽古老亦有新意。

(四) 笔者的看法

笔者认为,张世英的梳理和概括,某种程度改写了中西哲学史,提供了一种新的视角,有助于我们更通透地反思哲学解释生活世界的方式。对他的概括,我们可进一步研究和探讨。我想提四点看法:一是以前所谓的"底"或"恒常的在场"是已经认识的阳;二是理性是不会满足于感性的,一定会追寻相对稳定的、重复的理解,我们通常所说的规律,是会重复的阳,如太阳每天升起;三是在场有助于认识不在场和可能的在场,如空山中的人语,青苔上的返影,但这些在场之所以能够引出不在场,是因为基于人语与人的关系,返影与太阳的关系,或者说,是基于曾经的从在场到不在场的联系,而将这种联系转移到其他时空场合,所以首先是会重复的阳、有恒常的联系,才能联想或引出不在场;四是联想或引出不在场,需要想象力,想象力也就是将在场的应用到不在场的能力。

二、想象力:横向超越的基本方式

想象力是横向超越的基本途径或方式,所以笔者进而对它再做些讨论。

张世英谈到,康德提出,"想象是在直观中再现一个本身未出场的对象的能力。"[①]还提到,胡赛尔和海德格尔等人又对想象作了发展,认为这种意义下的想象,不是对一物之原物的摹仿或影像,而是把不同的东西综合为一个整体的综合能力。[②]

从笔者对西方哲学史、思想史的了解来看,张世英所注意到的现当代西方哲学的这种转向及其对想象力的重视,其溯源还应该更早些,不是始于他所列举的海德格尔等哲学家,也不是康德,而可以溯至詹巴蒂斯塔·维柯(G. B. Vico),后者被称为"近代最后一位哲学家和现当代第一位哲学家"[③]。维柯批判笛卡尔的唯理主义和基础主义范式,提出诗性智慧,强调感性、想象力、或然性等被笛卡尔排斥的人的非理性能力。几乎所有影响现当代哲学发展的重要的近代哲学家都不同程度地受到维柯的影响。[④] 所以在这里,我们可以回到维柯,看看他是如何论述想象力的。

在《论从拉丁语源发掘的意大利人的古代智慧》一书中,维柯从词源上揭示了想象力与记忆力的关系,他发现,拉丁人把储存各种感官知觉的能力叫做"memoria"[记忆],而当它表露这些知觉时,他们把它叫做"reminiscentia"[回忆],但它也意指我们形成意象的能力,希腊人称之为"phantasia"[想象力],意大利人称之为"immaginativa",在我们通常说

---

① 康德:kritik der reinen Vernuft, Hamburg, 1956, B151。转引自张世英:《哲学导论》,第48页。
② 张世英:《哲学导论》,第48页。
③ Giorgio Tagliacozzo, Vico: Neglect and Resurrection, in *New Vico Studies*, New York, The Institute For Vico Studies 1989, pp. 1–17.
④ 陆晓禾:译者前言,《维科著作选》,陆晓禾译、周昌忠校,商务印书馆1997年版,第1—4页。

"immaginare"的场合,拉丁人说"memorare",希腊人认为想象力是记忆女神的女儿。[1] 他的研究有助于我们了解想象力的来源,即它来自记忆力。不仅如此,维柯还从作为人的科学的几何学创造几何世界的能力,进一步研究了人类世界的创造,发现了正是诗性智慧即人类的想象力智慧创造了最初的人类世界,所以他提出了一个著名的原理,即"文明社会的世界确定是由人类创造的,因此它的原则可以从我们人类自己心灵的变化中找到。"[2]正是维柯发现和深入研究了人类具有的把不在场的、非眼前的东西的再现再生和综合为一个整体的想象力、创造力。

与道德想象力相关的是,休谟认为,想象力能够将我们的道德感情、认识和经验通过同情或怜悯而转化为对他人的义务。所以,没有道德想象力,人们就不能有同情,没有同情,就不可能应用例如"己所不欲勿施于人"这样的道德原则。[3] 康德认为,想象力必须在道德中发挥作用,因为像"你不应说谎"这样的纯粹(先天)道德原则"必须有由经验磨炼的判断,才能够看清在什么事例可以适用这些规律,才能够达到人类的一致而对于行为有效果",所以道德不仅仅是一套规则或价值观。它需要一种手段来了解什么时候某些道德原则是相关的以及如何应用它们。[4] 我们从当代对道德想象力的研究,可以看到现当代哲学转向的影响。例如美国哲学家、现任国际企业、经济学和伦理学学会(ISBEE)主席乔安妮·齐佑拉(Joanna Ciulla)教授认为,"想象力不仅仅是创造某种新的东西,而是要具有广阔的视野(broad perspective)。"[5]哲学家和小说家爱丽丝·默多克(Iris Murdoch)注意到:道德的人不是必定更有创造力的,而是他们具有更大的生活视野,这使得他们能看到正确的与错误的,清楚的与怀疑的,可以通过想象力的培养和生活经验的使用来获得这种大视野。[6] 英国著名伦理学家玛丽·沃诺克(Mary

---

[1] Vico: Selected Wrings, edited and translated by Leon Pompa, Cambridge University Press 1982, pp. 68 – 69;参见同上中译本:《维科著作选》,第 107—108 页。

[2] G. B. Vico, *The New Science of Giambattista Vico*, revised trans. Of the third editon (1744), by Thomas Goddard Bergin and Max Marold Fisch, Cornell University Press 1968, §331.

[3] 参见休谟:《人性论》(下册),关文运译 郑之骧校,商务印书馆 1983 年版,第 423 页。

[4] 参见康德:《道德形而上学探本》,唐钺重译,商务印书馆 1957 年版,第 8 页。

[5] Joanne B. Ciulla, Moral Imagination, in *Encyclopedia of Leadership*, eds. by George Goethals, Georgia J. Sorenson and James MacGregor Burns, Sage Reference Publication 1998, vol. 3, pp. 1019 – 1022.

[6] 参见 Iris Murdoch, metaphysics as a guide to morals, Allen Lane Penguin Books 1993, p. 325.

Warnock)认为,通过听和看的方式,可以有助于从不同中看到相同。[①] 许多伦理学家还强调榜样在伦理教育中的作用,认为人们不是通过分析而是通过榜样,了解概念,理解道德原则的。道德想象力的创造作用在于,人们如何考虑,通过创造性地解决问题和与其他人合作的方式,将他们的价值观和道德原则用于行动。

从这些讨论来看,笔者认为,也可以概括说,道德原则、规范的教育和实践倾向于横向跨越,重视的是这种横向跨越获得的大视野,因此突出了道德想象力的作用,而道德想象力依托于记忆,诉诸感性,不仅有助于具体了解概念、规范、原则,而且能通过由此产生的同情、怜悯等道德情感,而产生将道德原则和规范付诸行动的意志行为。

三、对生活世界伦理问题的意义

我们所出生和生活的世界,存在着各种各样的关系。对个人来说,阳面的、经常在场的是个人的家庭关系、亲属关系,单位里的职场关系,或熟人社会,但在这些阳面的在场的关系背后或者另一端,还存在着我们没看见的但现实地存在着的人、群体、关系。就我们这代人与我们的后代来说,他们已经不在场或现在不在场了,这不等于他们与我们今天的在场没有关系,不等于他们以后不会在场。

特别值得注意的是,在当今生活世界的重要领域——经济领域中,发生的大量伦理问题,如食品安全问题、环境伦理问题、官员腐败问题、虚拟经济的伦理问题等,从思维方式来看,都存在着只见阳,不见阴,只见在场,无视不在场的问题。例如本文前面提到的地沟油工人的问题,他们只看见眼前所忙碌于的、获得的东西,而无视或者根本不去想,他们自己、他们的子女、他们的亲友可能正坐在餐桌上,吃着用他们的致癌地沟油烹调的菜肴。

从经济伦理学来说,对原来的生产观到现在的公司管理观,也显示了这种从在场到不在场的变化:过去只管投入—产出,特别是股东论,只见股东,不见其他利益相关者,到现在的利益相关者理论,提供了一种新的视野,

---

[①] 参见 Mary Warnock,, *Imagination*. Berkeley and Los Angeles: University of California Press 1976, pp. 206 – 207.

要求的也是一种横向超越,从股东,到利益相关者,一些原来不在狭隘的生产观眼中的群体,现在都成为在场的或者应该在场的了,例如,环境保护者、消费者协会等。用这个观点来看马克思的资本论,也是有意义的。例如,资本家的眼里只有利润,只把工人当作必要劳动力来使用,特别是,资本家拼命生产,都把别的资本家的工人当作自己的消费者,而如果所有的资本家都如此,那么谁是这个资本家群体的产品的消费者呢? 从而造成了消费不足内需不足的问题,这是他们只见在场的无视不在场的必然结果。还有意义的是,当代经济伦理学研究者对斯密的经济学作的批评,也可以从这个角度来理解。例如美国教授马文·布朗(Marvin Brown)指出,斯密对奴隶在创造财富中的作用保持了沉默,因为那时的奴隶被看作财产,而不是劳动者、不是财富的创造者。[1] 由此来看,对生活世界的观点的转变,哲学或伦理学解释世界的体系观点概念的转变,无论是作为原因还是结果,都与这种从在场到不在场、从不在场到在场的超越有关。

那么,能否或者应该如何提高或者改善这种从在场到不在场、使不在场从隐蔽到显现的能力呢? 我认为,由以上的探讨,特别是中国阴阳学说关于极深研几、幽明会通和维柯关于想象力是记忆力的女儿的发现,我们对生活世界的伦理问题,可以从阴阳学说和现当代哲学的转向中获得帮助,因而在如下方面应该注意:

(一) 加深记忆,重复在场显现

想象力就是变不在场为在场的能力。提高想象力,就要加强记忆。如维柯所说,想象力是记忆力的女儿。现在是信息爆炸时代,新闻报道追求热点,学术研究也关注热点,这一方面是必要的,暴露的问题,需要集中的强化的在场的显示。但另一方面,随着热点的转移,事件本身很快就会被淡忘了,它与不在场的联系,还没达到会通,就被退到无穷尽的阴影中,正如以前李泽厚注意到的,学术热点很快过去了,还来不及深究,就转移到新的热点了,就像熊掰玉米,掰一个丢一个,毫无收获,原始重复。一个人或一个民族,只有善于记忆,才有记取教训的希望。对当事人如此,对受害者也是如此。例如宠物食品事件发生时,国人以为他国是闭关主义贸易政策,很多人

---

[1] Marvin Brown, Civilizing the economy, Cambridge University press, 2010, pp. 20-22.

包括我们的驻他国大使都未能正视这一在场事件,更不用说深究阴影下的不在场的生产过程了,直到将同样的三聚氰胺添加到婴幼儿奶粉中,造成几千儿童的伤害并以三鹿奶粉这家著名的奶制品企业垮台为代价,才引起重视,但之后也未能举一反三,类似的食品安全事件频频发生,只是在场的主角"你方唱罢我登场"而已。

(二)深入讨论,引出不在场

目的是,使得不在场变在场、阴转化为阳,让人们意识到不在场会是未来的在场,从而减少事件的频发,防患于未然。这对未来可能在场的而现在还不在场的受害者来说,有助于预防和自我保护;对未来可能在场的现在不在场的当事人来说,也让他们明白将造成的伤害和后果,从而有助于发挥阻止和威慑的作用。当然,这对那些自以为聪明、敢于挑战法律和社会道德底线的人来说,或许无动于衷,但这对一些无知无畏者、一些事后后悔莫及、仍良心未泯的未来在场当事人来说,可能会有助于他们预览其行动后果、唤醒他们的道德情感,从而有助于他们未来的伦理选择和行为。

(三)预演在场,练习应用伦理能力

对在场的生活世界的伦理问题,通常有两种对待方式。一种是诉诸理性,如原则学派所主张的,应用康德的道德律令,或者应用"己所不欲勿施于人"的黄金律,一些经济伦理学者还总结了多种方法来帮助作出伦理决策。但对这种方式,也遭到一些从业者的质疑。他们认为,现实世界中,许多问题不可能等我们作出伦理原则的推理后再来作决策的。因此一些学者又倾向于另一种方式,即德性的途径,认为对一个有德性的人来说,他或她的德性会决定其选择,什么是该做的,什么是应当拒绝的。笔者认为,我们的德性确实会为我们的行为作出选择,但德性需要知识,需要预览。如果不是身临其境,我们很难知道我们将作什么抉择,如果没有不在场的显示,我们很难知道,我们的德性会如何不能承受这种在场的结果。同样的,对于原则学派,我们需要知道我们所应用原则的场合,这些场合涉及的他人,应用这些原则可能的后果,而这些并不是我们通过程序、通过步骤就能清楚明白的。所以,在伦理学教育中,在经济伦理教育中,我们所采用的案例教育、榜样教育,在笔者看来,就是一种将不在场变在场的预览或预演,不仅加强了在场与不在场的联系,而且有助于培养应对不在场可能变为在场的能力,包括道德规范采用和德性感受的能力。现在已知的案例,如前车之鉴,都是已经发生的真实案例,是已经发生的真实的在场。重现和分析这些案例是非常有益的。但是,过去的在场,不等于未来真实的在场,过去的在场有其局限性,这就是"人不可能同时踏进同一条河",因此,除了重现分析这些案例外,笔者还主张,我们还可就现在面临的一些问题设想它们可能的在场情况,以提高我们的前瞻性以及应对意识和能力。

(四)充分利用现代信息技术,使得阴阳俱出成为可能

王维《鹿柴》的不在场,只能通过对在场的想象来引出不在场,在场与不在场不可能同时在场。而且,这种在场和不在场,按胡赛尔的理解,是"明暗层次"(Abschattungen)的统一,感性直观中出场("明")的事物出现于由其他诸多未出场("暗")的事物所构成的视野之中。在这个意义上,我们也可以说,《鹿柴》中的在场和不在场都是意向性的、存在于人们的直观或想象的直观中。但是,借助于现代电脑、网络、电视,随着镜头的切换,随着网友提供的对于他们是在场的而对于其他人可能是不在场的叙述和讨论,使得愈益多的阴、暗、隐蔽或不在场成为阳、明或在场,从而使得对一些在场的人来说,阴阳俱出成为可能。当然,已经扩大的阳又植根于更大的阴,但借助于现代信息技术,阴阳转化、明暗统一的画面将更扩大,如同火炬照亮更大的幽暗。从记忆力、想象力和道德情感的激发来说,信息技术也将使得我们从在场到不在场的速度更快和更便捷,对道德情感的激发力更强。当然,最后能否激发道德情感和愿否履行道德义务或应用道德原则,则还是要取决于行为者自己是否为之所动并具有道德行为的意志了。

道德诚信：财富创造的伦理基石

赵丽涛 余玉花[*]

【提要】 道德诚信与财富创造是财富伦理研究中的一对重要关系范畴。但是，社会对诚信在财富创造中作用的认识还远没有达到应有的深度。有学者从经济视角探讨财富创造，将之视为脱离伦理约束的经济逻辑。这种"割裂"研究方式妨碍了人们从深层次探究伦理道德在财富创造中的作用问题。实际上，伦理道德可以规约和推动财富创造。特别是在当下信任危机背景下，道德诚信可以为财富创造保驾护航，给其提供坚实的伦理基础和文化支撑，并通过自身形式参与财富创造具体过程，保证财富创造获得正当性动力和可持续性存在。当前，商务诚信领域中的诚信缺失现象令人担忧，需要我们从政府、社会及商家层面加强商务诚信建设，助推财富创造。

  财富[①]不仅是普通民众改善生活和追求幸福的现实基础，更是人类生存及社会演进的物质前提。因而，如何创造更多的财富就成为个人和社会不断追求的目标。但是财富创造不仅仅是一个经济学的问题，同样与社会伦理密切相关。事实上，财富创造在促进我们日常生活和现代文明发展的同时，也出现很多的伦理问题。如，近年来出现的"恶意违约""食品安全问题""光大证券造假"等不诚信事件，以至人们将财富与罪恶并提。"凤凰财经"一次网上调查显示，高达65%的参与者认为"财富有原罪，只有品德败坏的人才可能巨富"。[②] 财富创造中的道德问题促使我们思考：财富创造一

---

 [*] 本文2020年1月经作者审读并确认。作者余玉花参加了研讨会并作了论文发言。——编者注

 [①] "财富"在人类话语系统中有广义和狭义之分。"广义的财富"指人类所能拥有的一切，它包括人的身体、人的内在精神和外在于人的物质财富。"狭义的财富"则仅指人类能够拥有的物质财富（向玉乔："财富伦理：关于财富的自在之理"，《伦理学研究》2010年第11期）。本文主要从狭义角度理解"财富"，即仅与人类衣、食、住、行、用密切相关的物质财富。

 [②] 中国经济网："中国人财富观调查：65%网友认为品德败坏才能巨富"，http://www.ce.cn/Macro/201306/06/t20130606_24455000.shtml，2013-06-06。

定以道德为代价吗？我们应以什么样的态度去创造财富？本文拟就财富与道德诚信的关系作一探讨。

一

财富创造主要指涉怎样获得、积累、增加更多的物质财富来满足人们生存和发展需要的活动。毫无疑问，财富创造是一项经济活动，遵循的是经济逻辑。正是在这个意义上，亚当·斯密指出，创造财富是"理性经济人""利己"本性的活动。斯密认为，创造财富或许也能产生"道德利他"的后果，但那并不出于"经济人"的道德本意，只是"经济人"理性调节而达到一种类似于伦理规约的效果。虽然斯密也曾用"道德人"约束"经济人"的非道德行为，但他的"利己"本能产生客观道德效果理论对后世产生不小影响。

关于财富创造与道德的关系上，一些功利主义者认为财富创造是经济行为方式，它不需要或尽量减少伦理介入："在完全竞争市场中，追求利润本身会确保以最有利于社会的方式服务于社会成员。"[1]财富创造主要应该着眼于以物质、金钱、利润为主要内容形态的增加，它基本不需要伦理道德进行限制，因为"追求利润本身"就足以产生道德调节的动力。他们认为，财富创造这种经济行为，与伦理道德具有异质性的目的逻辑。财富创造以"财富或利润最大化"为目标，起作用的是经济规律，强调"获得"与"索取"；而伦理道德主要对人的行为进行道德限制，关注行为的伦理性，看重"给予"与"奉献"，二者似乎相矛盾。所以，伦理不能过多干预和绑架财富创造。甚至有人主张，可以以道德牺牲换取更大的经济发展与财富积累。虽然有学者认识到伦理因素并非完全游离于财富创造之外，但也只把它视为"陪衬或暧昧角色"。如弗里德曼认为，企业要遵守基本的伦理习俗，但它的唯一职责是"使利润最大化"。[2] 还有学者认为，随着经济发展，社会的道德观念和道德水平会自然提高，正所谓"仓廪实而知礼节，衣食足而知荣辱"。[3]

不可否认，从经济视角探讨财富创造有其合理性，因为财富创造本身是

---

[1] 转引自贝拉斯克斯：《商业伦理：概念与案例》，刘刚、程熙镕译，中国人民大学出版社2013年版，第16页。

[2] 弗里德曼：《弗里德曼文萃》，高榕译，北京经济学院出版社1991年版，第43—46页。

[3] 许鸣、林海兰：《传统道德思想中的财富观及其当代意义》，载《学术交流》2011年第4期。

经济行为的一部分。但问题在于,以"经济与伦理割裂"方式看待财富创造也是有问题的:一是理性"经济人"在创造财富中自行催生的道德调节功能有一定限度。毋庸置疑,"经济人"从"利己"出发,可能会客观上调整自我道德行为,遵守伦理规范。但是,它要完全发挥作用,其前提是存在"完全竞争市场"和"经济主体的完全理性能力"。而实际上,市场很难做到"完全竞争"。退一步说,假设有"完全竞争市场",但经济主体还存在西蒙所说的"有限理性"问题,这使主体在追求财富中有可能产生"非理性"行为,导致伦理失序。二是忽视和摒弃伦理因素的财富创造,难以合理审视伦理道德的约束作用和经济功能。如果只是注重财富创造的经济维度,就遮蔽了道德在财富创造中的内在功效。因为财富创造本质上反映着如何处理人与自然、人与人以及人与社会之间的利益关系,这必然牵涉包括道德价值、道德关系、道德责任等在内的伦理问题。当今社会,一些倡导"利润最大化"行为引发很多严重的社会问题,迫切需要伦理约束。一如阿玛蒂亚·森所言,约束"利润最大化"的克制力就包括伦理道德。[①] 更重要的是,伦理道德不仅保证财富创造的正当性、可持续性,而且可以通过转化成为财富创造的"催化剂"。三是财富增加、经济发展并不必然促进人们道德水平的提升。无论是国外的"安然"事件,还是国内的"地沟油"等诚信风波都是最有力的反证。

基于上述讨论,我们认为,财富创造与伦理道德密不可分。换言之,财富创造无法将伦理排斥在自己视域之外,它不能仅局限于物质资料增加、利润最大化,更需要伦理关怀。但问题随之而来,财富创造需要什么样的伦理?从学理层面来看,伦理道德有"善恶"之分,这就必须作进一步的区分和探讨。一方面,"恶"的伦理能否创造财富?恩格斯在批判费尔巴哈片面强调"善"的作用时,引用黑格尔的话:"有人以为,当他说人本性是善的这句话时,是说出了一种很伟大的思想;但是他忘记了,当人们说人本性是恶的这句话时,是说出了一种更伟大得多的思想",并进一步指出,在黑格尔那里,恶是历史发展的动力的表现形式。自从阶级对立产生依赖,正是人的恶劣的情欲——贪欲和权势欲成了历史发展的杠杆。[②] 戴维·S. 兰德斯在《国富国穷》中通过研究历史上很多国家财富创造过程,提到贪婪、掠夺、追

[①] [美]恩德勒:《国际经济伦理》,锐博慧网公司译,北京大学出版社2004年版,第16页。
[②] 《马克思恩格斯选集》(第4卷),人民出版社1995年版,第237页。

求享受和荣耀等也是获取财富的重要动机。马克思在批判资本主义积累时指出:"在一极是财富的积累,同时在另一极,即把自己的产品作为资本来生产的阶级方面,是贫困、劳动折磨、受奴役、无知、粗野和道德堕落的积累。"[1]事实上,在现实生活中,我们不难发现,通过坑蒙拐骗、巧取豪夺等不道德方式获取和创造财富的行为屡见不鲜。

诚然,人的贪婪、欲望、自私等是财富创造的驱动力。但问题在于,由它而生的"恶"伦理势必会在逐利纵容下,通过非正当、不合理、扭曲性的手段和途径积累、创造财富,其后果便是产生困扰当今社会持续发展的环境伦理问题、生态伦理问题、社会伦理问题,出现财富创造与道德沦丧的两难困境,造成人自身、自然和社会的撕裂,最终又损害财富创造本身。因而,"恶"的伦理不是创造财富的真正动力,它缺少应有的伦理责任与担当。

这就需要从另一面,即"善"的伦理视角来探寻财富创造的道德基础。柏拉图认为追求、创造财富应当做到"注意和谐和秩序的原则"。[2] 孔子也说:"富而可求也,虽执鞭之士,吾亦为之。"(《论语·述而》)但"不以其道得之,不处也"(《论语·里仁》)。孔子不反对人们追求和创造财富,但要通过正当性道德途径,不能靠邪恶手段得之。我们讲的"财富创造的道德基础",就是指财富的获取、积累、创造过程需要美德,应该通过正当性、合理性伦理为财富创造提供价值规约和内在动力,以使财富创造与伦理道德之间取得平衡与融通。

古今中外,不少思想家和学者对财富创造具体需要何种美德进行过许多研究。例如,荀子说:"商贾敦悫,无诈则商旅安货财通,而求给矣。"(《荀子·儒效》)明确强调商业交易活动中要诚实无欺、敦厚老实,不能强取豪夺、诓骗欺诈。古代"徽商"与"晋商"推崇的"以诚待人,以信接物""售货无诀窍,信誉第一条""重信义,除虚伪"等伦理要求至今仍是"黄金法则"。韦伯在《新教伦理与资本主义精神》中不仅通过引述富兰克林的话来说明信用、守时、勤奋、节俭、合理获利等美德对于资本主义财富积累、创造的重要意义,而且从诸如"敬业、责任感"等"天职"观念视角深刻论证了资本主义兴起与繁荣的伦理支撑。福山则通过将低信任度国家与高信任度国家进行对比分析后指出,信任文化与经济繁荣密不可分,以信任为基础的社会美

---

[1] 《马克思恩格斯全集》(第 23 卷),人民出版社 1975 年版,第 708 页。
[2] 柏拉图:《理想国》,郭斌和、张竹明译,商务印书馆 1994 年版,第 385 页。

德对企业和国家的财富创造至关重要。罗尔斯指出,财富分配需要以公平正义为前提,虽然他未从正面论述正义对于财富创造的意义,但财富创造本身就内含分配方面①。所以,获取和创造财富的途径、手段创造也应遵循公平正义原则。也正是在此意义上,所罗门说:"正义是企业生活中最根本的美德。"②由此可见,"善"的伦理既可以提供诸如诚实守信、勤奋节俭、责任担当、公平正义等美德,又能够将自私、欲望、功利等刺激财富创造的动机控制和约束在底线伦理范围内,从而减少以至避免财富创造中的道德失范现象,保障和促进财富创造合理进行。

二

在财富创造需要的诸美德中,道德诚信一直被众多思想家、学者置于重要位置。特别是在当今道德领域问题较为突出的背景下,其价值和意义更加凸显。我们认为,道德诚信为财富创造提供坚实的伦理基础和文化支撑,它对财富创造具有规范和推动作用。唯有将诚信精神融入财富创造中,才能使其获得正当性动力和可持续性存在。之所以这样说,需要从更深层次剖析道德诚信何以能成为财富创造的伦理基石和文化条件。

吴杰在《财富论》中专门就生产力的精神要素进行论证。他指出,所谓生产力就是创造财富的能力,而"生产力包括'物质生产力和精神生产力'。而精神生产力指的是生产力中的科学因素和科学力量,这种科学因素和科学力量理应包括道德科学在内的自然科学和社会科学。离开了人的精神尤其是道德精神的渗透,任何生产力要素只能是'死的生产力'。"③王小锡教授也将道德视为精神生产力,也即"道德生产力"。道德生产力不仅是生产力中的重要内容或因素,而且在生产力的发展过程中起着独特的精神功能的作用。④诚信无疑属于道德生产力中的组成部分。道德诚信作为伦理因素,能够通过自身特殊的功能和作用直接或间接参与财富创造过程。这主要体现在以下三个方面:

---

① 恩德勒:《"财富创造"遭遇伦理危机》,载《社会科学报》2009年第1期。
② [美]所罗门(Solomon, R. C.):《伦理与卓越:商业中的合作与诚信》,罗汉、黄悦译,上海译文出版社2006年版,第284页。
③ 王小锡:《道德资本与经济伦理》,人民出版社2009年版,第59页。
④ 同上,第121页。

首先,"诚信的价值评判与规导"的作用。诚信作为应然的"善"伦理,是一种被众多人接受和认可的道德理念和伦理规范,它自身具有价值尺度和标准的属性,从而形成前置性的评价判断和规范引导作用。由于诚信是道德生产力系统中不可忽视的精神内容,这使它能够将财富创造置于自己的作用畛域内,告诉人们什么样的财富创造是合理正当的、什么样的财富创造是不可取的。如果通过不正当或不合理方式创造财富,违背诚实守信价值规范要求,不仅会被视为羞耻,而且会付出高昂的失信代价,最终影响财富创造。例如,"三鹿奶粉"事件便是最好证明。在市场经济条件下,财富创造往往呈现"盲目的冲动",存在着为了"利润最大化"而以各种方式规避诸如有关诚信法律制度限制的行为。无疑,法律、制度等限制不道德经济行为发挥着不可替代的作用,但它们更多强调外在力量约束,但没能使经济活动主体深刻认识到"为何创造财富要讲诚信"的意义。而"道德诚信"恰好可以形成价值引导、调节与规范作用,弥补诚信规则、制度的不足和漏洞,从而为发挥创造财富的能力得到充分发挥。

其次,"诚信资本及转化"的功能。一般认为,资本主要表现为一种实物形态,具有自然属性。但是,越来越多的研究表明,资本还必须包括符号形态,具有社会属性。诚信作为非实物形态的价值符号,被人们视为一种极其重要的资本。例如,福山指出,信任作为一种社会资本,以其自身文化支撑和动力作用推进经济发展和财富积累。不过,诚信资本是一种特殊生产要素,它不直接、具体参与创造财富,而是通过以下两种方式作用于财富创造过程:一方面,诚信为实体资本参与财富创造提供支持和条件。财富创造并不仅仅由经济资本驱动,还需要诚信观念的支持和投入。因为诚信可以通过劳动者使物质性资本直接参与财富创造的功利性功能发挥创造了良好的信任环境,从而起到激活经济资本,提高其效能的作用。否则,因为信任问题,具体生产性资本则难以有效创造财富。恰如穆勒所说:"信用以信任心为根据,信任心推广,每个人藏在身边以备万一的最小额资本亦将有种工具,可以用在生产的用途上。""如果没用信用,换言之,如果因为一般不安全,因为缺乏信任心,而不常有信用,则有资本但无职业或无必要知识技能而不能亲自营业的人,将不能从资本获得任何利益:他们所有的资产或将歇着不用,或将浪费削减在不熟练的谋利的尝试上"。[①] 另一方面,诚信

---

① 转引自周中之、刘方:《诚信的道德价值》,载《伦理学研究》2003年第1期。

资本渗透和转化为财富创造基本要素一部分,进而发挥经济功能。从财富生产与创造的过程看,劳动者、劳动资料和劳动对象构成财富创造的基本要素。在这之中,劳动者是决定性因素。因而,唯有诚信渗透和转化为劳动者的思想、观念、素质,才能提高他们的责任感、正义感等道德品质,使其智力、体力得到合理发挥,从而能够最大限度且合理发挥劳动资料的效能,采取合适的手段和途径,并较好作用于劳动对象,生产和创造更多更好的财富。

再次,"诚信的成本——收益"的作用。市场上的经济活动主体,主要从利害得失来考虑自己的行为。在财富创造中,一些人之所以不愿意过多增加诚信成本,除了因为它要耗费一定的物质费用和精神耗费外,更重要的是,失信的成本较低,而预期收益较高。不过,失信行为固然能够以"小成本"获得"大收益",但问题在于,这种行为无法保持自身信誉,也不能持续受益,终归不是长久之计。更重要的是,私人失信成本低是以增加社会成本、败坏道德风气为代价的。从结果看,这造成社会资源配置效率低下、交换难以顺畅进行,最终仍是损害私人创造财富。因而,从长远和总体看,财富创造需要持续投入诚信资本,夯实创造财富的伦理基础,从而维护自身信誉,获得长期收益。

道德诚信不仅在"生产力"意义上的财富创造中具有重要价值,而且其作用还体现在"生产关系"层面上的财富创造中。人们在创造财富过程中,形成复杂的、不以人的意志为转移的经济关系。和谐、有序的经济关系有助于促进财富创造顺利进行,是获取财富的前提条件和根本保证。道德诚信对和谐、有序的经济关系具有独特功能与作用,进而助推财富创造。

第一,道德诚信可以有效调节和规范经济主体之间的人际关系,从而提升财富创造效率。在创造财富过程中,经济主体之间形成比较复杂的关系,比如:雇主与雇员之间的关系、管理者与劳动者之间的关系、企业之间的关系、销售员与顾客之间的关系,等等。无论哪种关系,都需要他们之间保持一种和谐与理性关系,相互协作、配合,从而有效促进生产力发展、保证交换顺畅进行,创造和获取更多财富。诚信作为一种道德理性力量,是处理各种关系的底线伦理。人们唯有按照道德诚信进行合理调控,才能营造较为顺畅、和谐、融洽的人际关系,进而提升责任感、凝聚力、效能感等,增强财富创造的效率。如果经济主体缺乏诚信,甚至尔虞我诈、相互欺骗、背信弃义,那么势必会引起人际关系紧张,诱发问题和矛盾,从而有害于创造财富。

第二,道德诚信可以进行市场的"秩序整合",为财富创造提供伦理支持。在市场经济条件下,"秩序规则"是前提。因为人们在市场上创造财富过程中需要遵守平等交换、公平竞争等原则。但是,由于受到逐利欲望的诱惑和驱动,一些人在逐利动机催动下,以诸如欺骗、造假等非诚信手段和途径满足利益欲望。这就突破了市场规则限制,造成市场混乱,阻碍财富创造的合理进行。可见,没有诚信就没有秩序,也不能保证财富创造正常进行。除了强制性约束力的诚信法规、制度外,道德诚信作为一种无形的秩序起着重要作用。因为诚信是"自觉"的内在道德约束,它可以调整人心秩序,使人们能够主动遵循合理的市场规则和应有秩序,将经济行为纳入财富创造所允许的轨道上。

第三,道德诚信可以促进交易顺畅进行,提高经济效益。财富创造与交易的内容、程序、频率紧密相关。经济学家阿罗指出:"信任是经济交换有效的润滑剂。"[1]在诚信度较高的市场经济条件下,交易环境的不确定性降低,交易双方相互信任,会促使交易内容增多、交易程序简化、交易频率提高,从而能够创造更多财富。但是,如果交易方不讲诚信,故意隐瞒相关信息,那么不仅会损害对方利益,而且造成交易难以顺畅进行,无法保证持续获利。从博弈论角度看,"博弈双方的博弈并非一次性,而是多次的。如果两个博弈方都是理性的和追求自己的长远利益的,双方就会讲究信用;即使在交易中有时会暂时吃亏,但为了在以后的交易中获得更大利益,也不会因获暂时利益而不讲信用。在双方的博弈对局中,任何一方都不会舍弃长远利益而不讲信用,去换取欺骗的一次性好处而被淘汰出局。"[2]更关键的是,如果市场上缺乏诚信环境,不能公平、公正交易,就会使交易方将更多的时间、精力、财力用于收集相关信息、进行讨价还价、回退不合格产品等。这势必会增加交易成本,导致交易内容减少、交易程序复杂、交易频率降低,甚至使交易无法正常进行,阻碍创造财富。可见,唯有交易各方以诚相待,才能保证交易顺畅进行,减少交易摩擦,节约不必要的人、财、物等成本,从而实现最大化的经济效益,创造更多财富。

---

[1] K. Arrow, The Limits of Organization, New York: Norton, 1974: 121.
[2] 陆晓禾、金黛如:《经济伦理、公司治理与和谐社会》,上海社会科学院出版社 2005 年版,第 45 页。

三

在当下财富创造过程中,问题的焦点在于,商务领域中的诚信缺失现象令人担忧。近年来,"瘦肉精"问题、"地沟油"问题、"毒校服"问题、"鼠肉充当羊肉"问题等商业失信事件频频发生,特别是价格欺诈、随意违约、缺斤少两、假冒伪劣、以次充好、夸大宣传等道德失范、诚信缺失现象日益严重。例如,目前,我国中小企业占全国企业总数的99%以上,在全国工业总产值和实现利税的比重分别达60%、40%,它们已经成为我国市场经济活动的主体。但遗憾的是,一些中小企业不同程度地存在着诚信缺失,比如合同交易只占整个交易量的30%,履约率仅有60%左右。[①] 另据商务部统计数据显示,我国企业每年因信用缺失导致的直接和间接经济损失高达6 000亿元,其中因产品质量低劣、制假售假、合同欺诈造成的各种损失达2 000亿元。[②] 从深层次看,商务诚信缺失是人们以功利主义目的过度追求利益所致。在市场经济条件下,适当的功利目的可以激励、驱使人们积极参与市场交换和竞争,从而推动财富创造的顺利进行。但问题在于,很多经济主体往往不能将这种功利目的调控在理性的限度内。于是,为了满足自我获利欲望,一些人就会突破应有的道德规则,以不诚信方式获得财富。

如果仅就单个经济主体"财富获得"情况来说,失信行为的确实现了财富创造目的。不过,从整个社会情况看,以失信方式创造财富只是以"损害他人"手段达到财富的转移,而社会总财富并未增多。更关键的是,商务诚信缺失现象侵蚀着社会风气,扰乱正常的市场经济秩序,最终会伤害财富创造本身。因而,商务诚信建设不仅是市场经济健康发展的基础性工作,更是助推财富创造的必要前提。为此,需要采取多种措施加强商务诚信建设:

第一,政府要从顶层设计角度加强道德治理,推进商务诚信道德建设。鼓励诚信经营,治理诚信缺失现象,有赖于政府从全局角度寻求问题的解决之道。无论是培育诚信意识,还是进行诚信教育,抑或是弘扬诚信精神,政府相关部门可以从总体视角建立起引导、激励、监督、惩罚等一整套体系,从而促进诚信道德深入人心,为财富创造奠定内心秩序。例如,商务部在北

---

① 沈俊峰:《诚信缺失影响经济社会健康发展》,《中国纪检监察报》2010年3月5日。
② 王村理:《商务诚信是社会诚信之基》,《光明日报》2012年10月13日。

京、上海等10个城市开展的"商务诚信建设试点工作",就通过教育引导、政策扶持、规章制度、任务重点、评估体系、奖罚标准等顶层设计,鼓励人们在财富创造中遵循诚实守信原则。需要指出的是,政府相关部门通过顶层设计普及和倡导诚信道德,需要结合各类经济主体切身利益。马克思、恩格斯指出:"'思想'一旦离开'利益',就一定会使自己出丑。"①政府鼓励诚信美德,不能脱离经济利益。具体来讲,就是不但使经济主体认识到财富创造必须建立在以诚信为核心的道德基础上,而且更要让他们深刻感受到"诚信受益、失信受损"的财富创造逻辑。同时,在制定诸如诚信法规、诚信政策等过程中,必须充分论证,严格把关,避免和防止因为这些法规、政策等因为自身缺陷、问题而产生诚信道德风险。

第二,社会要倡导商务诚信理念,督促经济主体践行诚信价值观。社会力量对维护诚信经营秩序,促进财富创造起着至关重要的作用。当前,社会要重点从如下方面推动商务诚信建设:(1)发挥社会征信业的作用。特别是对征信中介、资信评估公司等独立或第三方机构的设立、资质条件、准入标准、经营行为、竞争行为、市场管理等机制进行规范,保证其科学、客观、公正的采集、记录、加工、评估、提供信用信息,使其能够为企业或个人提供良好的服务功能,催促和规约企业或个人诚信经营。(2)积极发展各种行业协会组织,发挥其自律作用。行业协会是介于政府与企业、商品生产者与经营者之间的非营利性的民间组织,它旨在保护行业共同利益,监督行业内成员规范自身行为,尤其是在治理行业中的道德问题中起着举足轻重的作用。因而,我们必须加强和规范行业协会自身的咨询、督导、协调、沟通等职能,通过诸如行业协会内部的评比、检查、教育等方式,有效避免和克服行业协会内部成员的市场行为,引导其诚信经营行为。(3)有效发挥大众媒体的诚信引导作用。一方面,要利用电视、广播、网络等传播媒体宣传诚实守信、童叟无欺等商业职业道德,引导社会树立诚信经营的理念;另一方面,要以大众传媒作为重要的商务诚信监督平台,保持自身独立性,勇于曝光市场上的失信经济行为,规范市场诚信秩序。

第三,商家要加强自身诚信道德建设,自觉抵制不正当的财富创造。社会对商务诚信的道德规范必须通过商家自觉支持、维护、践行才能真正发挥作用。如果商家本身没有诚信自律意识和职业操守,刻意通过失信创造财

---

① 《马克思恩格斯文集》(第1卷),人民出版社2009年版,第286页。

富,那么即便较为完善的外部性诚信约束规范也无法充分运作。近年来,商务领域内的失信事实表明,市场上的不正当性财富创造行为并不主要是政府、社会等外部性的诚信规范缺失及作用乏力问题,根本原因在于商家故意失信所为。因此,商家必须加强自身诚信文化建设,恪守职业道德,遵守以诚立身、真实无妄、公平竞争、信守承诺等财富创造最基本的准则,通过自我教育、激励、惩罚等措施将诚信道德转化为经济主体的内在品质,才能使之自觉推崇诚信、践行诚信,从而助推财富创造。

儒学创新与核心价值
——关于中国道德史的一点思考

陈泽环[*]

【提要】 作为一种以伦理道德思想为特质的观念体系,儒学曾经为中华民族及其人权事业作出过伟大贡献。自近代西方"人权"思想传播到中国以来,以梁启超《新民说》的现代转化为时代标志,儒学的发展进入了新的历史阶段。而当代社会主义核心价值观的提出和确立,更为儒学发挥中华文明最重要根柢的功能,提供了新生长即创新的广阔价值空间。

不同于西方的历史和文化发展,中国的历史和文化不仅是"绵延"的,而且其实质是一种"道德的精神":"中国历史乃由道德精神所形成,中国文化亦然。"[①]而中国历史和文化的这种"绵延"和"道德的精神"则主要体现在儒学之中:"春秋末期由孔子开创的儒学,是在殷周宗教观念被突破和西周宗法观念蜕变基础上形成的,就其本身而言,是一个以'仁'、'礼'、'天命'三个基本范畴所体现的心性的、社会的、超越的三个理论层面构成的、以伦理道德思想为特质的观念体系。"[②]当然,儒学并非一成不变,而是在不断地实现着自身的创新和转化,以应对时代的挑战,特别是西方现代性的挑战。那么,在漫长的历史进程中,尤其是自近代西方"人权"思想传播到中国以来,儒学实现了哪些具有根本性意义的创新和转化?这一创新和转化对社会主义核心价值观的确立有什么意义?为澄清这些问题,本文拟基于"儒学创新与核心价值"的视角,从儒学伦理道德特质的形成与人权、梁启

---

[*] 原题目为"儒学创新与人权",2020年1月本文发表前,作者更改为本标题并对内容作了少许修订。——编者注
① 钱穆:《中国历史精神》,九州出版社2011年版,第124页。
② 崔大华:《儒学的现代命运——儒家传统的现代阐释》,人民出版社2012年版,自序第1页。

超《新民说》的现代转化、社会主义核心价值观的当代突破三个方面作一初步的探讨。

一、儒学伦理道德特质的形成与人权

按照国内儒学研究专家崔大华的看法,儒学传统,简略地说,就是儒家思想及其建构的生活方式。在广阔的世界文化舞台上观察,那种以儒家传统为主体形态、为精神特征的文化,就是中华文化、中国文化。即相对于古希腊哲学对外界自然的知识追求,相对于犹太教、基督宗教创造者们在苦难的、奴隶的处境下所感受到的需要神的庇护和皈依上帝的敬畏意识,可以说儒学是一种以"关于人的伦理道德的理论和实践"为特质的忧患意识。至于儒学暨中国文化的这种伦理道德特质的形成,应追溯到2 500余年前孔子(前551—前479年)的道德创新;而这一创新的深厚土壤,则是先前的早期中华文明。大约到距今一万年前农业起源以后,早期中华文明呈现为一种多中心起源的状态,之后经过各氏族部落之间"战争与和平"不断交替、居地动荡不定的漫长时期,农耕的中原逐步成为全国最先进的地区,特别是商(殷)、周王国的出现,为最终形成"多元一体"的中华文化奠定了坚实的基础。至于商(殷)周易代相替,并非只是简单的"天下共主"地位转移,而是一种把原先的部族文化升华到全新文明境界的重大变革:"对周公以'德'为中心的思想体系,放在漫长的文化演进过程里,无论给予多么高的评价都不算为过——褪去和革除的是'野蛮'的习俗与'酋长'的霸道,新创的是文明治国与国王应该接受道德制约的先进理念。"[①]

如果上述历史学家的观点是可靠的话,那么我们就有了理解儒学暨中国文化伦理道德特质形成的基本线索:就以孔子为创始人、成型在春秋战国时期的儒家学说而论,它的伦理和道德的理论特质,或者说,它的文化生命和精神,是在殷周之际发生的宗教观念蜕变和春秋时代发生的西周宗法观念蜕变中被铸就的。这里包括两个历史环节:宗教观念的突破和宗法观念的蜕变。所谓宗教观念的突破指面对"小邦周"取代"大邦殷"的胜利,以周公为代表的西周贵族既无限欣喜又十分忧虑的道德觉醒:只有"敬德",才能长久维系家国——对疆土和民众拥有权力的命运,并由此使中国古代

[①] 王家范等编著:《大学中国史》,高等教育出版社2011年版,第7页。

思想发展主潮由宗教性质的路线转向道德性质的方向,而孔子儒学的"祭祀伦理性思想"之贡献则在于进一步或从根本上确立与巩固了这一决定此后整个中国文化形态发展的道德走向。所谓宗法观念的蜕变指,在儒学观念的催化下,原来以君统、宗统为核心的西周氏族贵族的伦理生活方式界限被突破、被跨越,转换成为包括庶民在内的以家庭为基础的全体社会成员的伦理生活方式,阐释和追求普遍的伦理自觉也成为儒家精神和理论的特质。由此,作为儒学发展史中的第一次伟大创新,由儒家疏离宗教倚重道德、扩展伦理根基仁义的思想特质模塑出或吸附了的诸多制度的、观念的生活形态,也就成为中国文化的特色,尽管多有曲折,但毕竟绵延了两千多年之久。

就这种儒学伦理道德特质的形成与西方人权思想的关系而言,应该考虑到中国古代思想从西周以来就开始形成了一个伟大的宽容性的观念基础:人(民)皆天之所生,在自然("天")的意义上,人在人性和人格上是没有区别的。例如,《诗经》曰:"天生烝民,有物有则,民之秉彝,好是懿德。"(《大雅·烝民》)而孔子对西周宗法观念的改造,包括扩展伦理生活范围、凸显宗法观念中的伦理秩序性、强调"礼"的实践是每个人都应有的生活需要和自觉,可以说既以上述观念为基础,又深化和发展了它。据此,崔大华说:"从世界文化背景下观察,正是这种伦理精神——人格平等的理念,以家庭伦理模塑、建构全部社会关系的观念,使儒家文化在古代世界舞台上,相对奴隶制或绝对君权、绝对神权的政治制度,具有较多、较充分的人道精神的优势,并且成为以儒家思想为主体的中国文化之特色的一个主要方面。但是另一方面,在儒家观念的伦理生活方式里,个人总是只能以某一伦理角色出现,没有可以超越伦理关系网络和规范的公共空间和个人存在,不能发育出诸如近代西方世界在自然人性理念基础上兴起的个人权利、自由、平等的观念,和在此基础上形成的广阔社会公共生活空间,儒学因此会在近现代中国的社会转变、发展中遭遇挑战和陷入困境。"[①]笔者认为,就孔子儒学蕴涵的"人权"精神及其与西方人权的关系而言,崔大华的以上论述是合理的。

为了说明这一点,不妨引证一下启蒙思想家梁启超(1873—1929年)的相关论述:尽管"中国在数千年专制政体之下,但'平等与自由'的理想,吾先民二千年前夙所倡导,因此有'相当的人权'。秦汉以降,我国一般人民

---

① 崔大华:《儒学的现代命运——儒家传统的现代阐释》,第23—24页。

所享自由权,比诸法国大革命以前之欧洲人,殆远过之。……民族所以能永存而向上,盖此之由。……国为人民公共之国,为人民共同利益故乃有政治。此二义者,我先民见之甚明,信之甚笃。惟一切政治当由人民施行,则我先民非惟未尝研究其方法,抑似并未承认其理论。夫徒言民为邦本,政在养民,而政之所从出,其权力乃在人民之外。此种无参政权的民本主义,为效几何?我国政治论之最大缺点,毋乃在是?"①对于梁启超的上述观点,笔者认为,如果摆脱黑格尔式的单线历史进化论,而是从无限丰富的中国历史事实本身出发,应该说是有根据的。由此,笔者也就更能够理解儒学在中国"人权"发展史中的贡献和局限。一方面,基于人性相同、人格平等的道德理念,儒学为中华民族及其人权事业作出了伟大贡献:民族融合的实现,持久不衰的儒家与佛道、道教"三教"兼容,多彩的、没有文化障碍的世俗生活。另一方面,儒学毕竟有其固有缺弱:在社会控制方式上,表现为难以完成由"身份"意义上的德治向"契约"意义上的法治的转变;在国家体制的理念上,表现为难以实现由"民本"向民主的跨越。

必须指出的是,关于儒学伦理道德特质与西方人权思想的关系问题,近年来日益受到我国学术界的重视:"在当下的中国有两个问题颇受人关注,一个是儒学(或说中国传统文化)的未来命运,一个是人权在中国的发展。这两个问题表面看似相互无涉,但实际上是纠缠在一起的",②并提出了不少值得注意的观点。例如,张千帆认为:"经典儒学对当代思想的主要贡献也正在于从人类独特的内在德性中发现了人的尊严;……事实上,和作为西方自由主义根基的霍布斯自然权利理论相比,儒家的人格尊严概念蕴涵着更为平衡和连贯的权利与义务观念。"③应该承认,尽管张千帆的发挥西方汉学色彩较浓,但在人权的人性基础问题上,其所提供的从欧洲自然人性论转向儒学道德人性论的思路是有根据和启发性的。此外,彭永捷也指出:"儒家的人权思想,包含着对人作为人的督导、提升,在维护人的尊严、权利的同时,是激励人如何更加完善、更加高尚,而不是更加堕落、更加放纵。这是很值得我们当代人权理论所汲取的。"④这实际上也从相对于西方人权思想的角度,强调了儒家人权观念的伦理道德特质。由此可见,在人权问题

---

① 梁启超:《梁启超全集》(第十一集),中国人民大学出版社2018年版,第420页。
② 谢军:《儒家"仁"与人权的互动》,中国政法大学出版社2012年版,第1页。
③ 张千帆:《为了人的尊严》,中国民主法制出版社2012年版,第16—17页。
④ 张志宏:《德性与权利》,人民出版社2012年版,代序第3页。

上,以伦理道德为特质的儒学不仅在中国古代社会有其伟大贡献和固有缺弱,而且在当今"走向权利的时代",通过汲取西方人权思想的精华,也会反过来对其发生一种补益和超越功能。

二、梁启超《新民说》的现代转化

一般来说,从春秋时的孔子儒学,经战国时的孟子、荀子,到秦汉之际儒家学者的发展,被称为先秦儒学,又可称之为原始儒学。之后,在漫长的中国古代社会,儒学经历了重要的历史发展,形成了三种理论形态,包括两汉天人之学、魏晋自然之学和宋明性理之学(理学)。此外,儒学在现代社会也有其独特的学术内容和尚在形成中的新的理论形态——现代新儒学。不同于古代社会的儒学理论形态,现代新儒学面对的是东西方帝国主义侵略和资本主义现代性的挑战,为了使中华民族继续独立于世界民族之林,并对人类作出较大的贡献,19世纪后期以来的儒家学者付出了坚韧的创新努力。至于就儒学创新与人权的关系而言,梁启超发表于1902—1906年的《新民说》可以说是其中的时代性成就:"吾中国道德之发达,不可谓不早,虽然,偏于私德,而公德殆阙如。试观《论语》《孟子》诸书,吾国民之木铎,而道德所从出者也,其中所教私德居十之九,而公德不及其一焉。"[①]这就是当时中国政治之不进、国华之日替的原因。由此,基于炽热的爱国情感和"道德之立,所以立群"的道德功能和目的论,梁启超以"公德"与"私德"范畴为中心,发挥了其超越传统儒家伦理,引进西方近代的"人权"思想,又努力使这种"人权"或"权利思想"与儒家人生哲学结合起来的"新民说"。

在以《论公德》为代表的《新民说》前期论文中,基于对中国传统专制政体和道德的批判,甚至包括对儒学经典和儒家"大圣达哲"本身的反思,梁启超主要引进以"人权"或"权利思想"为标志的西方公德。这些公德包括国家思想、进取冒险、权利思想、自由、自治、进步、自尊、合群、生利分利、毅力、义务思想、尚武,等等,综合性地体现了西方现代的经济、政治、社会、文化和道德思想的基本精神,用伦理学的术语来说,实际上引进了大量西方现代的以公民权利为本位的"社会制度伦理"和"权利性及进取性的个人伦

---

① 梁启超:《饮冰室文集点校》(第一集),第554页。

理",极大地突破了传统儒家伦理的局限,并由此成为中国近代"道德革命"和儒学创新的先驱。但值得注意的是,在《新民说》后期的《论私德》中,梁启超则强调无私德即无公德,"就泛义言之,则德一而已,无所谓公私;就析义言之,则容有私德醇美,而公德尚多未完者。断无私德浊下,而公德可以袭取者",①似乎出现了一种矛盾或"倒退"的状况。对此,笔者认为,毋庸讳言,在《新民说》的文本中,确实存在着这一问题。当然,即使有这些矛盾或"倒退",也无碍于其深刻的思想史意义:通过《新民说》后期对"公德和私德相辅相成"思想的发挥,梁启超在引进西方人权或权利思想的同时,发挥了一个更加完整和合理的道德框架:国民在追求"国之富贵尊荣"的过程中,在追求公民权利本位的社会制度时,不仅要有"权利性和进取性德性",而且也要有"义务性德性"。

具体来说,就突破传统儒学的藩篱和对西方人权或权利思想的引进而言,《新民说》虽然也使用过"人权"概念,如"美受英轭,租税烦重,人权蹂躏,民不聊生",但主要使用的还是"权利""民权"等范畴,以至于专辟了一节"论权利思想",其要点为:"天生物而赋之以自捍自保之良能,……人之所以贵于万物者,则以其不徒有形而下之生存,而更有形而上之生存。形而上之生存,其条件不一端,而权利其最要也。……号称人类者,则以保生命、保权利两者相倚,然后此责任乃完。"②当然,权利思想虽为人之天赋良知,但在现实世界中,"权利何自生?曰生于强。"因此,就人对"权利"的责任和义务而言,"权利思想之强弱,实为其人品格之所关"。因为,这里涉及的不仅仅是个人形骸上、物质上之利益,而且涉及了"道德上问题",即个人自由、自治、自尊等的道德权利,此外更涉及国民和国家的物质和独立等道德权利。这就是说,"国家譬犹树也,权利思想譬犹根也。……国民无权利思想者,以之当外患,则槁木遇风雨之类也。……为政治家者,以勿摧压权利思想为第一义;为教育家者,以养成权利思想为第一义;为一私人者……各以自坚持权利思想为第一义。国民不能得权利于政府也则争之,政府见国民之争权利也则让之。欲使吾国之国权与他国之国权平等,必先使吾国中人人固有之权皆平等。"③

当然,我们不能忽略,在充分引进西方权利思想的同时,梁启超特别强

---

① 梁启超:《饮冰室文集点校》(第一集),第 622 页。
② 同上,第 566 页。
③ 同上,第 571—572 页。

调无论在社会制度还是在个人行为方面,都应该实现权利与义务之间的对等,即平衡,人人生而有应得之权利,即人人生而有应尽之义务,二者其量适相均;苟尽义务者,其勿患无权利焉尔;苟不尽义务者,其勿妄希冀权利焉尔:"吾所谓权利思想者,盖深恨吾国数千年来有人焉长拥此无义务之权利,而谋所以抗之也。而误听吾言者,乃或欲自求彼无义务之权利,且率一国人而胥求无义务之权利,是何异磨砖以求镜,炊沙以求饭也!"①从而,针对欧西人民对国家之义务,不辞其重,而必要索相当之权利以为之偿;中国人民对国家之权利不患其轻,而惟欲逃应尽之义务以求自逸的状况,梁启超提出了急养义务思想的任务。至于"急养义务思想"与儒学的关系,他则进一步提出了扬弃其局限和继承并发展其精华的问题:"抑吾中国先哲之教,西人所指为义务教育者也。孝也弟也忠也节也,岂有一焉非以义务相责备者?然则以比较的言之,中国人义务思想之发达,宜若视权利思想为远优焉。虽然,此又不完全之义务思想也。无权利之义务,犹无报偿之劳作也,其不完全一也;有私人对私人之义务,无个人对团体之义务,其不完全二也。"②虽然其中的一些结论还可商榷,但是在儒学创新与人权关系的问题上,梁启超毕竟成为儒学现代转化和创新的典范。

从《新民说》的相关论述来看,在引进西方人权或权利思想的同时,大不同于在我国20世纪中后期曾经流行过的"全盘西化"和"彻底断裂"思潮,梁启超对儒学采取了一种比较审慎与合理的态度。一方面,他指出了儒学经典"于养成私人之资格,庶乎备矣",但"不足为完全人格"的局限,并强调"夫孔教之良固也,虽然,必强一国人之思想使出于一途,其害于进化也莫大"③;另一方面,他对孔子、孟子和《论语》《孟子》等儒学经典,仍然抱一种敬畏的态度,其批判的矛头主要指向"专制政体""儒教之流失"和"曲士贱儒"之缘饰、利用和诬罔孔教,而不是儒学本身。相反,即使在论证西方的"公德"时,他也大量援引了儒学经典,以及包括诸葛亮、曾国藩等在内的儒家道德典范,尤其是在后期对西方"公德"与中国"私德"之间的辩证关系有了更深刻的认识之后,梁启超就更有理由强调:"吾畴昔以为中国之旧道德,恐不足以范围今后之人心也,而渴望发明一新道德以补助之,由今以思,此直理想之言,……今欲以一新道德易国民,必非徒以区区泰西之学说所能

---

① 梁启超:《饮冰室文集点校》(第一集),第614页。
② 同上,第615页。
③ 同上,第584页。

为力也。……吾固知言德育者,终不可不求泰西新道德以相补助,……然则今日所恃以维持吾社会于一线者何在乎?亦曰:吾祖宗遗传固有之旧道德而已。"①由此,在中国已经进入"世界历史"的20世纪之初,《新民说》使儒学的发展进入了新的历史阶段。

三、社会主义核心价值观的当代突破

随着170年来,特别是近30年来的中国现代化进程,中国已经从传统农业的伦理社会逐渐走向现代工业的法治社会。对此,崔大华认为,正是这一现代化进程及其不确定性,成为儒学新生长的新情境,并首先表现为新的道德自觉和成长:"一百多年来,在中国现代化进程中,国人精神生活中新的道德自觉,从儒家的立场上看,有两次重要表现:一次是20世纪初梁启超提出的'公德'、'私德'观念;一次是新世纪初国家发布的《公民道德建设实施纲要》中提出的公民道德规范和'法治德治紧密结合'的治国理念。"②对于体现在梁启超《新民说》和《公民道德建设实施纲要》中的儒家道德的新生长,其中特别是义务导向的《纲要》的"基本道德规范"和"三德"规范所表现出的新的道德自觉,就是一方面将其道德规范的理念、精神之根深深地植在儒家传统的伦理道德的"仁义礼智信"德性土壤之中,另一方面则努力向儒家传统的伦理观念和生活限域之外的广阔社会生活空间生长。笔者认为,这一提法是很有见地和启发性的。当然,从儒学创新与人权的视角来看,如果能够把《新民说》和"社会主义核心价值观"视作"中国现代化进程中的道德自觉"的"两次重要表现",也许更好。特别是与仅作为思想家个人见解的《新民说》相比,作为执政党的"社会主义核心价值观"的确立和提出,更是中国道德发展史中的一座伟大里程碑。

2012年11月,党的十八大报告进一步阐述了加强社会主义核心价值体系建设的任务,并在此基础上首次提出了"三个倡导"的社会主义核心价值观:倡导富强、民主、文明、和谐,倡导自由、平等、公正、法治,倡导爱国、敬业、诚信、友善,积极培育和践行社会主义核心价值观。这24个字"三个

---

① 梁启超:《饮冰室文集点校》(第一集),第630—631页。
② 崔大华:《儒学的现代命运——儒家传统的现代阐释》,第462页。

倡导"的社会主义核心价值观的提出,可以说是中国特色社会主义在核心价值建设方面的重大创新,具有突破性的理论和实践意义。不同于单向性的道德和价值"层次论"的思维方式,社会主义核心价值观则是一种崭新的多元异质互动的价值观念系统,它首次基于当代中国社会道德生活复杂化、多元化和自主化的现实和基本特点,面对国家价值导向主体化和社会价值取向多元化,鲜明地确立了中国特色社会主义暨整个国家的共同理想;面对政府与公民之间权利与义务关系的张力和统一,致力于建设充分保障公民权利的社会;面对社会制度伦理和个人德性伦理的分化和互补,在充分保障公民权利基础的同时,努力不断地提高公民的义务意识和德性,不仅以简明扼要的表达形式,而且以丰富深刻的内涵和相辅相成的结构,确立了当代中国社会的核心价值,十分有利于广大公民团结凝聚在中国特色社会主义的共同理想和旗帜之下,在中国共产党的领导之下,去实现建设富强民主文明和谐美丽的社会主义现代化国家和中华民族伟大复兴的目标。

毫无疑问,社会主义核心价值观的提出和确立,首先是中国特色社会主义理论的重大突破和成果。从国家、社会与公民的权利和义务关系的视角来看,以整个国家层面倡导"富强、民主、文明、和谐"为基础,在社会层面坚定和明确地倡导"自由、平等、公正、法治",不同于以往,在国家核心价值的高度首次纳入和表达了权利导向的基本观念,必将极大地促进我国民主法治建设的进步,有利于保障公民的权利和自由的充分实现。至于对公民个人的要求,不断地倡导"爱国、敬业、诚信、友善",显然有利于我国公民在日益享受中国特色社会主义制度赋予的各项权利的同时,努力提高自身的义务意识和德性品质,更自觉地履行法定义务、社会责任、家庭责任,形成劳动光荣、创造伟大的社会氛围和知荣辱、讲正气、作奉献、促和谐的良好风尚。当然,对于社会主义核心价值观作为整个国家和全体公民的核心价值及其意义,也不妨碍本文从儒学创新与人权的视角出发加以考察。这样说的根据和实质在于,不仅全面建成"富强、民主、文明、和谐"的小康社会目标中的"小康"范畴直接来自儒学经典《礼记·礼运》,而且"自由、平等、公正、法治"也可视为儒学"民惟邦本,本固邦宁"政治伦理在汲取了西方人权思想之后在现代的新发展,至于"爱国、敬业、诚信、友善"个人德性的最深刻基础则显然扎根于儒家伦理之中。

崔大华认为,儒学是中华民族精神生命之所在,中华民族的兴衰荣辱,都能从不同维度显示出与儒学不同程度的犀通关联。20世纪初,当中华民族国势衰危、国民道德颓靡,在西方工业文明挑战面前遭到严重挫折失败时,儒学被视为是酿成这种厄运之观念的、精神的根源,而受到严厉的责难和否定性批判,也是很自然的。但自20世纪50年代之后,特别是自进入21世纪以来,"在中华民族迈上复兴之路时,儒学也有了新的定位,即蜕去了它在历史上被附着的有权力因素的那种国家意识形态性质,而以其固有的伦理道德思想特质、以其作为中国传统文化中之具有久远价值的基本精神来表现其功能时,人们发现,儒学还是珍贵的,仍在支持着、模塑着我们中华民族作为一种有悠久历史的文化类型和独立的生活方式的存在。"① 因此,面对当代社会主义核心价值观的提出和确立,儒学作为中华文明的最重要根柢,有义务和能力予以充分的认同并提供独特的思想资源。所谓充分认同是指,在确立建设社会主义现代化国家的共同目标方面,特别是在充分保障公民的权利方面,社会主义核心价值观远远超越了传统儒学的局限,提供了儒学在现代社会新生长即创新的广阔价值空间。所谓提供独特的思想资源是指,社会主义核心价值观的提出和确立,不仅离不开汲取儒学的精华,而且其推广和践行,更离不开儒学的广泛和深度的支援。

　　这是因为,为使社会主义核心价值观从执政党的倡导真正转化为亿万公民的自觉意识和自愿行为,除了经济、政治和社会等制度和发展方面的条件之外,还需要文化上的特殊条件,包括文化生态、文化传统、文化心理和文化话语,等等。众所周知,与科学技术、经济和政治等人类生活类型比较,价值观念和道德生活不仅有世界性和人类性的一面,而且更有国家性和民族性的一面,特别是道德生活中的以价值信念和宗教信仰形式出现的"终极关怀",则最具国家性和民族性,因为它和国家及民族成员的心理结构和文化认同直接相关。而《新民说》实际上也已经告诉过我们,"新民德"虽然需要学习西方的公德,即"采补其所本无而新之";但更需要"淬厉其所本有而新之",即发扬光大"吾祖宗遗传固有之旧道德"。100多年来的中国道德史已经昭示,这是一种深刻的文化和道德自觉,我们万万不可轻视。从而,构成使社会主义核心价值观从执政党的倡导真正转化为亿万公民的自觉意识和自愿行为的必要文化生态、文化传统、文化心理和文化话语条件的基础,

---

① 崔大华:《儒学的现代命运——儒家传统的现代阐释》,自序第2页。

主要蕴涵在儒学暨儒家传统之中。而认定了这一点,也就对21世纪儒学和儒家学者的努力和创新提出了更高的要求。"苟日新,日日新,又日新。"(《大学》)对于本身就有着深远的与时俱进传统的儒学来说,21世纪的儒学和儒家学者也有信心和能力承担起这一伟大的使命。

提问和讨论

乔治·恩德勒(主持人)：感谢本场6位发言人。马文·布朗的发言非常深入，也非常有深度。李兰芬教授的发言让我们了解到她所讲的公民道德建设三个路径。陆晓禾教授的发言，非常生动，她讲到中国的阴阳学说和伦理道德的关系。也感谢余教授和陈教授的发言。陈教授的发言也是对我们这次这个主题6个发言的很好总结。

马文·布朗：我的问题是关于道德想象力的。想象力好像是人大脑中的形象，那么在对话当中怎么实现这样一个想象力？我们知道，创新和创造也来自对话过程中。重要的是，想象力与关心他人之间是什么关系？在我看来，想象他人，而不是真实地与他人对话，有可能阻止我们出去实际地碰到一个陌生人，碰到一个跟我们不一样的人。对这个问题，大家可以发表你们的意见。

王泽应：我向陆晓禾研究员请教一个问题，她的选题、论文、视角都给人耳目一新的感觉，听后深受启发。利用中国的阴阳学说来解释我们伦理学创新、道德创新以及道德想象力的一些问题，我觉得确实非常好。请问一下，你讲的横向超越，在场和不在场，有点类似于中国阴阳学说讲的显与微。微看不很清楚，或者是隐藏的，像阴阳学说里面特别强调微显相斥，显超于微，实际上讲的是两对矛盾，一个是讲新旧，还有讲显微的，是不是跟你的在场和不在场有关系？我们现在叫当代人，与当代人之间的代类的关系，也可以称之为横向吗？

陆晓禾：王教授对中国传统哲学很有研究。你刚才问的显与微，微还是可以看得到的，微小一点，或者隐藏在这儿。不在场的，不仅是看不见的，而且不在这个时空的。比如那些黑作坊工人，那个地方他没有看到，不在他当下的那个场景。所以就要从在场到不在场，要通过想象力来达到。同代人之间当然也有在场和不在场，我们可以纵向看现代的人跟后代的人，后代的人是不在场，我们在场的现代人要想到不在场的后代。同代人之间，例如我们现在上海这里，我依靠想象力，想到你们湖南，也是一种横向超越。

李兰芬：我的理解,是不是不具有直接利益关系的关系,没有发生直接利益关系?

王珏：这涉及什么是场的理解。比如说他不在这个时空当中,比如说我们的后代,他们生活在我们的共同的境遇之中。还有时空分离,陆晓禾老师讲的问题是一个隐和显的问题、阴和阳的问题。为什么道德想象力成为现代社会特别关注的一个问题,可能就是因为时空分离了,而这个特征,或者这种能力更需要我们具备,因为这样的话就能解决时空分离所出现的一些道德上的盲视,或者道德不敏感的问题。

陆晓禾：时空是一个方面,但还有显跟没有显的问题。我刚才举了一个例子,我们原来的生产观,只有从供应商、公司到消费者这个过程。后来利益相关者理论把以前我们不注意的方面显示出来了,并不是说以前不存在,问题是我们没有注意到。前两年开了一个全国经济哲学研讨会,提到经济学没有哲学的视野,所以要有哲学的视野。我在会上说了,我们要有伦理学的哲学视野,我们伦理学要在场,要从原来的阴,你们不注意我们,然后现在你们要注意到,这里有伦理问题。除了空间以外,还有认识上面的、视角上面的这个在场。

金黛如：我也想讲一讲阴和阳,这个很有意思,阴是不在场,好像处在阴影当中,阴影当中主要是其他人的利益,好像他们的感受。他们没有在场,他们在影子当中,他们会受到什么影响。但是,我怎么感受植物或者动物的感受呢?我怎么能够感受到他们的感觉呢?我们为什么要把这种影子限制到其他的人这样一个利益相关方,而不说其他生物,包括动物和植物呢?它们也是利益相关方。在探讨当中是不是它们的这种感受也应该被考虑进去?

陆晓禾：当然阴并不只是涉及人。但我们讲的是伦理问题,伦理是涉及人的。所以讲,人原来没有注意到这个群体,那现在要注意,要有一个想象力来帮助我们注意到这个群体。不能仅限于我们现在看到的。依靠想象力,可以延伸到我们现在做的这些事情可能涉及哪些。当然,也可能涉及动物,动物原来不属于我们要关心的,但是现在动物也属于我们关心的了,属于我们生存的这个世界,所以伦理关系是可以扩大的,我们的道德想象力也可以延伸到它们身上。

乔法容：阴阳理论是我们传统文化的一个瑰宝,阴与阳有对立的一面,但还有一个相互包含的关系,是不是阳就全是显现出来,阳就全部看得到？它们之间是否有一个相互转化,同时还有一个相互包含？对这个相互包含,陆老师是否能再给我们解释一下在场与不在场的问题？因为很新,希望你能多几分钟的阐述。

陆晓禾：你说阴当中有阳,阳当中有阴。从我刚才用了阴阳八卦图里面可以看到,阴的地方有阳,阳的地方有阴,它们已经包含在里面了。没有纯粹的阴,也没有纯粹的阳,你的问题很好,正好回应了阴阳八卦图中的这一点。

乔安妮·B. 齐佑拉：我想要回应一下所有的发言者,特别是马文的问题。马文问,想象力怎么实现？我在我的论文中谈到,想象力不是个人的事情,不是个体的问题。实际上想象力总是处在一种社会关系中,与很多其他人连在一起。任何伟大的东西实际上都是依赖关系的。所以很重要的是,我们实际上不能简单地就靠个人来进行想象。比如说,我们要通过对话才能够获得他人的一些感触。所以很多伟大的艺术都是通过这样的交流过程创造的。因此,想象力不是一个个体的东西,它是通过人与人之间的对话来获得的,所以这是我们整个培养人的能力当中的重要一环。任何人不能单纯突兀地创造一个伟大的东西,它终究要跟其他人进行互动,在这个过程中,包括在历史的基础上来进行创造。创造和想象都是这样的,都是在关系中逐步演进的。当人们这样做的时候,他们想象的东西实际上是一切人们曾经想象过的,而可能他们也不自知。从这个角度来说想象力也是不断发展的,不断继承的。

马文·布朗：我并不是这方面的专家,但想象力实际上可以说也是西方思想传统当中重要的部分。我觉得这个话题确实非常有意思。而且它实际上跟伦理是密切连在一起的,让我们看到伦理是怎么来实现的。这个在西方,在神学当中曾经讲到反对神像的崇拜,为什么要提到这一点呢？因为我觉得,从人的对话当中看到我们的差异,所以也可以获得一些创新。所以从这个角度来说,我们摆脱某个一元的东西,然后集中于多元的,这样才可以更好地获得想象力和创造力。

乔治·恩德勒： 6位发言人给了我们很好的贡献,作为这场讨论的主持人,我想现在必须把话筒交回我们会议的负责人陆晓禾教授的手中了。

论坛总结

陆晓禾： 首先非常感谢各位专家教授,有来自欧洲和美国的著名教授,还有新社会运动的领导者,中国与会者方面,有我们的知名企业家,经济伦理学的知名教授们。也非常感谢梅俊杰教授精湛的翻译,他是我们社科院中国研究所的常务副所长。还要感谢会务组的辛勤付出。

今天的研讨非常成功。从中国来说,我们从政府到学者,到企业,现在都在讲创新。从世界来看,现在也在讲改革、讲创新。创新涉及伦理问题,我们伦理学者应该参与进来,所以今天我们讨论了这个重要话题。

从今天的讨论来看,主要从四个方面展开了研讨。第一个方面是从概念和基础方面的深入探讨,包括对道德与创新的关系、创新的伦理前提、创新的道德评价,以及创新制度的道德基础问题。第二个方面是从经济伦理来说,创新涉及经济基础、经济方式的创新,所以恩德勒教授从财富创造,袁总从企业家创造,乔安妮从领导力,海蒂从企业社会责任,海伦娜从人和生态福祉的经济学问题,发表了他们对这些问题的伦理研究成果。第三和第四个方面是,我们的创新还涉及科技创新、专家创新,还涉及对公民道德建设问题,涉及道德本身,由此展开了这两方面的研讨。总的来说,如大家所表示的,感觉很有收获。

最后还想说,会议以后,希望各位基于会上的交流研讨,对论文进行修改或将发言提纲写成论文,我们将考虑出版论文集。

再次感谢诸位能够提供这样一个深入和多视角的跨学科、跨领域的研讨。

（陆晓禾整理）

附　　录

附录1

"道德与创新"
——经济伦理国际论坛第十一次研讨会报道

赵司空

由上海社会科学院经济伦理研究中心主办,上海市伦理学会、上海市经济法研究会、上海市自然辩证法研究会和《上海师范大学学报》杂志社协办的"'道德与创新'——经济伦理国际论坛第十一届研讨会"于2013年10月24—26日在上海社会科学院国际创新基地隆重召开。参加会议的有国际企业、经济学和伦理学学会(ISBEE)主席乔安妮·B.齐佑拉教授、中国伦理学会秘书长孙春晨研究员等国内外著名专家及学者40多人,上海社会科学院党委书记潘世伟教授、外事处处长李轶海教授出席,潘世伟书记并发表致辞。

潘世伟书记肯定"道德与创新"是一个非常好的主题,指出此次会议从经济伦理的角度探讨创新,开展跨学科的,以及跨国家的对话,非常有意义。他认为,经过30多年的改革开放,中国社会在各个领域,尤其是经济领域取得了巨大成就。但同时也面临从传统社会向现代社会的转型,以及改革开放带来的经济的、政治的、社会的、文化的各方面的新情况。这些新情况里面也包含很多社会的矛盾,甚至一些潜在的冲突。因此,对当代中国来讲,我们最大的挑战,也是我们思考的最大的一个问题,就是怎样在变革的过程中,保持道德的稳定和社会的和谐。从世界范围看,此次全球金融危机之后,人们也在反思现有的金融体系及其背后所依托的新自由主义经济制度,很多人期待对这场系统性危机所带来的影响做深刻的分析。这种分析需要创新,不仅中国需要创新,而且世界也需要创新。上海社会科学院作为处于创新中的上海最大的社会科学研究机构,我们期待与各国学者的交流,并预祝此次研讨会取得圆满成功。之后,会议分为四场举行。

第一场的主题是"道德与创新：概念与基础"。来自美国的**金黛如**（Daryl Koehn）教授发言的题目是"创造与道德：多维度探讨"，她认为应该用道德来规范创造及其成果，借用道德想象规避道义上恶的东西，其中，理性的思考具有稳定的价值，在道义本身发生变化时，理性的思考仍然是可资借鉴。来自上海财经大学的**徐大建**教授发言的题目是"创新的伦理前提"，指出创新非常重要，并且应该解除思想束缚，破除绝对真理观；实事求是，少做表面文章；并应完善知识产权法及相关制度。中国社会科学院**孙春晨**研究员发言的题目是"创新的道德评价"，他认为创新如同一把双刃剑，有合乎道德的一面，也有不合乎道德的一面。上海市经济法研究会秘书长**赵卫忠**教授发言的题目是"浅议创新制度设计的道德基础"，从推动社会发展的主要动力、制度设计等方面讲述了道德如何作为制度设计的基础。

第二场的主题是"企业伦理与企业创新"。来自美国圣母大学的**恩德勒**（Georges Enderle）教授的发言题目是"财富创造中的道德与创新"，他在全球化、可持续性和金融化三个框架下探讨道德与创新，指出财富是私有资产和公有资产的集合，涉及人力资本、社会资本等概念；财富也包括物质财富和精神财富；财富不仅是创造出什么东西，而且还应该对社会作出贡献。上海富大集团股份有限公司董事长**袁立**先生的发言题目是"企业创新与企业伦理"，他主要分析了中国民营企业尤其富大集团在企业创新方面应该和能够作出的贡献。**乔安妮·B.齐佑拉**教授演讲的题目是"领导力和企业中的道德想象力"，她主要分析了道德想象这个概念，一是想象怎么去做，二是移情作为道德想象的内容，三是记忆对于道德想象的意义。道德想象让我们创造出新的东西。来自挪威管理学院的**海蒂·V.豪维克**（Heidi von Weltzien Hoivik）教授发言的题目是"道德和创造对企业社会责任领导力的重要性"，她强调伦理和创造是企业社会责任的重要元素。瑞典国际生态和文化学会（ISEC）主任**海伦娜·诺伯格-霍奇斯**（Helena Norberg-Hodge）发言的题目是"朝向一种人和生态福祉的经济学"，她强调本土化的重要性，并介绍了正在工业化国家蔚然成风的本土化运动。

第三场的主题是"科技信息伦理与创新"。上海市信息委政策法规处**陈潜**处长发言的题目是"互联网发展背景下的道德与创新"，主要讲了三个方面：一是网络发展，二是网络道德，三是网络治理。华东师范大学哲学系**王顺义**教授发言的题目是"科技伦理与技术创新活动中的利益冲突的调控"，主要针对技术创新中的科技道德问题展开，针对的主体是科技人员。

华东师范大学哲学系**安唯复**教授发言的题目是"创新：或一种新型的垄断"，指出应该从技术本身逻辑的发展所内涵到的行为方式来理解创新与道德之间的问题。上海社会科学院哲学研究所**成素梅**研究员发言的题目是"论专家道德问题"，她指出可以从个人层面、群体层面和社会层面来看，结论是专家并不是都值得信赖的，我们需要改变对专家的观念。

第四场的主题是"道德创新与创新道德"，来自美国旧金山大学的**马文·布朗**（Marvin Brown）发言的题目是"价值观念分歧、公民对话和创新性"，他认为创造性还要求能够接受，甚至是欣赏分歧，在分歧中进行公民式的对话，能够有助于我们实现转变。苏州大学的**李兰芬**教授发言的题目是"探寻公民道德建设的中国道路"，强调我们需要借鉴西方的公民理论，但更重要的是走出公民道德建设的中国道路，包含中国特色和社会主义两个主要维度。河南财经政法大学的**乔法容**教授发言的题目是"论变革世界的道德创新"，指出面对变革的世界和道德世界，提出可持续性是当今道德思维和道德创新的一个新纬度。上海社会科学院哲学研究所**陆晓禾**研究员发言的题目是"中国的阴阳理论与道德思维和创新"，她认为中国的阴阳学说从在场与不在场的维度为横向超越提供了资源，从想象力的角度来看，道德思维是一种横向超越，创新需要这种横向超越的能力，从在场的人（或称之为阳）到不在场的人（或称之为阴），考虑创新所涉及的相关群体特别是处于看不见的阴的不在场的人或群体的道德权利。上海师范大学陈泽环教授的发言题目是"儒学创新与人权——关于中国道德史的一点思考"，认为儒学曾经为中华民族及其人权事业做出过伟大贡献，今天也能为社会主义核心价值观的确立，提供最重要的文化根抵。华东师范大学**余玉花**教授的发言题目是"道德诚信：财富创造的伦理基石"，她谈了对创新标准的理解，认为要真实并且有益于人的生存和发展。

在每一场发言之后，与会学者都展开了热烈的互动和讨论。

附录 2

余姚"道德银行"
——入选经济伦理国际论坛第十一次研讨会专题研讨案例

宋　臻

10月25日,由上海社会科学院经济伦理研究中心主办的经济伦理国际论坛第十一届研讨会之"道德银行"案例研讨会,在宁波大学举行。本届论坛以"道德与创新"为主题,论坛期间,相关专家学者专程赴宁波大学研讨余姚的"道德银行"项目。案例研讨会由宁波大学马克思主义学院承办。参加研讨的有余姚市委宣传部副部长李军,余姚市农村合作银行"道德银行"项目负责人鲁杭军,美国圣母大学乔治·恩德勒教授,挪威管理学院海蒂·V.豪维克教授,国际生态和文化学会(ISEC)海伦娜·诺伯格-霍奇斯主任,美国圣托马斯大学金黛如教授,美国旧金山大学马文·布朗教授,上海社会科学院经济伦理中心执行主任陆晓禾研究员,中国伦理学会秘书长、《道德与文明》杂志副主编、中国社会科学院哲学研究所孙春晨研究员,河南财经政法大学乔法容教授,湖南师范大学王泽应教授,华东师范大学哲学系王顺义教授,上海社会科学院哲学研究所赵司空副研究员、赵琦博士,宁波大学马克思主义学院曲蓉副教授,宁波市社会科学院汪丹老师等。

"道德银行"是由余姚市文明办与余姚农村合作银行等部门联合推出的一项以道德担保信贷、以信贷反哺道德扶持农村创业者的服务平台。是余姚市贯彻"两富"浙江战略,促使物质富裕与精神富有互为依托、互相促进的重要载体。2012年5月推出以来,累计有630户诚信农户获得5082.5万元的创业贷款。

2013年5月,国家重大课题"推进政务诚信、商务诚信、社会诚信和司法公信建设研究"首席专家余玉花教授曾率团赴余姚专题调研"道德银行"建设工作,相关成果引起国际经济伦理学界的高度重视,并将该案例选入今年的经济论理国际论坛进行专题研讨。

案例研讨会由陆晓禾研究员主持,李军副部长向与会专家简要介绍了"道德银行"的开展原因和目前的开展情况,余姚农合银行鲁杭军行长回答了专家学者们关于"道德银行"操作层面的问题,诸如贷款的发放对象、用途等。专家学者们就该案例展开了热烈的讨论,提出了许多深层次的问题,也为如何加强和改进"道德银行"工作提出了不少中肯的意见和建议。如国际生态和文化学会(ISEC)主任海伦娜·诺伯格-霍奇斯认为,"道德银行"是一项重要的由地方自主推动社会互信建设活动。美国学者金黛如教授认为,在当前的社会条件下,"道德银行"是一种重要的伦理秩序建设实践。湖南师大王泽应教授将余姚的"道德银行"与其他地区曾经开展的"道德银行"进行了比较,希望余姚的"道德银行"在贷款主体评价方面能有所创新。中国社科院孙春晨研究员认为,余姚的"道德银行"是一次重要的诚信建设实践,有了前期实践经验的积累,才能为后续的进一步完善创造条件。孙春晨研究员的观点代表了大多数与会专家的看法,"道德银行"是一项促进道德建设的重要实践,是在新的社会发展背景下的一次重要的道德实践创新活动。

会 议 议 程

第一天：10月24日（星期四）论坛研讨会

时间	题目	发言人	主持人
08:15	报到		
08:40	欢迎和致辞 1. 社会科学院党委书记、教授　潘世伟 2. 国际企业、经济学和伦理学会主席　乔安妮·B.齐佑拉（Joanne B. Ciulla） 3. 中国伦理学会秘书长、中国社会科学院哲学研究所研究员　孙春晨		陆晓禾
09:00	集体照		
09:10	第一场　道德与创新：概念与基础 1. 道德与创新：多方面探讨 2. 创新的伦理前提 3. 创新的道德评价 4. 浅议创新制度设计的道德基础	1. [美]金戴如 2. 徐大建 3. 孙春晨 4. 赵卫忠	王正平
10:30	提问和讨论		
10:40	茶歇		
10:55	第二场　企业伦理与企业创新 1. 财富创造中的道德性与创造性 2. 企业创新与企业伦理 3. 领导力和企业中的道德想象力 4. 道德性和创新性对于企业社会责任领导的重要性 5. 朝向一种人和生态福祉的经济学	1. [美]G.恩德勒 2. 袁立 3. [美]J.B.齐佑拉 4. [挪]H.豪维克 5. [英]H.N.霍奇斯	杨介生
12:35	提问和讨论		
12:45	工作午餐、休息		
14:00—15:20	第三场　科技信息伦理与创新 1. 互联网发展背景下的道德与创新 2. 科技伦理与技术创新活动中利益冲突的调控 3. 创新：或一种新型的垄断 4. 论专家道德问题	1. 陈潜 2. 王顺义 3. 安唯复 4. 成素梅	王泽应

(续表)

时间	题目	发言人	主持人
15:20	**提问和讨论**		
15:30	**茶歇**		
15:45	**第四场 道德创新与创新道德** 1. 公民分歧伦理与创新性 2. 探寻公民道德建设的中国道路 3. 论变革世界的道德创新 4. 中国的阴阳理论与道德思维和创新 5. 道德诚信：财富创造的伦理基石 6. 儒学创新与人权	1. [美] M. 布朗 2. 李兰芬 3. 乔法容 4. 陆晓禾 5. 余玉花、赵丽涛 6. 陈泽环	G. 恩德勒
17:45	**提问和讨论**		
18:30	晚餐：月亮湾宜山店		

第二天：10月25日(星期五)案例研讨会

时间	题目	发言人	主动单位
07:00	**第五场：道德与创新案例研究——浙江余姚"道德银行"**	双方学者和余姚银行工作者	宁波大学

注：10月25日早上7:30从社科院分部出发，当天返回。

第三天：10月26日(星期六)专题报告会

时间	题目	发言人	主持人
09:00—11:30	**第六场：道德与创新专题报告会(包括提问与回答)** 1. 09:00—10:15：通过分歧来学习 2. 10:15—11:30：幸福经济学——对我们多种社会和生态问题的系统解决方案	1. 马文·布朗 2. 海伦娜·H. 霍奇斯	陆晓禾
11:30	论坛结束		

附录 3

"作为新兴领域的领导伦理学"
——"伦理学研究前沿"论坛综述
赵 琦

2013年10月23日,在上海社会科学院哲学研究所举行了"伦理学研究前沿"论坛(三),邀请美国里士满大学教授乔安妮·B.齐佑拉(Joanne B. Ciulla)就新兴学科领导伦理学的研究状况作报告。本次论坛由上海市伦理学会、上海社会科学院哲学研究所和经济伦理研究中心联合举办。论坛由上海市伦理学会会长、哲学研究所研究员陆晓禾主持。上海市伦理学会、哲学研究所研究人员、上海社会科学院研究生和来自上海财经大学、交通大学、同济大学、上海师范大学的师生等50余人参加了这次论坛。

齐佑拉教授是美国里士满大学杰森学院考斯顿家族领导力研究和伦理学讲席教授,也是国际企业、经济学和伦理学学会(ISBEE)主席。她首先介绍了领导伦理学的研究对象和其特征。领导伦理学以伦理学为理论框架,从包括道德、领导心理、文化等全方面入手研究领导道德、领导能力等与领导相关的问题。作为一个新兴领域,它与传统的领导学存在不小的差异,传统的领导学主要是商科的研究对象,它基本只从经济的角度出发,而领导伦理学以哲学伦理学的既有研究成果(例如古典的德性伦理学、康德的义务论等)为理论资源对领导问题作出全面的研究。它研究的基本问题是:领导如何维持道德,这就要探讨什么让领导难以维持其优良的道德。其次,齐佑拉教授提出一种适合领导伦理学的研究方法。以往的许多研究不是从伦理的角度研究领导,而是从心理学的角度,或是从管理的角度评价领导,领导伦理学不否认这些方法,它将伦理学的理念放入社会科学对领导的研究中,以此解读和分析作为个人和集体的领导的道德行为。齐佑拉教授提出了评价领导的两个标准:道德和有效(Effectiveness),前者是对人的道德的基本考量,后者可追溯到马基雅维利的理论。两者必须同时考虑。由于道德和有效很可能相悖,这就需要学者研究两者的关系,它们对彼此的影响和两者如何成就好的领导。再次,在此基础上,她涉及"利他主义"的概念。有些学者认为"利他"可以来对抗自私,好的领导是关系下属利益的领导,但是,"利他"和道德的行为是否可以等同,这仍然有待进一步研究。此外,齐佑拉教授谈到下属对领导的影响。人们对领导存在"罗曼蒂克的幻想",领导的能力常被过分夸大,他也不得不担负下属而非自己造成的问题,下属的素质和能力常常能左右领导,从而左右其行为的道德和有效。她指出导致领导以权谋私的四个基本道德问题——名誉、偏爱、自大、特权。领导因为权力和名誉的提升对自己产生幻想,认为自己与众不同,可以不遵守一般人遵守的法律或道德律令。这种情况被称为"拔示巴综合症"。在美国各界的领导常常讨论这个《圣经》中的著名女性,大卫王因拔示巴的美貌产生贪欲,诱奸了正在前线作战的下属军官的妻子拔示巴,后拔示巴怀孕,大卫王又为了维护自己的名誉杀死了其丈夫,娶拔示巴为妻来掩盖他的不道德行为。在这个事例中,偏爱、自大、特权、名誉都混合在一起,导致了一个向来明智的领袖产生道德豁免的幻想,领导伦理学就是要讨论理论上和实际上领导如何避免由于这些因素中的一个或者多个产生道德豁免的幻觉,做出违背道德的行为。最后,齐佑拉教授呼吁不仅要从伦理的角度研究领导和领导行为,也要从教育的角度从青年开始培育好的领导,这正是其作为创始人之一的里士满大学的教育宗旨,她也希望中国学者从自己的深厚哲学传统中获取灵感,为该领域的研究作出贡献。

哲学研究所和伦理学会的研究人员对该讲座做出了热烈的反响,何锡蓉、成素梅、周中之、周祖城、薛平、钱立卿等提出了各自有深度的评价和问题,齐佑拉教授作了进一步的回应和讨论,引发了全场的热烈讨论。齐佑拉教授感谢大家出席她的报告会,并且非常满意地表示,通过这次报告会,她有兴趣从中国文化中吸取营养,进一步发展和深入这一领域的研究。最后,哲学所副所长何锡蓉做了简短的小结。她感谢齐佑拉教授的报告,认为她拓展了伦理学和领导学两方面的研究,她关于如何处理好领导与下属、道德与有效关系以及对领导的公仆、责任和变革方面的要求,对我们也很有启发。她还感谢陆晓禾研究员和上海市伦理学会为哲学所同仁提供这样一场高水准的伦理学前沿讲座,也感谢与会者的积极参与和互动。

Abstracts
MORALITY AND CREATIVITY
THE 11TH INTERNATIONAL FORUM ON BUSINESS ETHICS

PART ONE: CONCEPTS AND FOUNDATION OF MORALITY AND CREATIVITY

1. Creativity and Morality: A Multidimensional Exploration

Daryl Koehn

The Wicklander Chair in Business Ethics and the Managing Director of the Institute for Business and Professional Ethics at DePaul University, USA

In order to consider creativity's contribution to understanding organizations and their ethics, it is necessary to examine in detail the connections between creativity and morality. This chapter explores six possible relations, drawing upon a variety of works (creations) from a poet, a playwright and several philosophers. The chapter argues that any relationship between fiction/creativity and morality is multidimensional and should be treated as such in future research in business ethics and organizational studies. In particular, we are not entitled simply to assume that fictive creativity will bolster existing norms or engender virtues. On the contrary, in some cases, fiction reveals just how difficult it is to apply norms or to identify the virtuous course of action, given that we often do not have an accurate understanding of what is going on in an organizational or business setting, much less a cogent grasp on whether the behavior is right and good.

(The full text in English is available in Research in Ethical Issues in

Organizations, 11(2014): 5 – 24: "Fictive Creativity and Business Morality: A Multi-Dimensional Exploration.")

2. Ethical Premises of Innovations

Dajian Xu
Professor, Shanghai University of Finance and Economics, China

In dealing with the relationship between innovation and ethics, a great deal of literature at home and abroad discusses ethical principles which should guide scientific and technological innovation that can affect human society adversely. This chapter explores the ethical premises of innovation in view of the importance of innovation for China's economic development and focuses on two perspectives: (1) The significance of technological and institutional innovation for the Chinese economy; and (2) the three basic ethical premises of technological and institutional innovations, namely freedom of speech, honesty, and the protection of intellectual property rights.

3. Moral Evaluation of Innovation

Chunchen Sun
Professor, Institute of Philosophy, Chinese Academy of Social Sciences, China

Innovation is usually thought of as a good thing, but in fact, innovation is not always good. From the perspective of ethics, innovation is like a double-edged sword that affects its goals, means and consequences. The introduction of moral evaluation in innovation activities is not only an additional post-factum exercise, but should provide moral guidance for innovation activities from their conception to their long-term impact. Only by giving necessary moral guidance to innovation activities can they be carried out along the right path that leads to the harmonious survival and healthy development of humankind.

4. On the Ethical Foundation of Innovation System Design

Weizhong Zhao
Professor, Secretary General of the Shanghai Association of Economic Law Studies, China

To advance social development, innovation system design is crucial in order to bring the roles of government and markets into full play. This chapter discusses the ethical basis for innovation system design in three respects: (1) Morality is extremely important for the design and performance of a system, illustrated with two examples: the failure of the injunction for fireworks and crackers, and the doctor stabbed case. (2) Government should take the moral dimension into consideration when designing a system: (2.1) The starting point of system design is the interests and demands of the general public; (2.2) The key for the success of system design is the harmony of the system. (3) Morality in system design is realized, if (3.1) system design projects are appraised scientifically; and if (3.2) public opinions are widely solicited in the process of system design.

PART TWO: MORALITY AND CREATIVITY IN BUSINESS AND ECONOMICS

5. Morality and Creativity in Wealth Creation

Georges Enderle
Professor, Mendoza College of Business, University of Notre Dame, USA

The question of innovation and wealth creation is of paramount importance for China. The introduction of this chapter recalls David Landes's argument that a culture of innovation was crucial for the Industrial Revolution in Europe. It also refers to the current problem of many Chinese companies in transforming inventions into feasible economic and financial solutions, highlighting the report *China 2030* that dedicates one full section to "China's growth through technological convergence and innovation."

The main part of the chapter deals with the general question about morality and creativity in wealth creation. First, three reasons for the relevance of this question are briefly outlined with the key terms globalization, sustainability, and financialization. Second, a comprehensive concept of wealth creation is explained, illustrated with a few examples and distinct, to some extent, from entrepreneurship. Third, the ethical dimension of wealth creation is conceived more specifically in terms of human rights and other ethical norms and values and distinct, to some extent, from moral imagination.

To conclude, these general considerations are placed in the Chinese context by offering some suggestions of how morality and creativity can be integrated in the creation of wealth in China.

6. Innovation and Ethics in Business

Li Yuan
President of Shanghai Fuda Group Co. Ltd., China
Chairman of the Board, Shanghai Xinhu Entrepreneurs Club, Shanghai, China

As China's economic development is still expanding in an intense pursuit of GDP, many issues arise concerning the process of wealth accumulation. The pressing question is how to further develop China. The author believes that reform must be deepened, and he welcomes and supports the Chinese government's vision and general policy to pursue economic transformation as a comprehensive and innovative development. But who will make the transition? And who is responsible for this innovation? China today consists of two kinds of economy, a state-owned economy and a private enterprises economy, the latter greatly contributing to China's GDP in terms of employment and fiscal revenue. However, China's small and medium-sized private enterprises face serious financial problems, which have not yet been solved.

In the author's view, innovation is a powerful driving force for economic development, and, further, without innovation, there will be no development. Fuda Group has initiated and established the Shanghai Xinhu Entrepreneur Club, which has created a large endowment and helped all private enterprises, which have been members of the Club. To promote the development of private enterprises in Shanghai, the Club will serve as a replicable model that hopefully will play a positive role in promoting China's reform and opening up, thereby promoting the next step of economic development.

7. Moral Imagination in Business Leadership

Joanne B. Ciulla

President of International Society of Business, Economics, and Ethics (ISBEE); Professor, Jepson School of Leadership Studies, University of Richmond, USA

This chapter examines the idea of moral imagination and what it means for business and leaders. Using the analogy between creativity in ethics and in art, it is argued that the most important elements of moral imagination are truth, memory, and perspective. Truth separates good people from bad people and good art from bad art. Imagination without truth is fantasy. Fantasy is acceptable in the arts but not in ethics. Unethical behavior often results when leaders, organizations, individuals, or groups recruit others to join in their fantasy. Leaders face additional problems because followers sometimes attribute qualities to them that they do not possess and organizations offer them privileges. Sometimes leaders buy into the fantasy that they are special, and hence they are not subject to the same moral rules as everyone else.

However, being a morally good person is about more than simply following rules. Moral imagination consists of creative and prescriptive elements. The creative function of moral imagination concerns imagining how. Imagining how captures the ways in which we bridge the gap between moral principles and action. The prescriptive element of moral imagination is imagining that, which includes empathy and the ability to take a broad perspective on moral problems and their place in the world. Empathy requires us to get the story right about people based on the context in which they live. Otherwise, we imagine the wrong thing or imagine putting ourselves into the wrong person's place. The size and scope of a leader's world-view often determines their morality more than their imagination. Moral imagination in business leadership extends beyond creating new things or doing things in a new way. It also includes the ability to reveal what others have either missed or have not seen, which comes from having a broad perspective of what constitutes the good. If we want to develop ethical and effective leaders, we need to develop all of these aspects of moral imagination in our students. The best place to start is by teaching the humanities to all students, including the ones who study business.

8. Importance of Morality and Creativity for Leadership of Corporate Social Responsibility (CSR)?

Heidi von Weltzien Hoivik
Professor, Center for Ethics and Leadership, BI Norwegian School of Management, Norway

The chapter (briefly) reviews the importance of morality and creativity with regard to the challenges CSR represents for doing business in a globalized world. Historical and economic development stages and local culture are important factors in shaping the definition and practice of CSR (Argandona & Hoivik 2009). In some cultures, CSR means philanthropy; in others it is traditionally linked to morality or a relationship with community (Ihlen & Hoivik 2013). CSR can be viewed as a cultural or moral duty, a means for sustainability and/or a social or political requirement. However, one can also see the efforts as essentially a reflection of humanness aimed at the creation of the good or the harmonious life for all.

The chapter first briefly presents how the concept of creativity has undergone major changes in the history of ideas in the Western world. Thereafter a brief contrast with ancient Chinese philosophy is offered to highlight similarities and differences. The main part of the chapter presents a novel description of what CSR leadership involves, which helps us to understand the importance of morality and creativity. To support our argument, insights are offered from research on the implementation process of ISO 26000 where learning, moral development and creation of knowledge are key aspects.

9. Towards an Economics of Personal and Ecological Well-Being

Helena Norberg-Hodge

Director of the International Society for Ecology and Culture (ISEC), Sweden

For most of human history our survival has depended on intimate and enduring bonds of interdependence with one another and with the Earth. But today we seem to have lost our way: we are isolated from one another, and the natural environment has become little more than a source of distant resources to sustain consumer lifestyles. In order to shift direction from the destructive path we are on, it is essential that we look closely at the root cause of our social and environmental problems: an economic system that separates us further and further from one another and from nature.

It is now increasingly recognized that a global casino of banks and corporations is threatening the viability of whole nation states; however, the structural path to this irrational system has gone largely unnoticed. The connection between the continuing deregulation of global corporations and banks — or globalization — needs to be examined, if we want to turn away from an economic path that today threatens our children's identities, our health, our jobs and, in fact, all life on Earth.

Localization, on the other hand, is about shortening the distances between production and consumption and encouraging smaller scale and more diversified production — particularly in food, farming, forestry, and fisheries. There are numerous examples: local food initiatives, local business alliances, local investment and finance strategies, Local Exchange Trading Systems (LETS), co-operatives, locally-run farmers markets, credit unions, and municipal bonds.

By going local, we can organize our economies on a more human scale and human pace. Acknowledging what we lost when we abandoned community life and more diversified economies, we can redesign our societies by embracing our ecological roots and our common humanity.

PART THREE: ETHICAL ISSUES IN CREATING INFORMATION TECHNOLOGY

10. Moral Governance on the Internet

Qian Chen
Director of the Office of Policy, Law and Regulations, Shanghai Municipal Committee of Information, China

The chapter provides an overview of three main areas: (1) The development of networks, (2) the morality of networks, and (3) the measures of moral governance on the internet.

First, a new generation of high-speed networks is emerging with information technology developing into visualization, intelligent algorithms and wide applications. Registered users of Social Networking Service (SNS) such as Facebook and Myspace have substantially grown in recent years with all kinds of net service including e-business, online games and mobile internet. Micro blogging sites like Twitter have become main platforms of immediate information access and dissemination. However, a crisis of trust has spread out and affected network security, caused by hackers and viruses, unwanted disclosure of personal information, and phishing sites.

Second, the morality of networks is a "rule by virtue," distinct from the "rule of law." It advocates a good moral environment and aims at a socialist moral system. Morality includes the standards and specifications of human behavior and living, often consisting of positive social values, which help to distinguish right from wrong doing. In China, good morality means benevolence, honesty, courtesy, wisdom and honor. Moral failure on networks takes many forms: Spreading false information, blaming and insulting other people in chatting rooms, internet frauds, pornography, invading personal privacy, stealing other network accounts, and so on.

Third, moral governance on the internet needs the following measures: A system of information security, disciplinary mechanisms based on social credits, laws and regulations of networks, and a national network for building moral consciousness.

11. Ethics of Science and the Regulation of Conflicts of Interest in Technological Innovation

Shunyi Wang
Professor, East China Normal University, China

First, this chapter presents the interest and the temptation of scientists and engineers to engage in innovation, due to their needs for career development. It exposes the steps that easily lead to potential conflicts of interest, given the network model of research and development activities. And it analyzes the causes of deviant behavior according to four criteria of moral behavior.

Second, the chapter introduces the content of the ethics of science and technology and explains how this ethics protects, coordinates and balances the interests of scientists and engineers. Possible conflicts of interest are identified and measures are proposed to prevent or mitigate real conflicts of interest. By providing such ethical guidance, fair competition can be promoted, innovative resources can be allocated optimally, innovative people can collaborate and flourish, and disorder and inefficiencies of innovative activities can be avoided.

12. Innovation or a New Kind of Hegemony

Weifu An
Professor, Shanghai University, China
Qiong Wu
PhD student, East Normal University, China

Knowledge is generally treated as a kind of public goods accessible to everybody. But this chapter argues that knowledge in the modern market system has the nature and function of capital that is exclusive (i.e., one characteristic of private goods). Why? First, innovation causes income to increase by degrees. Second, innovation acts as a sort of monopoly based on exclusive knowledge (through intellectual property rights). And, third, innovation exerts hegemony by knowledge that is exclusive. With this kind of hegemony by knowledge, developed countries dominate developing countries to some degree. Therefore, this chapter argues for the sharing of knowledge between developed and developing countries.

13. On Moral Problems of Experts

Sumei Cheng
Professor, Institute of Philosophy, Shanghai Academy of Social Sciences, China

Experts' advice plays an important role in our daily life because we are all accustomed to deferring to experts or believing in experts in many issues. This also means that experts have knowledge and skills which we cannot possess. Expertise privileges its possessors with powers which ordinary people cannot successfully control, acquire or share. In the past or when big science was not yet dominant, experts used to have the advantage of possessing the most authoritative knowledge.

However, with the development of China's economy and the deepening reform and opening up, nowadays experts are profoundly influenced by many factors when they provide advice to us. Sometimes their advice violates their professional morality in order to meet their own interests. In this case, their advice is very untrustworthy. Therefore, how to assess the reliability of experts' advice has become a central problem in need of thorough study. This chapter analyzes three issues in which the reliability of experts' advice is at stake: (1) The cognitive reliability of experts; (2) the social appraisal of experts' advice; and (3) the moral self-discipline of experts.

PART FOUR: CREATIVITY IN MORAL DISAGREEMENTS AND MORAL DEVELOPMENT

14. Value Disagreements, Civic Dialogue, and Creativity

Marvin T. Brown

Professor, Philosophy Department, University of San Francisco, USA

If ever there is a time we need some creative ideas, it is now. Continued global warming is bringing us ever closer to a total disruption of current climate patterns, which will mean the end of the world as we know it. This trend, for the most part, is embedded in the world of business, a world that promotes cleverness rather than creativity, as illustrated by such recent ideas as "Conscious Capitalism." The world of business, however, is not a world unto itself, but is dependent on civic institutions (laws) and a civic ethos. If we want to transform the world of business, we will need to engage in civic conversations, where the dynamics of disagreements can bring forth creative ideas about how to change the world. The civic has this potential for transformation because it arises out of the relationship between our common humanity and our social differences. Our common humanity rests on our participation in the planet's ecology, which attests to the ethical principles of equality and ecological flourishing.

Belonging to the same commons brings into the light our social structures of privilege and poverty — our social differences. Because of our social differences, we will disagree about how to live together as members of the civic. If we can turn this disagreement into generative dialogues, we will have the potential to disrupt and to transform the world of business; so it could move toward ecological flourishing instead of economic destruction. The story of the carpet company, Interface Inc., exemplifies the kind of creative transformation that is possible in the world of business.

15. The Buildup of Citizen Morality in the "Internet+" Era

Lanfen Li
Professor, Department of Philosophy, Suzhou University, China

In the era of "Internet+", the main content, path and method of building up citizen morality is not only supported by the innovation of technological systems, they also bring about urgent issues and challenges to be addressed and resolved. Seizing opportunities and meeting challenges is a common mission that requires the concerted efforts of government, society and citizens. Based on this new situation and guided by core socialist values, the author proposes that the "Internet+" cultural concept, mode of thinking and value orientation should be used to construct the "Internet + model demonstration" platform. This includes optimizing the expression, presentation and release time of role models and advanced events; focusing on the key factors that influence netizens' empathy, recognition and practice field of model selection, dissemination and demonstration; and promoting and leading the healthy and orderly buildup of civic morality in the electronic field of model demonstration.

16. On Moral Innovation of a Changing World and a New Dimension of Moral Evaluation

Farong Qiao

Professor, Henan University of Economics and Law, China

The chapter assumes that we live in a changing world that is dominated, globally and within many countries, by powerful economic forces which deeply shape our social lives. But in contrast to the natural world, economic forces depend on human initiative and choice, include a moral dimension, and can be changed. A new dimension of moral thinking and moral imagination requires sustainability. Accordingly, the chapter proceeds in three steps: (1) The fact of short-termism in economic life; (2) moral defects of short-termism; and (3) sustainability as the new dimension of moral evaluation.

First, short-termism behavior in economic life occurs at three levels: the systemic (or macroeconomic) level, the organizational (or meso) level and the personal (or micro) level. For example, at the meso or company level, quarterly and monthly reports of publicly listed companies still exclusively emphasize short-term profit margins. Nearly 50 percent of the enterprises in China survive less than five years, a main cause for this being the lack of the morality of sustainability. At the micro level of individual behavior, some people act unscrupulously, are absorbed in pursuing handsome profit, and harm other people's benefits and lives.

Second, the main reasons of short-termism are the pursuit of profit maximization in the market economy, the inner natural instinct of capital proliferation, people's limitation of moral cognition, and the deficient finiteness of moral will. Therefore, the moral defects of short-termism need to be scrutinized conscientiously: (a) In order to satisfy the instinct of accumulating wealth as quickly as possible, short-termism sacrifices the benefits of the contemporary generation and even of future generations. (b) The pursuit of short-term profit occurs at the cost of the company's long-term development. (c) Moral caprices infinitely spread and weaken the free will of people.

Third, sustainability should become the new standard of moral thinking and evaluation. It should guide the economy from market orientation and acquisitive motivation to the ecological rule; avoid the exclusive focus on economic value; oppose short-term behavior of seeking quick success and instant benefit; abandon the moral value of harming others to benefit oneself; guide and impel companies to produce permanent value with the tool of moral innovation; and improve the ability of citizens to exert moral self-control.

17. China's Yin-Yang Theory for Moral Imagination and Creativity

Xiaohe Lu
Professor, Institute of Philosophy, Shanghai Academy of Social Sciences, China

The modern and contemporary philosophy's turn to the "life-world" and "horizontal structure" provides a new philosophical vision and theoretical basis for moral imagination and creativity or innovation. It is noteworthy that the ancient Chinese yin-yang theory can provide a unique perspective on this turn to the life-world. According to the yin-yang theory, everything consists of yin and yang, or absence and presence, where yang is the side of a thing in presence and yin is the background and source of the yang. The theory both describes the relationship between the two sides and provides a thorough understanding of how to combine the opposite sides of yin and yang by seeing what is absent from what is present and what is present from what is absent.

It is very interesting to understand and deal with ethical issues of the life-world such as food safety, environment pollution, official corruption, fictitious surplus value production, and the issues of innovation through the prism of the yin/yang theory All these issues require that the parties who are associated with the issues consider the absentees and their rights and interests; in other words, the theory demands one transcend the present parties and account for the context of the absentees. This may imply that modern and contemporary ethics should transcend rational individual ethics in subject-object relations and take care of the intersubjective relationship between attendees and absentees or stakeholders. This also requires that the attendees or the parties in yang have the imagination for absentees or parties in yin and give them the opportunity to express themselves, thereby establishing mutual communication and integration with absentees.

The chapter is divided into three parts: (1) The turn of modern and contemporary philosophy is discussed and compared with the Chinese yin-yang theory. (2) Possible contributions of the theory are explored in order to understand and deal with some ethical issues of innovation in today' life-world. (3) Various difficulties are considered and suggestions are proposed for the ethics of innovation by transforming the subject-object relationship into an intersubjective relationship of attendees and absentees.

18. Moral Integrity as the Ethical Foundation of Wealth Creation

Yuhua Yu
Professor, East China Normal University, China
Litao Zhao
Lecture, East China Normal University, China

Moral integrity and wealth creation present an important relationship for the study of wealth ethics. But the importance of integrity in wealth creation is still far from being adequately understood today. Some scholars discuss wealth creation solely from the economic perspective, completely separating economic logic from ethical restrictions. By doing so, ethics cannot be explored and analyzed in its role of wealth creation. However, if a basic relationship between ethics and economics is assumed, ethics plays an important role in economics and can promote wealth creation. This is particularly relevant in the present crisis of trust in business and society. Moral integrity can provide a solid ethical foundation and cultural support, assuring that wealth creation is reasonable and sustainable. The lack of integrity in business deeply concerns people. Therefore, government, society and businesses have to strengthen the buildup of business integrity and boost the creation of wealth.

19. The Innovation of Confucianism and the Core Socialist Values — Reflections on the History of Chinese Ethics

Zehuan Chen
Professor, Shanghai Normal University, China

As a philosophical system with a strong focus on ethics, Confucianism has made great contributions to the cause of the Chinese nation and its human rights. Since the Western thought of "human rights" spread to China in modern times, the development of Confucianism entered a new historical stage with the modern transformation of Liang Qichao's "Doctrine of the New Nation" as a sign of the times. However, the core values of contemporary socialism give more play to the function of Confucianism as the most important root of Chinese civilization and provide a broad value space for new development of innovation.

(The English version of the Abstracts revised by Georges Enderle)

人名索引

（按姓氏字母顺序排列，个人信息有新职务的更新，无新职务的，按参会时提供）

A

安唯复
上海交通大学马克思主义学院教授

B

［美］马文·T. 布朗（Marvin T. Brown）
美国旧金山大学（University of San Francisco）教授

C

［美］乔安妮·B. 齐佑拉（Joanne B. Ciulla）
国际企业、经济学和伦理学学会（ISBEE）主席

陈　潜
上海市经济和信息化委员会政策法规处处长
上海交通大学法学院兼职教授

陈泽环
上海师范大学哲学学院教授
上海市伦理学会常务理事

成素梅
上海社会科学院哲学研究所副所长、研究员
上海市自然辩证法研究会理事长

D

段　钢
上海社会科学院《社会科学报》总编、研究员
上海社会科学院经济伦理研究中心副主任

E

[美]乔治·恩德勒(Georges Enderle)
美国圣母大学门多萨商学院国际商务伦理学教授

H

[挪威]海蒂·V.豪维克(Heidi von Weltzien Høivik)
挪威管理学院伦理和领导中心教授

[瑞典]海伦娜·诺伯格-霍奇斯(Helena Norberg-Hodge)
国际生态和文化学会(ISEC)主任

何锡蓉
上海社会科学院哲学研究所原副所长、研究员

K

[美]金黛如(Daryl Koehn)
美国迪保罗大学教授
国际企业、经济学和伦理学学会(ISBEE)执行委员

L

李兰芬
苏州大学政治与公共管理学院哲学系教授
中国伦理学会经济伦理学专业委员会副会长

李轶海
上海社会科学院智库建设基金会秘书长
上海社会科学院经济伦理研究中心副主任

陆晓禾
上海社会科学院经济伦理中心执行主任、哲学研究所研究员
上海市伦理学会会长、中国伦理学会经济伦理专业委员会副会长
国际企业、经济学和伦理学学会(ISBEE)执行委员

P
潘世伟
上海社会科学院党委书记(2009—2014)、教授

Q
乔法容
河南财经政法大学教授
中国伦理学会经济伦理学专业委员会副会长

S
孙春晨
中国社会科学院哲学研究所研究员
中国伦理学会常务副会长

宋　臻
宁波市文化艺术研究院副院长

T
田　悦
上海社会科学院哲学研究所经济伦理学硕士研究生

W
王正平
原《上海师范大学学报》主编、哲学系教授
上海市伦理学会常务理事

王顺义
上海师范大学教授

王　珏
东南大学哲学系教授

王泽应
湖南师范大学伦理学研究所教授
中国伦理学会经济伦理专业委员会副会长

吴　琼
华东师范大学哲学系博士生

X

徐大建
上海财经大学现代经济哲学研究中心教授,经济哲学系主任
上海市伦理学会副会长

Y

杨介生
上海锦丽斯投资集团有限公司董事长
上海经济法研究会副会长
上海市工商联温州商会名誉会长、上海市浙江商会执行副会长

余玉花
华东师范大学教授
上海市伦理学会副会长

袁　立
上海富大集团股份有限公司董事长、总裁
上海新沪商企业家俱乐部理事长
上海社会科学院经济伦理研究中心副主任

Z

赵卫忠
上海市经济法研究会秘书长、教授

朱贻庭
上海华东师范大学哲学系教授
上海市伦理学会名誉会长

赵司空
上海社会科学院哲学研究所研究员
上海市伦理学会副秘书长(2012—2016)

赵　琦
上海社会科学院哲学研究所副研究员
上海市伦理学会副秘书长(2017—2020)

赵丽涛
华东师范大学华东政法大学讲师

张　亮
上海社会科学院哲学研究所经济伦理学硕士研究生

上海社会科学院经济伦理研究中心　创办于 1999 年 12 月,是中国最早致力于经济伦理研究的专业研究组织之一,旨在促进经济伦理研究及其实践在中国的发展。中心以上海社会科学院经济伦理研究团队为基础,成员包括上海高校的知名学者和企业家等,还聘请了中国香港和其他省市以及国外著名经济伦理学者为中心特约研究员。目前经济伦理研究中心(特约)研究员有 70 余人。中心自成立以来,积极开展学术研究,创办了"上海经济伦理国际研讨会"、"上海经济伦理国际论坛"、"财经伦理大家谈"、"焦点与反思"、"经济伦理学研究前沿"等多种学术平台,成功举行了 30 多场学术研讨会,特别是 2016 年成功举办了第六届 ISBEE 世界大会,获得了国际和国内经济伦理学界的好评。中心在过去 20 年中,出版了"当代经济伦理学名著译丛"(5 种)、"经济伦理新探索丛书"(7 种)、"经济伦理国际论坛丛书"(4 种)、"经济伦理研究论丛"(4 种)、"当代经济伦理学名著新译丛"(5 种)和 Developing Business Ethics in China(麦克米兰出版社 2006 年)等书。

THE CENTER FOR BUSINESS ETHICS STUDIES OF SASS (CBES): Established in December 1999, the Center is one of the first organizations devoted to business ethics in China. It aims at promoting both studies and applications of business ethics in China. The Center has more than 70 research fellows who are well-known scholars, experts and entrepreneurs in China and other countries. Since 1999, the Center has actively carried out academic research, created the academic platforms of "International Forum on Business Ethics," "Shanghai International Conference on Business Ethics," "Discussion on Financial Ethics", "Focus and Reflection", "Frontier of Business Ethics Research", and held over 30 conferences. In particular, it successfully organized the Sixth ISBEE World Congress in 2016, which was well received by the international and domestic academic circles of business ethics. It has published five book series on business ethics: *Special Issues in Business Ethics Studies* (four books), *Translation of Contemporary Business Ethics* (five books), *International Forum Series on Business Ethics* (four books), *New Exploration on Business Ethics* (seven books), *New Translation Series of Contemporary Business Ethics* (five books), and *Developing Business Ethics in China* (Palgrave Macmillan, 2006).

图书在版编目(CIP)数据

道德与创新 / 陆晓禾主编. —上海:上海社会科学院出版社,2020
(经济伦理研究论丛 / 陆晓禾主编)
ISBN 978 – 7 – 5520 – 3296 – 3

Ⅰ.①道… Ⅱ.①陆… Ⅲ.①经济伦理学—文集 Ⅳ.①B82 – 053

中国版本图书馆 CIP 数据核字(2020)第 174057 号

道德与创新

主　　编:陆晓禾
客座编辑:[美]乔治·恩德勒(Georges Enderle)
责任编辑:董汉玲
封面设计:黄婧昉
出版发行:上海社会科学院出版社
　　　　　上海顺昌路 622 号　邮编 200025
　　　　　电话总机 021 – 63315947　销售热线 021 – 53063735
　　　　　http://www.sassp.cn　E-mail:sassp@sassp.cn
排　　版:南京展望文化发展有限公司
印　　刷:上海龙腾印务有限公司
开　　本:710 毫米×1010 毫米　1/16
印　　张:16.25
插　　页:8
字　　数:277 千字
版　　次:2020 年 7 月第 1 版　2020 年 7 月第 1 次印刷

ISBN 978 – 7 – 5520 – 3296 – 3/B·286　　　　定价:65.00 元

版权所有　翻印必究